Windows Vista 系统操作

杨 静 编著

快学易用 • 职场无忧

结构清晰 阅读方便　实时提示 延伸知识　内容合理 快速上手
案例贴切 实用性强　配套光盘 互动学习

兵器工业出版社

北京希望电子出版社
Beijing Hope Electronic Press
www.bhp.com.cn

内 容 简 介

本书详细介绍了 Windows Vista 操作系统的使用方法和技巧。本书具体内容为 Windows Vista 的基础知识和安装方法、Windows Vista 的基本操作、窗口和文件管理操作、输入法和字体管理、设置系统环境、管理软件与硬件、使用媒体与娱乐程序、使用自带工具、网络连接和使用、组建局域网、安全与维护等知识。通过本书的学习，读者将会掌握 Windows Vista 操作系统的基本操作。

本书定位于从零开始学习 Windows Vista 操作系统的初、中级读者，同时也是电脑爱好者不可多得的优质自学手册，还可以作为公司在职人员、大中专院校及电脑培训学校的计算机文化基础教材。

本书配套光盘内容为教学视频。

图书在版编目（CIP）数据

Windows Vista 系统操作 / 杨静编著. —北京：兵器工业出版社；北京希望电子出版社，2010.1

(职场无忧丛书)

ISBN 978-7-80248-440-5

I.W … II. 杨… III. 窗口软件，Windows Vista IV. TP316.7

中国版本图书馆 CIP 数据核字（2009）第 181294 号

出版发行：兵器工业出版社　北京希望电子出版社

邮编社址：100089　北京市海淀区车道沟 10 号

100085　北京市海淀区上地 3 街 9 号

金隅嘉华大厦 C 座 611

电　　话：010-62978181（总机）转发行部

010-82702675（邮购）010-82702698（传真）

经　　销：各地新华书店　软件连锁店

印　　刷：北京市媛明印刷厂

版　　次：2010 年 1 月第 1 版第 1 次印刷

封面设计：叶毅登

责任编辑：宋丽华　孙　倩

责任校对：周　玉

开　　本：787mm×1092mm　1/16

印　　张：13.75

印　　数：1-3000

字　　数：323 千字

定　　价：26.60 元（配 1 张 DVD）

前 言

- 我们为什么学习计算机?
- 计算机在日常生活中主要有哪些用途?
- 不熟悉计算机和专业软件，找工作会遇到哪些困难?
- 在工作中使用计算机时，是不是经常遇到各种困惑?

随着计算机在商务领域的广泛应用，熟练掌握计算机专业软件的使用已经成为现代职场最基本的技能要求。广大在职人员需要提升自己的计算机使用技能，即将进入职场的人员也需学习计算机专业软件的应用。将计算机图书作为学习工具，是目前最广泛的学习计算机软件的途径之一，因此如何在众多计算机图书中选择一本好书、一本适合自己的书，更是学习计算机软件的关键。

《职场无忧》丛书是本书编委会经过深入的市场调研，推出的一套以实用为依据、以易学为基准的计算机教学图书。全书采用“基础讲解＋实例巩固”的方式。读者通过本书对基础知识讲解的学习，从零开始循序渐进地学习相应软件的操作，通过典型的商业案例巩固所学知识，实现操作与应用的融会贯通，做到学以致用。本套丛书主要包括以下图书：

Office 2007 三合一办公应用	局域网组建与维护
计算机操作基础	Windows Vista 系统操作
计算机上网	CorelDRAW X4 图形绘制
Word 2007 文档制作	Excel 2007 表格与财务办公
PowerPoint 2007 演示文稿与多媒体课件制作	Photoshop CS4 图像处理与制作
Access 2007 数据库办公应用	Flash CS4 动画设计
Dreamweaver CS4 网页制作	AutoCAD 2009 机械制图

丛书特点

- **结构清晰 阅读方便**

全书采用直观易读的结构，基础内容采用通栏讲解，“新手演练”与“知识点拨”采用双栏排版，确保内容充足的情况下，使内容结构更加合理，阅读起来更加直观。

- **案例贴切 实用性强**

在“新手演练”版块中全部采用典型的商业案例，读者通过案例不仅能掌握软件的操作方法，还能同步了解常用商业案例的制作方法与制作理念，以便将所学知识充分发挥。

➢ **内容合理 快速上手**

本书完全从读者角度出发，阐述读者在学习过程中“哪些知识简单了解”、“哪些知识重点掌握”的学习层次，合理安排章节内容，保证读者掌握软件的基本应用。

➢ **实时提示 延伸知识**

全书穿插了“温馨提示牌”与“职场经验谈”两个小栏目，“温馨提示牌”用于提示知识点技巧、注意事项以及扩展知识等，避免读者在学习中走弯路；“职场经验谈”用于在制作典型商业案例时延伸讲解制作经验，补充读者对相关行业案例的认识。

本书读者对象

- 计算机初级和中级用户：学习 Windows Vista 系统操作基础知识、掌握系统操作具体方法，实现一步到位。
- 计算机操作爱好者
- 大中专学生、相关培训机构
- 尤其适用于需要在短时间内快速掌握 Windows Vista 系统操作的读者使用。

光盘使用说明

在使用光盘时，显示器的分辨率设置为 1024×768。

关于我们

本书由登巅资讯策划，杨静编著。在编写过程中得到了陈洪彬、尼春雨、向超、黄馨、胡芳、罗珍妮、明君、于昕杰、黄梅、刘红、刘华等人的帮助。由于作者水平有限，书中如存在疏漏和不足之处在所难免，恳请专家和广大读者赐教指正。

编著者

目 录

第 1 章

认识与安装 Windows Vista

精彩案例

将 BIOS 设置为从光盘启动

为新购买的计算机安装 Windows Vista 操作系统

在 Windows XP 中升级安装 Windows Vista

对 Windows Vista 进行激活

本章导读

在使用 Windows Vista 的精彩功能之前，我们需要对这个微软最新的操作系统进行简单的认识和了解，以确保我们的计算机硬件能够满足操作系统的要求并选择适合需要的版本。安装好操作系统之后，还需要安装有关的硬件驱动程序，这样才能使硬件系统正常工作起来。

1.1 认识 Windows Vista

Windows Vista 是微软推出的新一代操作系统，无论在功能上还是界面上都有了重大的革新，比如全新的 Aero 界面、增强的安全功能等。同以往的微软操作系统一样，Windows Vista 也推出了适用于不同用户的各种版本。微软宣称这款新操作系统是迄今为止最安全、最高品质的 Windows 系统。它提供了许多新的增强功能，例如更高的安全性与新颖直观、逼真生动的界面。下面就介绍 Windows Vista 的版本和新特性。

1.1.1 Windows Vista 的版本

同微软以往的操作系统一样，Windows Vista 作为目前最新的操作系统也推出了适用于不同用户的各种版本。

知识点拨 Knowledge 认识 Windows Vista 的版本

Windows Vista 家庭初级版：Windows Vista Home Basic 作为一款简化的 Windows Vista 操作系统，主要面向家庭中只有一台计算机的用户。该版本为 Vista 产品线的最基本产品，其他各个版本的 Vista 都是以此为基础的。该版本的功能包括 Windows 防火墙、Windows 安全中心、无线网络链接、家长控制、反病毒与间谍软件、网络映射、搜索、电影制作软件 Windows Movie Maker、图片收藏夹、Windows Media Player、支持 RSS 的 Outlook Express、P2P Messenger 等，但 Home Basic 版本没有 Windows Vista 最具特色的 Aero 界面。

Windows Vista 家庭增强版：作为家庭增强版本，Windows Vista Home Premium 除包含 Windows Vista Home Basic 的所有功能外，还包括媒体中心和相关的扩展功能、DVD 视频的制作、HDTV 支持、DVD Rip、Tablet PC、Mobility Center 以及其他移动特性（mobility）和展示特性（presentation）。此外，Windows Vista Home Premium 还支持 Wi-Fi 自动配置和漫游，基于多台计算机管理的家长控制、网络备份、共享上网、离线文件夹、PC-to-PC 同步以及同步向导等。

Windows Vista 家庭终极版：该版本是 Vista 系列产品中最完善、最强大的版本，是目前针对个人计算机最强的操作系统。Windows Vista Ultimate 包含 Vista Home Premium 和 Vista Business 的所有功能和特性，并且还提供了游戏优化程序，多种在线服务以及更多的服务。Windows Vista Ultimate 主要定位于资深计算机用户、游戏玩家以及数字音乐狂热者。

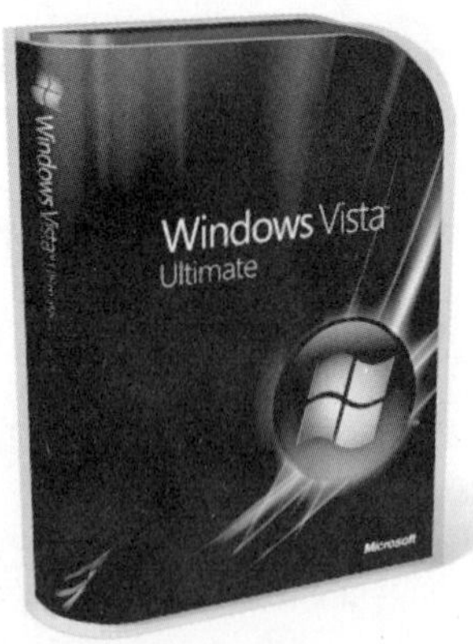

Windows Vista 商务版：该版本是一款定位于商务人士的操作系统。版本中加入了对“domain”的添加和管理功能，能够兼容其他非微软的网络协议（如：Netware、SNMP

等）、远程桌面以及微软的 Windows Web Server 和文件加密系统。

Windows Vista 小型商务版：该版本属于 Business 产品的精简版本，主要面向非 IT 企业的中小型企业。Small Business 拥有 Business 的以下功能：备份和镜像支持、计算机传真以及扫描工具等。微软还准备为此版本加入一个向导程序，帮助用户付费升级至 Enterprise 或者 Ultimate。

Windows Vista Enterprise（企业版）：该产品为专门为企业优化过的版本。它包含了 Windows Vista Business 的全部功能，并且提供了如 Virtual PC、多语言用户界面（MUI）以及安全加密技术等独特的特性。

1.1.2　Windows Vista 新特性

作为全新的操作系统，Windows Vista 除继承先前版本的优点外，同时也新增了很多新特性，这些特性有助于用户更简单、更安全地使用系统。

知识点拨 Knowledge　认识 Windows Vista 新特性

新设计的内核模式：以前版本的 Windows 操作系统核心并没有安全性方面的设计，因此只能一点点“打补丁”，Windows Vista 在这个核心上进行了很大的修正。例如在 Windows Vista 中，部分操作系统运行在核心模式下，而硬件驱动等运行在用户模式下。核心模式要求非常高的权限，这样一些病毒木马等就很难对核心系统造成破坏，而且驱动坏了系统也不受影响，装驱动也不用重启。在电源管理上引入了睡眠模式，让 Windows Vista 可以从不关机，而只是极低电量消耗的待机，启动起来非常快，比现在的休眠效率高多了。内存管理和文件系统方面引入了 Super Fetch 技术，可以把经常使用的程序预存入到内存，提高性能。

更高的安全性：Windows 防火墙和 Windows Defender 等功能可以使计算机更加安全。与 Windows 安全中心具有链接，可以检查计算机的防火墙、防病毒软件和更新状态。使用 BitLocker 驱动器可以加密整个系统分区，通过阻止黑客访问重要的系统文件提高安全性。执行可能影响计算机操作或对影响其他用户的设置进行更改的操作之前，用户账户控制（UAC）将要求用户提供相应权限，从而有助于阻止对计算机进行未经授权的更改。

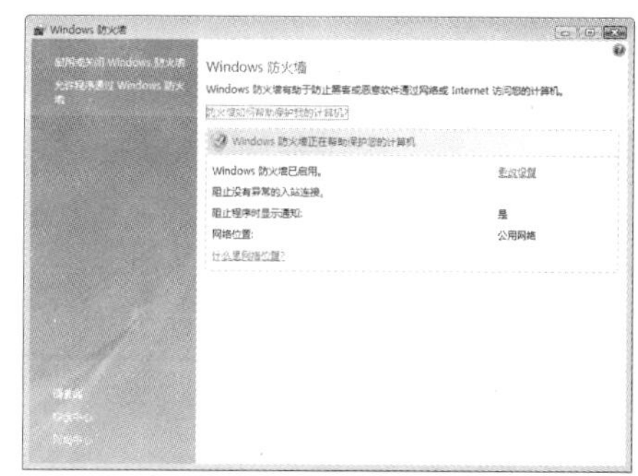

Windows Aero 界面：在家庭高级版、商业版与旗舰版 Windows Vista 中，用户可以体验到全新的 Aero 界面。该界面为用户提供了更加绚丽的显示效果，还可以更加清晰地查看计算机中显示和处理的内容。

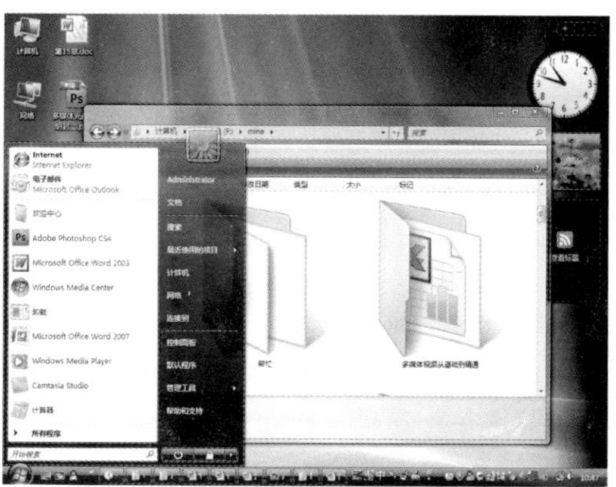

家长控制：此功能让家长很容易地指定他们的孩子可以玩哪些游戏。家长可以允许或限制特定的游戏标题，限制孩子只能玩某个年龄级别或该级别以下的游戏，或者阻止某些他们不想让孩子看到或听到的类型的游戏。

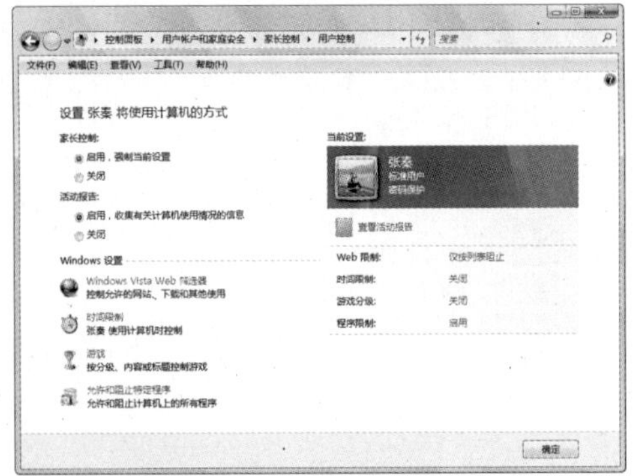

搜索和整理功能：在 Windows 的每个文件夹中，右上角会出现“搜索”对话框。在“搜索”对话框中键入时，Windows 会根据键入的内容进行筛选。Windows 在文件名中查找字词、应用到文件的标签或其他文件属性。若要查找文件夹中的文件，请在“搜索”对话框中键入文件名的一部分来查找要查找的内容。

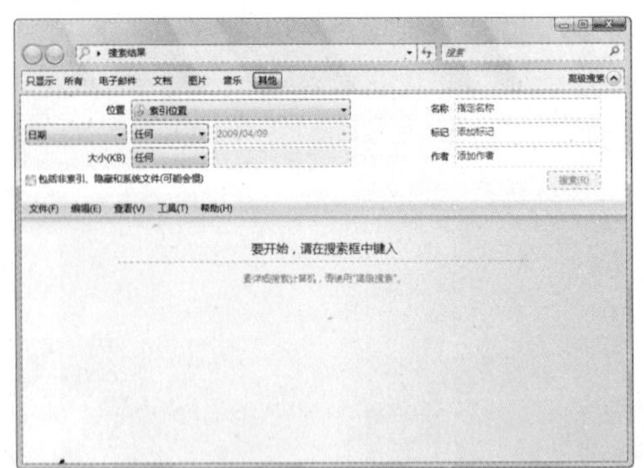

集成应用软件：新的 SafeDoc 功能取代了 Windows Vista 之前版本中的系统还原，它可以自动创建系统的影像，内置的备份工具将更加强大，许多人可以用它取代 Ghost。Outlook 在 Windows Vista 上升级为 Windows Mail，还有内置日程表模块，新的图片集程序、Movie Maker、Windows Media Player 11 等都是众所期待的升级功能。Windows Vista 内置了语音识别模块，带有针对每个应用程序的音量调节。音频驱动工作在用户模式，提高了稳定性，同时速度和音频保真度也提高了不少，Windows Vista 内置的 Direct X 10 使得显卡的画质和速度得到革命性的提升。

备份和还原中心：备份和还原中心可以使您在选择的任何时候和位置备份设置文件和程序都更加方便，而且具有自动计划的便利性。用户可以备份到 DVD、外部硬盘、计算机上的其他硬盘、USB 闪存驱动器，或备份到与网络连接的其他计算机或服务器。

网络和共享中心：使用“网络文件和共享中心”取得实时网络状态和进行自定义活动的链接。设置更安全的无线网络，更安全地连接到热点中的公用网络并帮助监视网络的安全性。更方便地访问文件和共享的网络设备，使用交互式诊断识别并修复网络问题。

Internet Explorer 7.0：Internet Explorer 7.0 含有包括 Web 源、选项卡式浏览等众多新功能。

使用 Web 源，您可以获得如新闻或博客更新的内容，而无须转到网站。使用选项卡式浏览可以在一个浏览器窗口中打开多个网站。您可以在新选项卡上打开网页或链接，然后通过单击选项卡在网页之间进行切换。

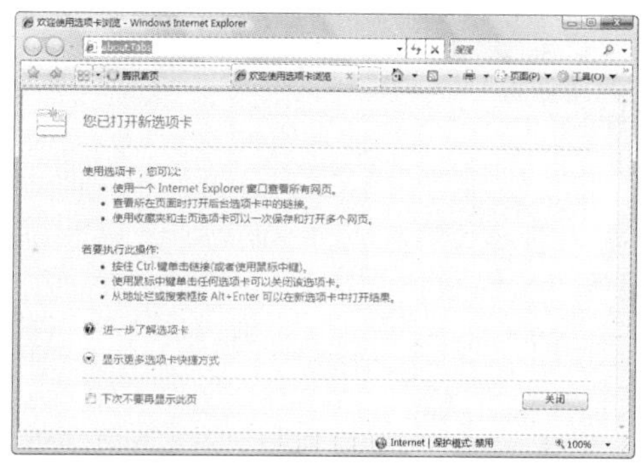

更强大的图片管理功能：使用 Pictures 文件夹和 Windows 照片库可以方便地查看、整理、编辑、共享和打印数字照片。将数码照相机接口插入到计算机时，您可以自动将照片传送到 Pictures 文件夹。在 Pictures 文件夹中，可以使用 Windows 照片库裁剪照片、消除红眼，并进行颜色和曝光更正。

同步和共享：使用 Windows Vista 同步中心，可以保持设备同步、管理设备的同步方式、开始手动同步、查看当前同步活动的状态以及检查冲突。即使您网络上的用户不使用运行 Windows 的计算机，您也可以与他们共享文件和文件夹。共享文件和文件夹时，其他人可以打开并查看这些文件和文件夹，如同它们存储在自己的计算机上一样。如果您允许，他们也可以进行更改。

移动 PC 功能：使用"移动中心"调整在地点之间移动时定期更改的设置（例如音量和屏幕亮度），并检查连接状态。使用辅助显示器检查下一个会议、阅读电子邮件、听音乐或浏览新闻，而不用打开移动 PC。还可以在设备（例如移动电话或电视）上使用辅助显示器。

Tablet PC 功能：通过个性化手写识别器提高手写识别。使用笔势和笔导航并执行快捷方式。使用优化光标更清楚地查看笔操作。在屏幕的任何位置使用"输入面板"手写，或使用软键盘。使用触摸屏，用手指执行操作（只有在启用触摸的 Tablet PC 上才能使用触摸屏）。

温馨提示牌 Warm and prompt licensing

Windows Vista 提供的全新感受，远远不止上面介绍的这些。更多绚丽且实用的功能，用户可以在使用过程中逐渐感受到。

1.2 Windows Vista 的安装条件

在安装 Windows Vista 操作系统之前，需要做好充足的准备工作，并且要对硬件进行检查，如果硬件达不到标准最好不要安装 Windows Vista 操作系统，以免造成不必要的损失。

1.2.1 安装 Windows Vista 的硬件条件

为使 Windows Vista 的基本操作能够顺畅地运行，我们需要在处理器、内存、显卡、存储硬件等多个方面进行检查。

Windows Vista 对计算机硬件设备的要求

处理器：目前所有中端以上的 Intel 或 AMD 处理器都可以满足 Windows Vista 的基本需求，AMD 和 Intel 已经推出的双核心处理器都将成为 Windows Vista 的出色选择。在处于高端领域的 64 位方面，目前的 AMD、Intel 64 位处理器是个不错的选择，它们皆为 Windows Vista 的优秀搭配。

内存：为了更好地使用 Windows Vista 的先进功能，需要 512MB 以上的内存以支持系统以及普通软件的运行。由于现时不少游戏内存占用量都接近 512MB，Windows Vista 用户最好拥有 1GB 或以上内存。如果用户平时的应用软件对硬件要求较高，最好确定新系统还有再增加内存空间的余地。

显卡：Windows Vista 的画面十分华丽，但是用户也可以通过设置将 Vista 的要求降到和 Windows XP 相当。如果想要体验 Windows Vista 的所有效果，用户必须拥有一块强大的显卡。首先避免使用目前的低端 GPU，保证自己的显卡支持 DirectX 9，至少有 64MB 显存。最好选择包括独立的 PCI Express 或者 APG 显卡。如果用户选择使用集成显示芯片的系统，应确保该系统存在 PCI Express/AGP 插槽，这些都是为了升级方便。

存储硬件：鉴于硬盘是目前计算机速度的瓶颈，硬盘自然是越大越好，选择高速硬盘可获得显著的性能提升。建议用户考虑 SATA 硬盘，至少拥有 8MB 缓存，并支持 NCQ 技术。同时拥有读写能力的 DVD 驱动器也十分重要。

网络：保证用户的计算机拥有最新的网络兼容能力，对于笔记本来说，要支持 802.11 无线网络，对于家用计算机来说至少也得 100MB 宽带。

光驱：Windows Vista 通过 DVD 来发布，所以需要计算机拥有 DVD 驱动器。

1.2.2 安装 Windows Vista 前的准备工作

安装 Windows Vista 时，首先需要准备好 Windows Vista 安装光盘，并且确认计算机配有 DVD 光驱，然后需要将 BIOS 设置为从光盘启动。

将 BIOS 设置为从光盘启动

Step 01 启动计算机，在自检时按下 Delete 键，进入 BIOS 的设置界面。

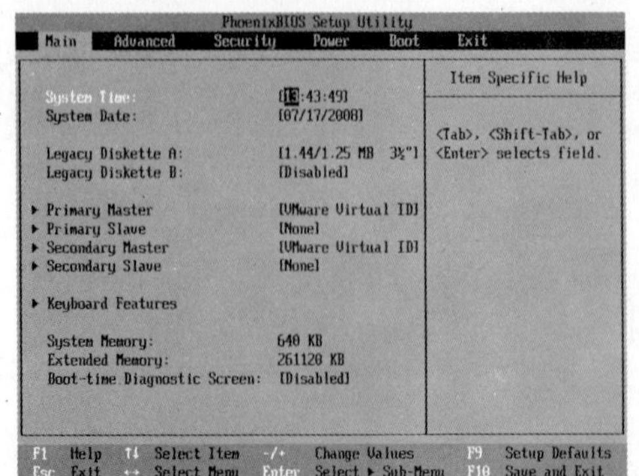

Step 02 切换到“Boot”选项卡。通过方向键选择“CD-ROM Drive”选项，按 Enter 键确认，然后按 F10 键保存设置。

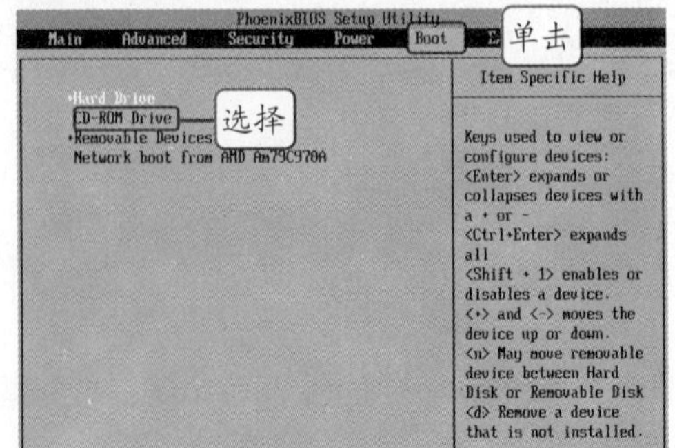

1.3 安装 Windows Vista

Windows Vista 的安装方式有 3 种，分别为用安装光盘引导启动安装、从现有操作系统上全新安装以及从现有操作系统上升级安装。下面详细介绍全新安装 Windows Vista 和从现有的操作系统上升级安装方法。

1.3.1 安装全新 Windows Vista

全新安装，就是在硬盘中没有任何操作系统的情况下安装操作系统；或者在安装操作系统前将硬盘格式化，清除以往数据后安装操作系统。

新手演练 Novice exercises 为新购买的计算机安装 Windows Vista 操作系统

Step 01 将 Windows Vista 安装光盘放入到 DVD 光驱，从光盘引导启动计算机。

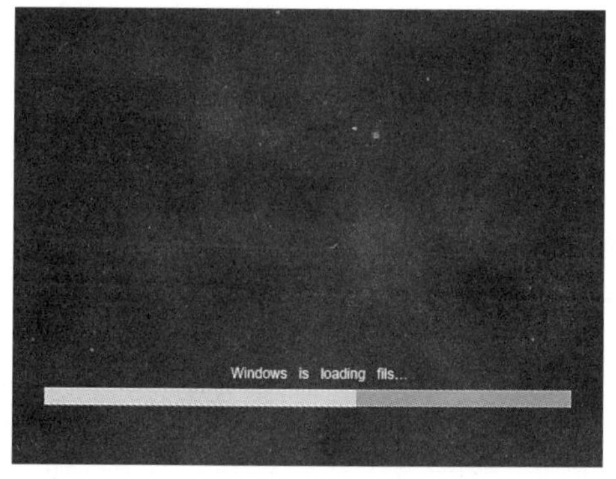

Step 02 载入安装文件后，将自动运行安装文件。

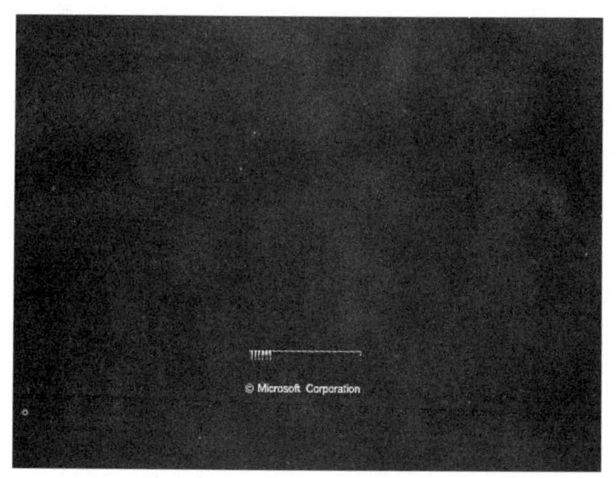

Step 03 接着将进入 Windows Vista 安装界面，在打开的“安装 Windows”对话框中选择安装语言、货币格式以及输入法，单击 下一步(N) 按钮。

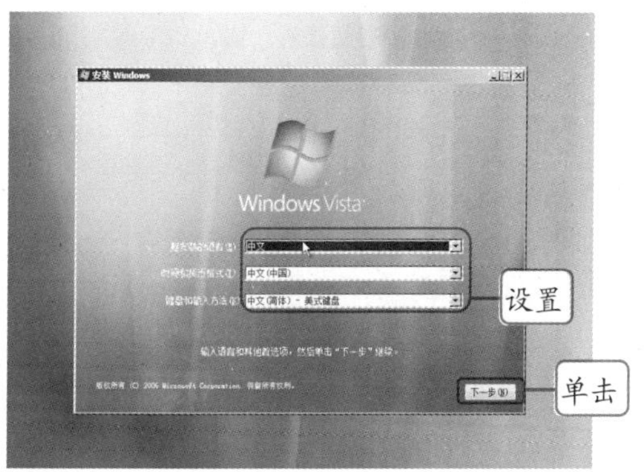

Step 04 在接着打开的对话框中，单击“现在安装”按钮，即可开始安装 Windows Vista。

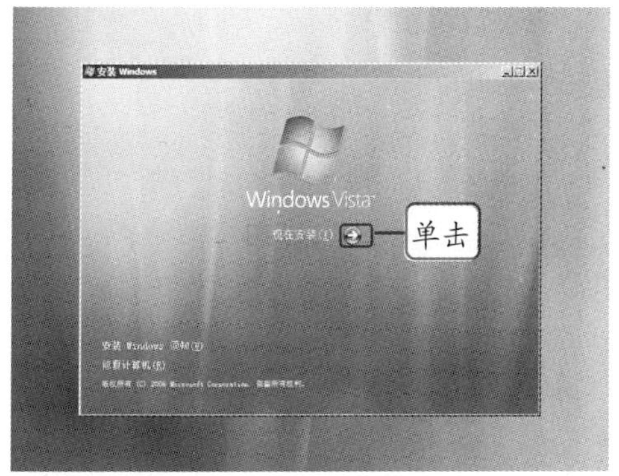

Step 05 在打开的“输入产品密钥进行激活”对话框中要求用户输入正确的 Windows Vista 安装序列号，安装序列号可以从包装盒内相关说明书中获取，输入后单击 下一步(N) 按钮。

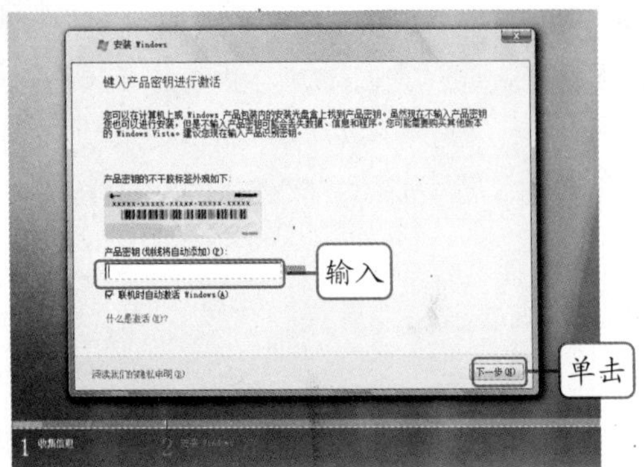

Step 06 在打开的界面中选择要安装的 Windows Vista 版本，这里选择“Windows Vista ULTIMATE”选项，然后勾选列表框下方的“我已经选择了购买的 Windows 版本”复选框，单击 下一步(N) 按钮。

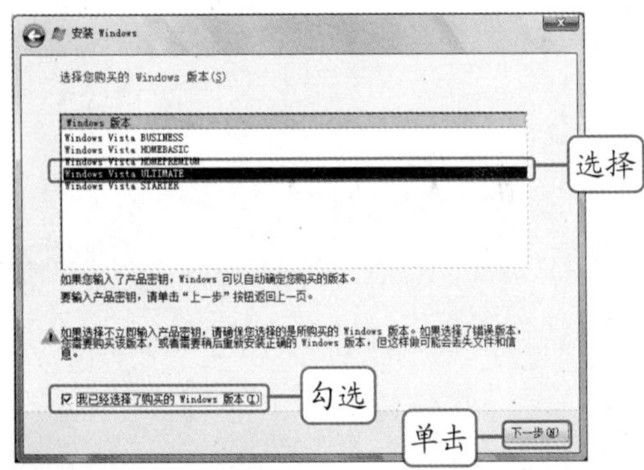

Step 07 在打开的阅读安装协议界面中勾选“我接受许可条款”复选框，单击 下一步(N) 按钮。

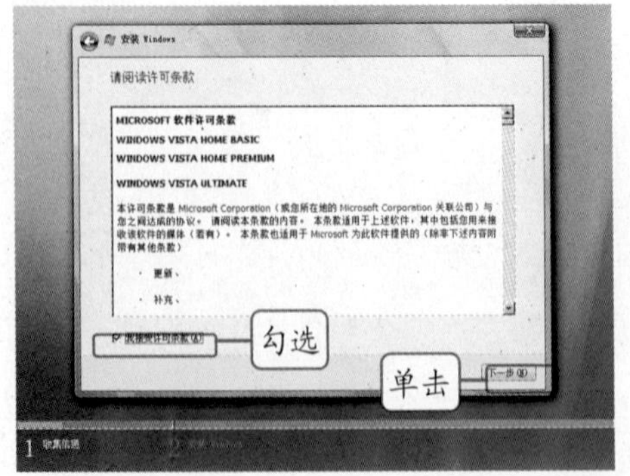

Step 08 在接着打开的界面中选择安装类型，由于是全新安装，因此直接选择“自定义”选项。

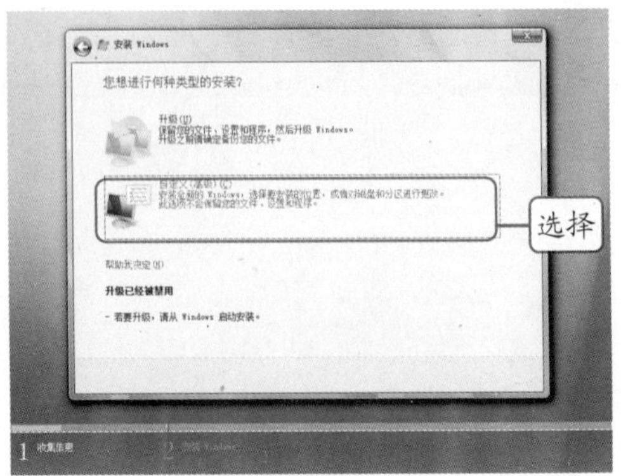

Step 09 在打开的对话框中选择要将 Windows Vista 安装在哪个磁盘分区（一般选择 C 盘），单击 下一步(N) 按钮。

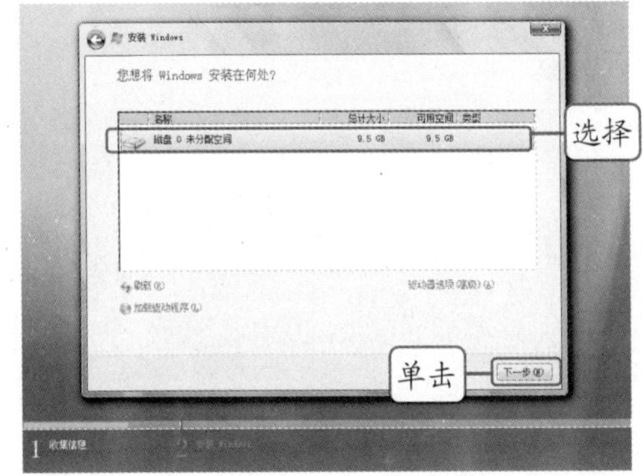

Step 10 此时将开始复制安装文件，下方的进度条显示复制进度。

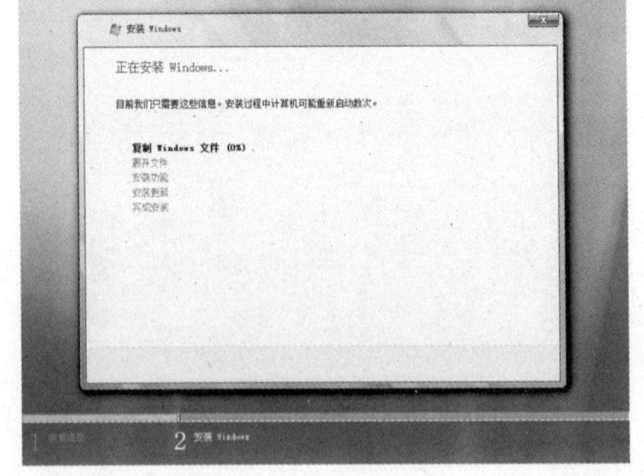

Step 11 安装文件复制完毕后，安装程序将自动重新启动计算机。

温馨提示牌 Warm and prompt licensing

文件复制完毕并重启计算机后，需要将启动顺序更改为硬盘启动。

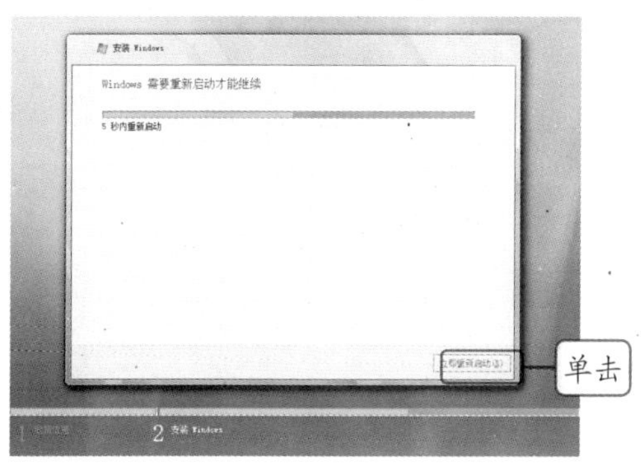

Step 12 重启计算机后，将自动运行 Windows Vista 安装程序继续安装。

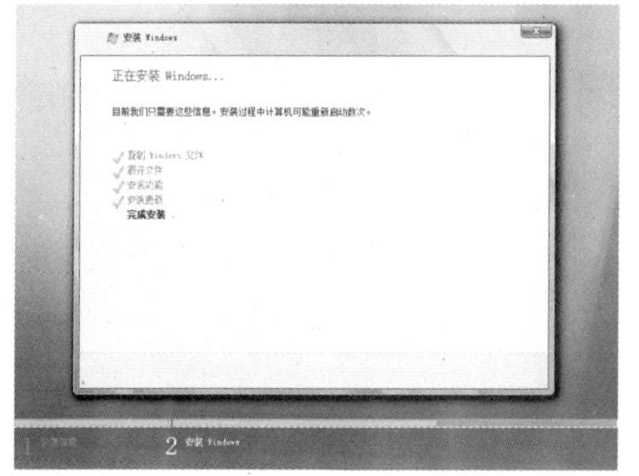

Step 13 在打开的对话框中输入账户名称并设置密码，在图片列表中选择一张用户账户图片，单击 下一步(N) 按钮。

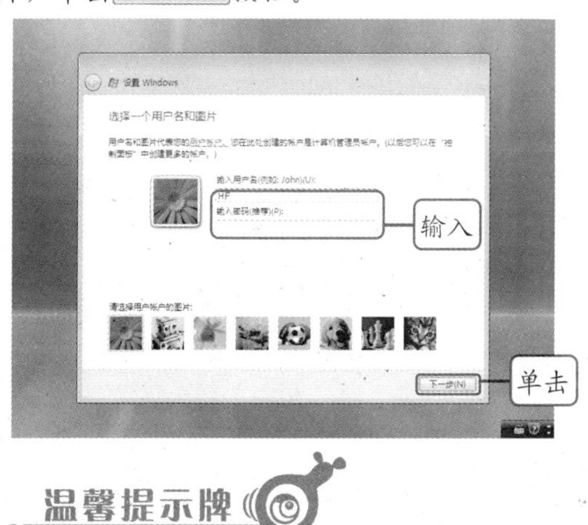

温馨提示牌
Warm and prompt licensing

Windows Vista 安装完成后，用户也可以根据需要来添加用户账户。

Step 14 在弹出的对话框中选择系统的保护措施，建议选择默认选项“使用推荐设置”选项。

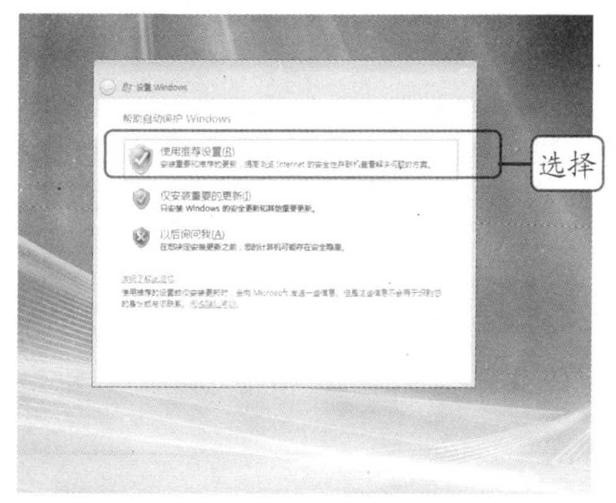

Step 15 在打开的对话框中正确选择设置系统的日期和时间，然后单击 下一步(N) 按钮。

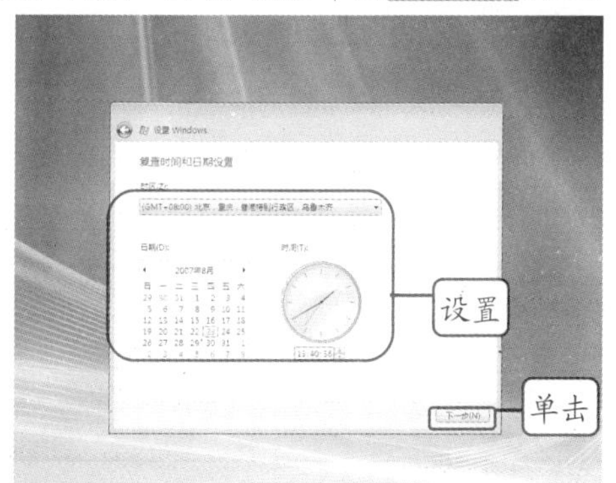

Step 16 在打开的“请选择计算机的当前位置”对话框中，根据计算机的使用环境选择对应的选项。

Step 17 在打开的“非常感谢”对话框中单击 开始(S) 按钮。

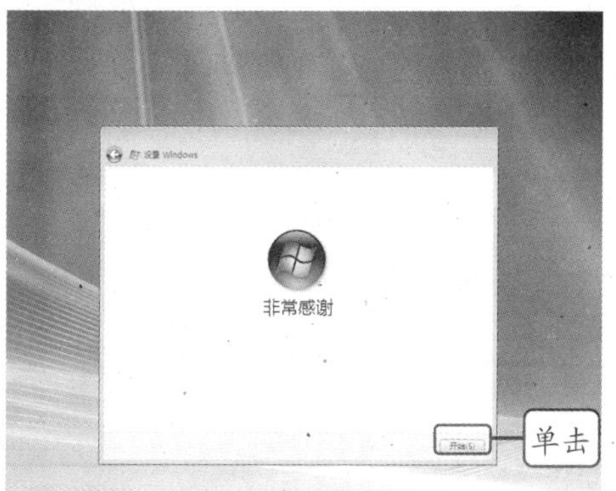

Step 18 接下来 Windows Vista 开始将对计算机进行检查。

Step 19 检查完毕后，Windows Vista 的安装就完成了，此时将登录到 Windows Vista 欢迎中心。

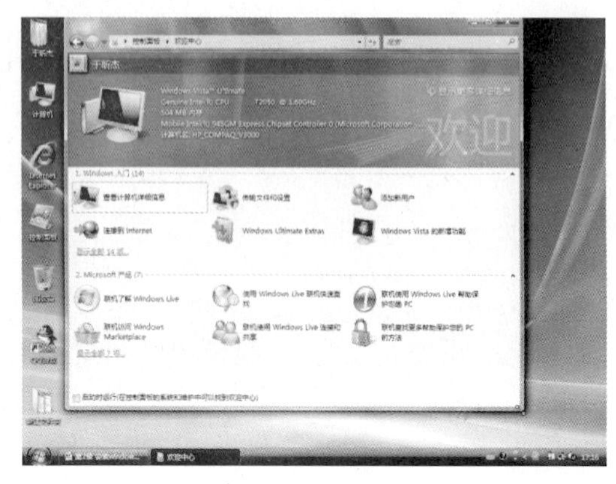

1.3.2 升级安装 Windows Vista

如果计算机中已经安装了 Windows XP 操作系统，那么可以直接从 Windows XP 升级为 Windows Vista。升级操作可以直接在 Windows XP 中进行，且升级后用户无须重新安装驱动程序与原有的软件。

新手演练 Novice exercises 在 Windows XP 中升级安装 Windows Vista

Step 01 启动计算机并登录到 Windows XP，将 Windows Vista 安装光盘放入到光驱中，安装程序将自动运行，单击“现在安装”按钮。

Step 02 将进入 Windows Vista 安装界面，当出现如下图所示的对话框后，选择“升级”选项。

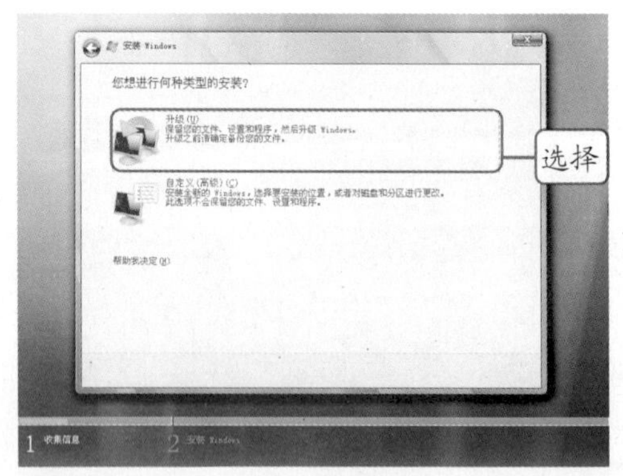

Step 03 按照全新安装 Windows Vista 的方法进行后续操作，直至完成安装。

1.4 激活 Windows Vista

Windows Vista 安装完毕后，如果不激活，只能有 30 天的使用时间。因此用户在安装完成后需要对 Windows Vista 进行激活。激活方法有多种，用户可以根据自己的情况选择适合自己的激活方式。

对 Windows Vista 进行激活

Step 01　在完成安装并启动 Windows Vista 后，会出现“欢迎中心”窗口，双击窗口中的“查看计算机详细信息”选项。

Step 02　在打开的窗口中单击“Windows 激活”区域中的“剩余 30 天可以激活，立即激活 Windows”链接。

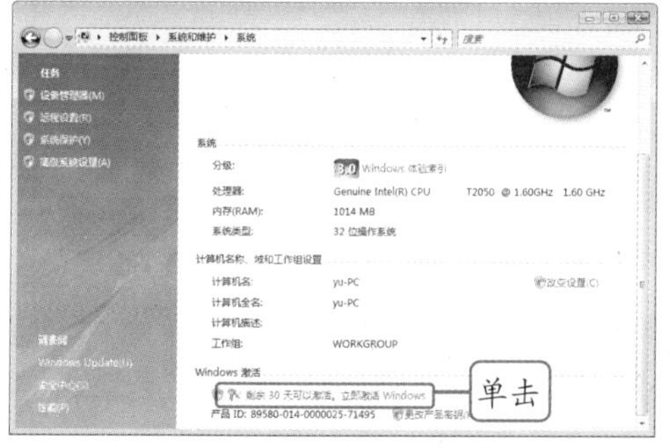

Step 03　此时将打开“用户账户控制”对话框，并且屏幕变为不可操作状态。如果继续进行操作，则单击对话框中的 继续(C) 按钮。

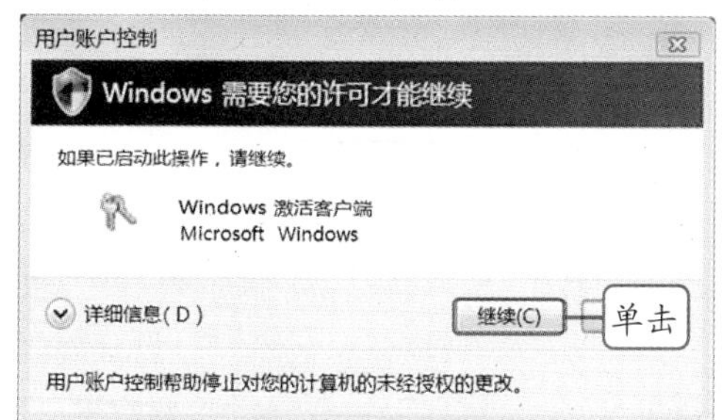

Step 04　打开“Windows 激活”对话框，如果用户计算机已经连接到 Internet，则可单击“现在联机激活 Windows”链接。

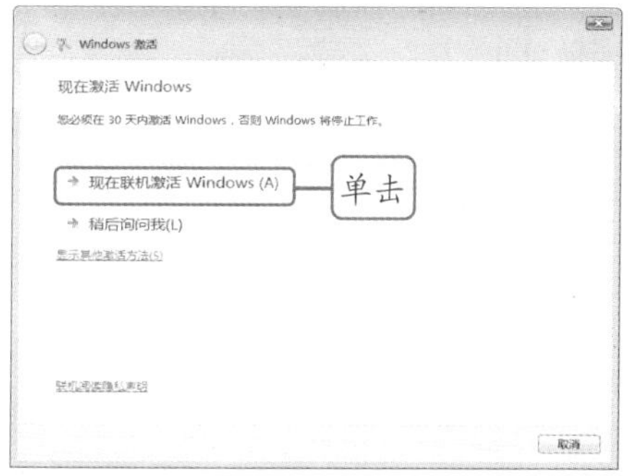

Step 05　此时系统自动连接到网络并激活 Windows Vista。

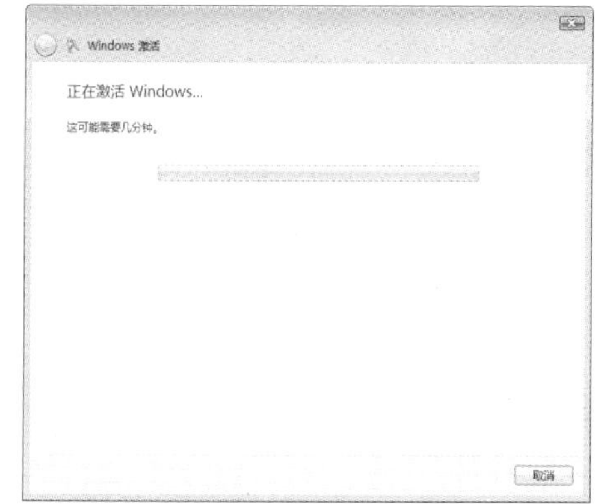

Step 06　如没有连接到网络，则单击“显示其他激活方式”链接，在打开的对话框中单击“使用自动电话系统”链接。

Step 07　随后将打开对话框要求选择用户所在国家，这里选择“中国”，单击 下一步(N) 按钮。

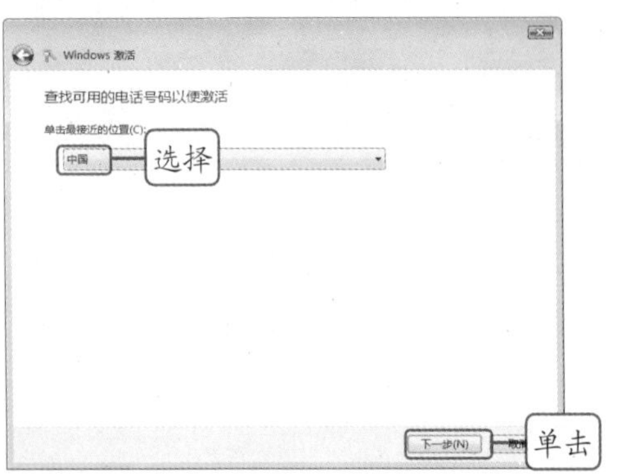

Step 08 打开“Windows 激活”对话框。拨打窗口中的电话号码获取确认 ID，将其输入到最下面对应的 A、B、C、D、E、F、G、H 方框中。

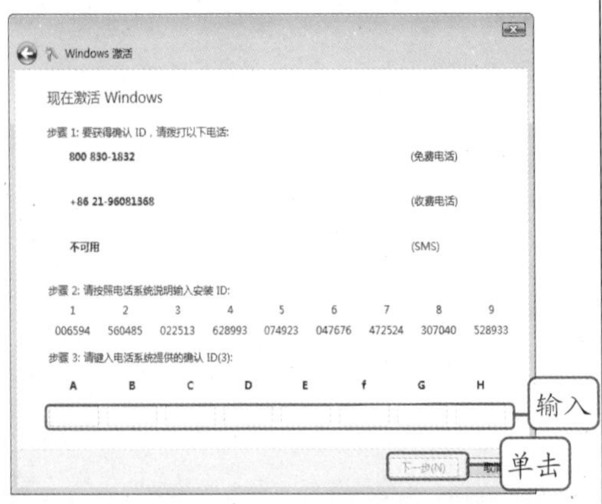

Step 09 完成输入后，单击 下一步(N) 按钮，在打开的对话框中将告知用户激活成功，单击 关闭 按钮即可。

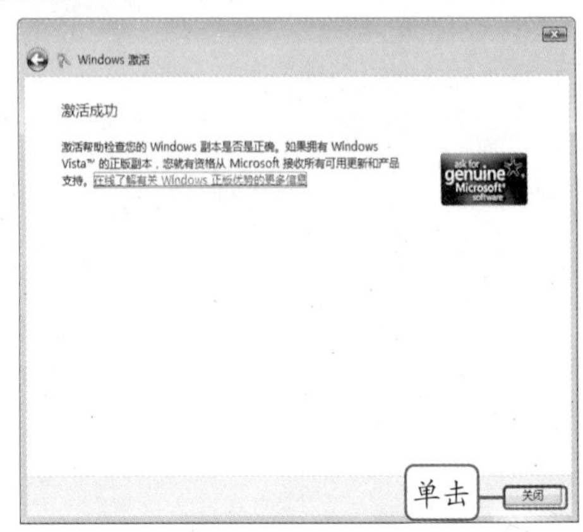

在进行 Windows Vista 激活的时候，如果选择联机激活的话，一定要保证网络的连接状态正常。

1.5 职场特训

本章主要介绍了 Windows Vista 的版本和新特性、安装 Windows Vista 的方法，以及激活 Windows Vista 的方法。下面通过 1 个实例巩固本章知识并拓展所学知识的应用。

特训：为网页文档创建导航条

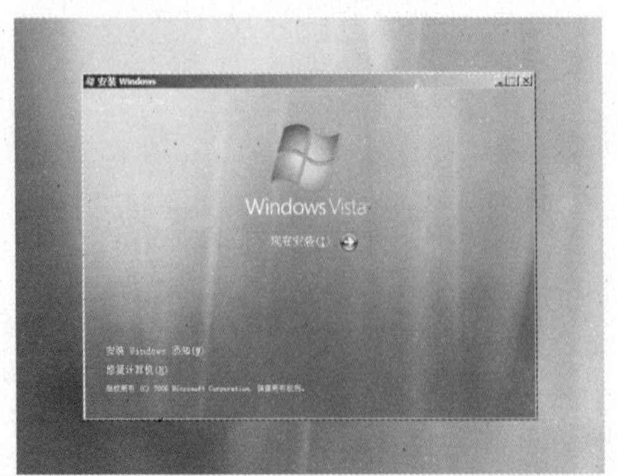

1. 将安装光盘放入光驱，重启计算机并将启动顺序设置为“从光盘启动”。
2. 自动运行 Windows Vista 安装程序，并复制安装文件到计算机后重新启动系统，将启动顺序更改为“从硬盘启动”。
3. 进入到 Windows Vista 安装界面开始安装。
4. 正确设置各种安装信息并进行安装即可。

第2章

Windows Vista 基本操作

精彩案例

在桌面上显示“计算机”图标

通过“开始”菜单启动“记事本”程序

在快速启动区域中添加“记事本”按钮

在 Windows 边栏中添加“日历”小工具

删除 Windows 边栏中的“时钟”小工具

本章导读

安装 Windows Vista 后，接下来需要掌握 Windows Vista 的启动与退出方法，并对其进行初步的认识，以了解 Windows Vista 的基本操作方式。

2.1 启动与退出 Windows Vista

启动 Windows Vista 是指进入 Windows Vista 系统，使用户在 Windows Vista 系统的控制下使用和管理计算机。退出 Windows Vista 系统则是指结束整个 Windows Vista 系统的运行，并准备关闭计算机。

2.1.1 启动 Windows Vista

启动 Windows Vista 其实就是启动计算机，其方法很简单，只须开启显示器和主机的电源开关，系统就会自检并进行登录了。

新手演练 Novice exercises 启动计算机并登录到 Windows Vista

Step 01 按下显示器与主机的电源开关，启动计算机，将进行自检并载入 Windows Vista。

Step 02 如果设置了账户，则稍等之后显示用户登录界面，在界面中单击要登录的账户并输入账户密码。

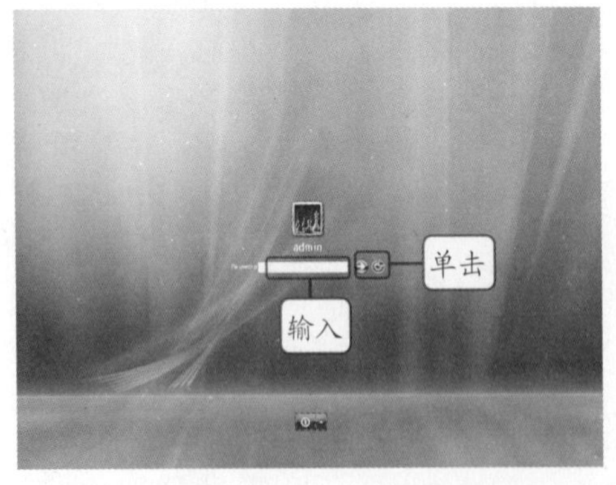

Step 03 按下 Enter 键，或单击密码框右侧的“登录”按钮，即可登录到系统。登录后将进入系统桌面并显示“Windows 欢迎中心”窗口。

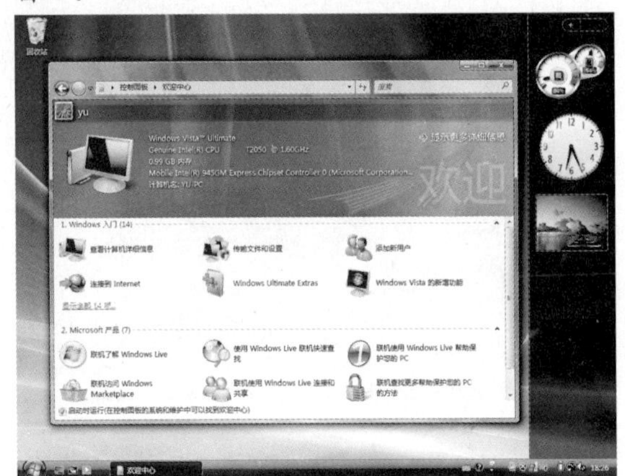

温馨提示牌 Warm and prompt licensing

如果用户计算机安装了 Windows XP 和 Windows Vista 双操作系统，那么自检后将显示启动菜单，要求用户选择一个系统来启动。

2.1.2 退出 Windows Vista

计算机使用完毕后，就可以退出 Windows Vista 并关闭计算机了。退出 Windows Vista

时，必须通过正确的方法进行退出。

退出 Windows Vista 并关闭计算机

Step 01 单击屏幕左下角的“开始”按钮，打开“开始”菜单。

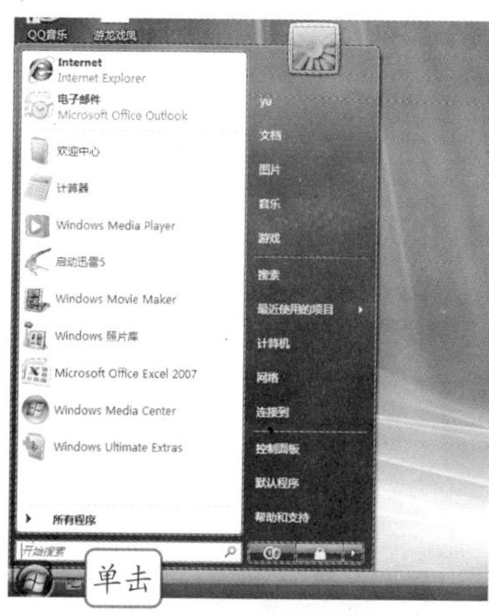

Step 02 单击“开始”菜单右下角的按钮，在弹出的子菜单中选择“关机”命令。

Step 03 稍等之后，计算机就会退出 Windows Vista 并自动关闭。

2.2 Windows Vista 桌面操作

用户打开计算机以后，首先映入眼帘的便是操作系统的桌面。Windows 系统经过几代的发展与进步，如今的 Windows Vista 操作系统的桌面更加美观，并且更加人性化。在 Windows Vista 中对桌面图标功能也进行了很大的改动和提升。下面介绍 Windows Vista 桌面及桌面图标的操作。

2.2.1 认识 Windows Vista 桌面

桌面是 Windows Vista 的操作平台，对系统进行的操作，几乎都是从桌面开始的。登录 Windows Vista 后，即进入系统桌面，如下图所示。默认的 Windows Vista 桌面由桌面图标、桌面背景、任务栏以及 Windows 边栏几个部分组成。

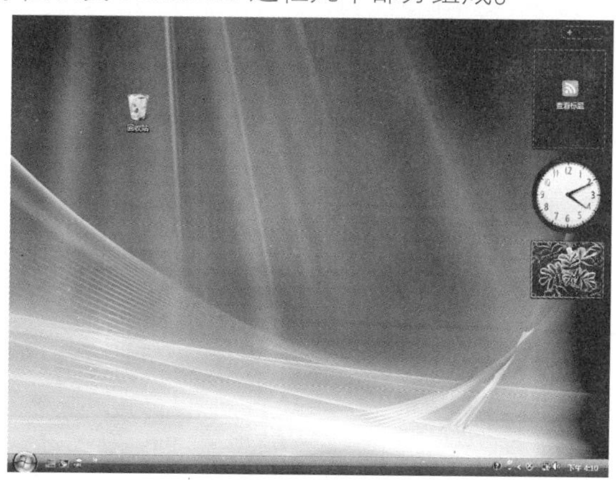

知识点拨 Knowledge 认识 Windows Vista 桌面组成

桌面背景：桌面背景是指屏幕的背景图像，Windows Vista 中提供了多种背景，用户也可以将个人图片设置为背景，下图所示为更换背景后的效果。

桌面图标：用于打开对应的窗口或运行相应的程序。Windows Vista 默认仅显示“回收站”图标，用户可以根据需要自定义显示其他图标，下图所示为显示多个桌面图标的效果。

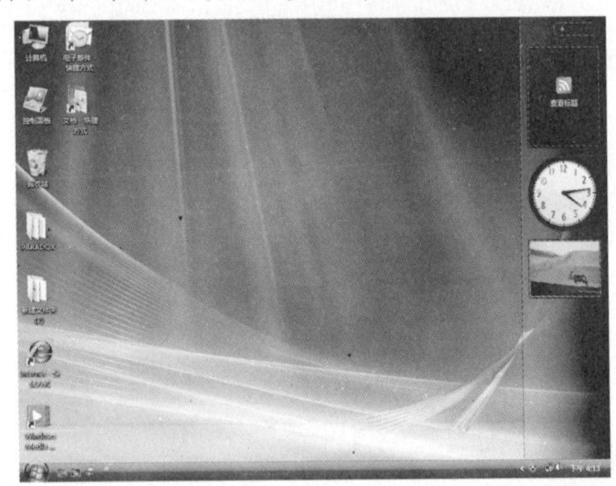

任务栏：任务栏位于屏幕最下方，从左到右依次为“开始”按钮、快速启动区域、窗口控制按钮区域、语言栏以及通知区域。

Windows 边栏：是 Windows Vista 中新增的一个功能，边栏中可以放置一些小工具，允许用户在其中添加其他小工具。Windows 边栏的出现，可以让用户在不影响当前窗口或程序的情况下方便地查看其他信息，如图片、时间日期、新闻等。

温馨提示牌 Warm and prompt licensing

Windows 边栏更加适合采用宽屏幕显示器的用户。如果是标准显示器，则由于边栏会占据一定屏幕空间，而使得屏幕过窄。

2.2.2 显示系统图标

系统图标是指 Windows Vista 的一些基本程序图标，如“计算机”、“控制面板”、用户文件夹等，这些图标没有默认在桌面上显示，如果用户习惯通过桌面图标进行操作，就可以通过设置在桌面上显示出这些图标。

在桌面上显示“计算机”图标

Step 01 单击任务栏左下角的“开始”按钮，打开“开始”菜单，右击“计算机”选项。

Step 02 在弹出的快捷菜单中选择“在桌面上显示”命令，即可在桌面上显示“计算机”图标。

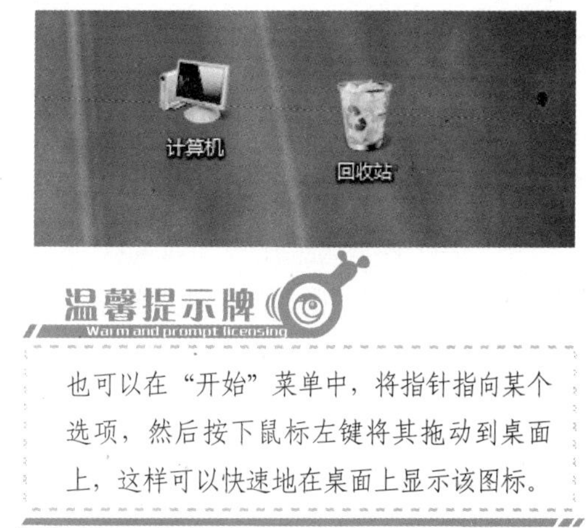

温馨提示牌
Warm and prompt licensing

也可以在“开始”菜单中，将指针指向某个选项，然后按下鼠标左键将其拖动到桌面上，这样可以快速地在桌面上显示该图标。

2.2.3 创建快捷方式图标

如果用户习惯通过桌面图标来启动程序或打开文件，那么就可以在桌面上创建程序或文件的快捷方式图标。

新手演练
Novice exercises

在桌面上创建“记事本”程序的快捷方式图标

Step 01 打开“开始”菜单并展开“所有程序”列表，右击“Internet Explorer”选项，在弹出的快捷菜单中选择【发送到】/【桌面快捷方式】命令。

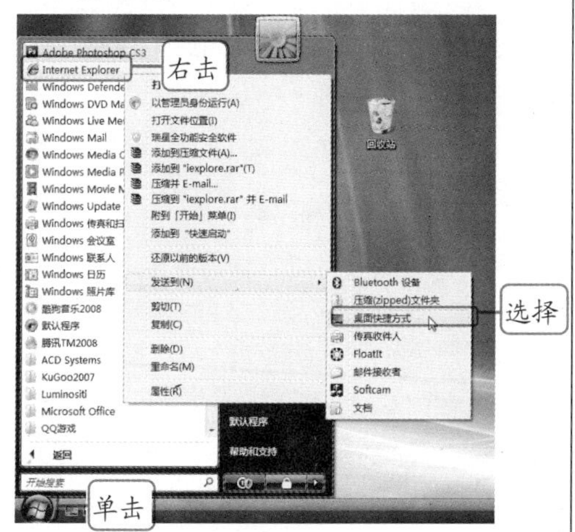

Step 02 此时即可在桌面上显示“Internet Explorer - 快捷方式”图标。

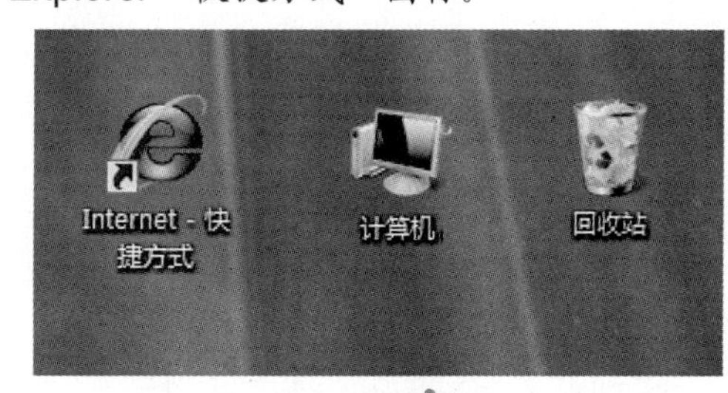

温馨提示牌
Warm and prompt licensing

程序或文件快捷方式图标的左下角，都显示一个箭头，表示该图标为快捷方式。对快捷方式进行删除、移动，都不会影响到源程序。

2.2.4 调整与排列桌面图标

对于桌面上显示的图标，用户可以对图标的显示方式和排列顺序进行调整，从而让图标显示更加直观合理，便于查看和使用。

知识点拨 Knowledge　调整图标大小与排列的方法

调整图标大小：右击桌面空白处，在弹出的快捷菜单中指向“查看”命令，在子菜单中即可选择图标的显示大小，有“大图标”、“中等图标”以及“经典图标”3种显示方式。

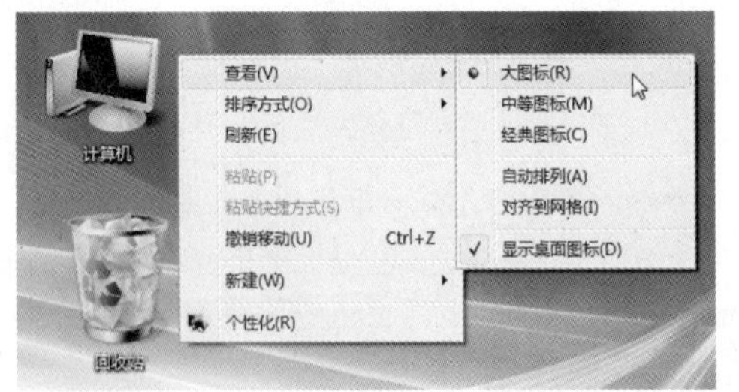

自定义排列图标：指向图标后，按下鼠标左键不放，将图标拖动到桌面任意位置。

排列图标顺序：右击桌面空白处，在弹出的快捷菜单中指向“排序”命令，在子菜单中即可选择图标的排序依据，分别可以按照“名称”、“大小”、“类型”以及“修改日期”对桌面图标进行排序。

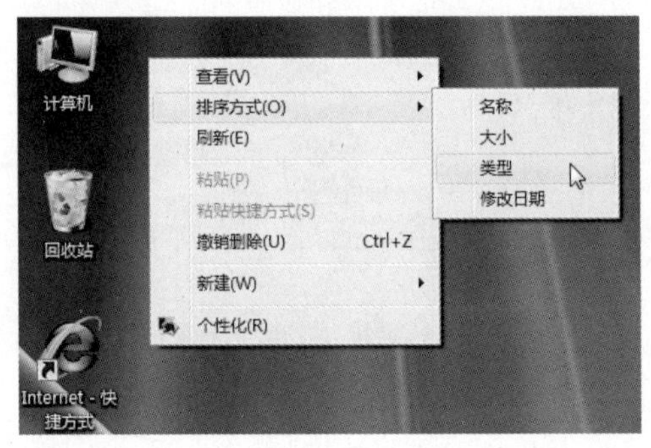

2.2.5 删除桌面图标

当桌面上的图标较多时，可以对一些不用或者很少用到的图标进行删除，以便使桌面干净整洁并且也可提高计算机的使用效率。

新手演练 Novice exercises　删除桌面上无用的图标

Step 01 右击要删除的图标，在弹出的快捷菜单中选择“删除”命令。

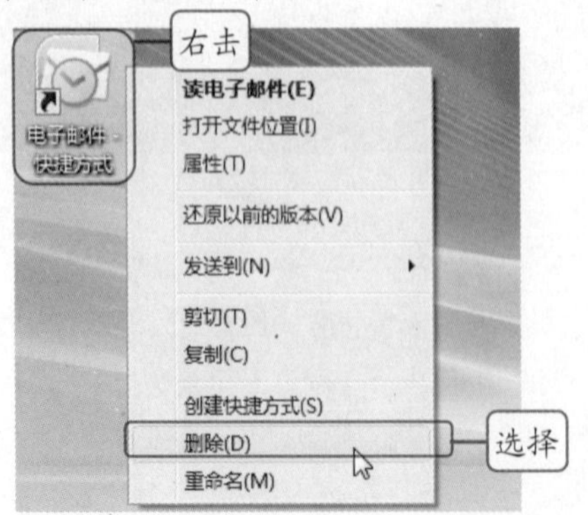

Step 02 打开“删除文件”提示框要求用户确认删除操作，单击 是(Y) 按钮，即可将该图标从桌面上删除。

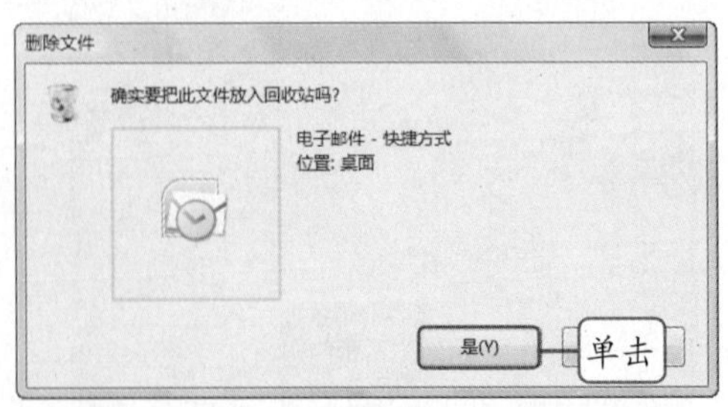

2.3 任务栏和“开始”菜单操作

任务栏和“开始”菜单是 Windows Vista 操作系统的基本组成部分。“开始”菜单是运行 Windows Vista 应用程序的入口。任务栏指包含“开始”按钮和用于所有已打开程序的按钮的桌面区域。

2.3.1 认识“开始”菜单

“开始”菜单是 Windows Vista 主要的操作接口，用户对计算机所进行的各种操作，基本上都是通过“开始”菜单进行的。登录 Windows Vista 后，单击任务栏左侧的“开始”按钮，即可打开“开始”菜单，如下图所示。

与 Windows XP 不同，Windows Vista “开始”菜单中的“所有程序”由级联菜单变为了列表，更便于用户操作。

知识点拨 Knowledge　认识“开始”菜单的结构

网络区域：该区域中显示 Internet Explorer 程序与 Windows Mail 邮件客户端程序。

常用程序列表：该区域显示用户最近使用过的程序，并且根据程序的使用频率自动更新。

所有程序选项：单击该按钮，可切换到程序列表，列表中显示所有系统自带程序和用户自定义安装的程序。

搜索框：用于搜索符合条件的程序。

用户文档区域：显示当前登录账户文档中的分类文档，单击账户图标，可更改账户信息。

系统图标区域：显示“计算机”、“网络”等系统图标。

系统设置区域：该区域中显示系统设置与帮助选项。

系统按钮：通过该按钮可以关闭、重启系统、锁定计算机以及注销与切换用户账户。

2.3.2 “开始”菜单操作

“开始”菜单是运行 Windows Vista 应用程序的入口。如果用户需要启动程序、打开文档、改变系统设置、查找特定信息等，都可以先打开“开始”菜单，再选择具体的命令。

1. 通过“开始”菜单启动程序

“开始”菜单中的选项都是通过鼠标单击进行操作的，打开“开始”菜单后，用鼠标单击某个选项，即可打开对应的窗口或运行相应的程序。

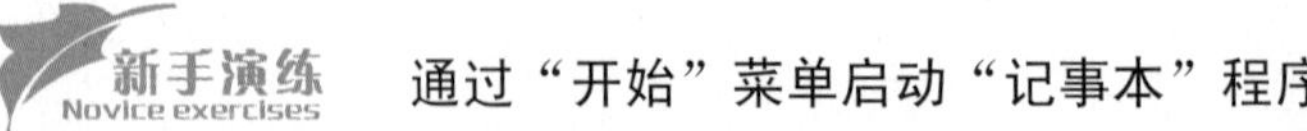

Step 01 单击“开始”按钮，在打开的“开始”菜单中选择“所有程序”命令。

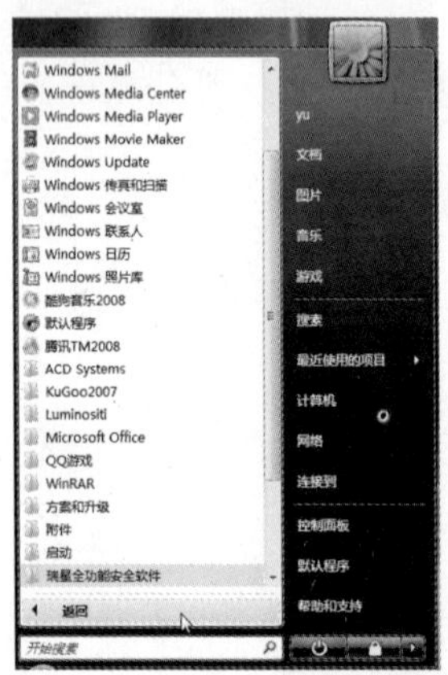

Step 02 进入程序列表，在列表中单击“附件”选项展开附件列表，选择“记事本”选项。

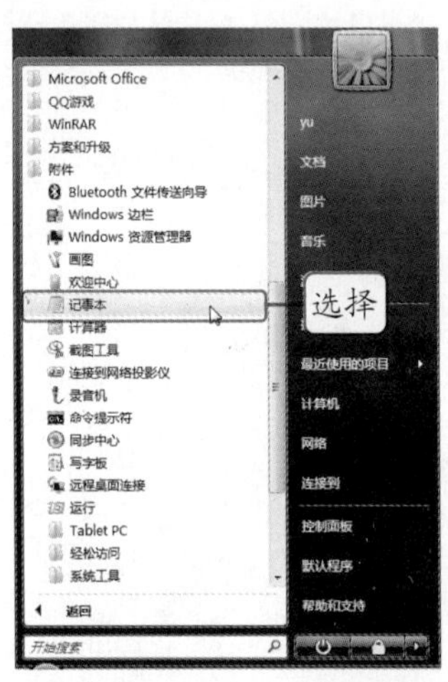

Step 03 此时即可启动记事本程序，屏幕中会打开记事本窗口，同时“开始”菜单会自动关闭。

2. 更改“开始”菜单样式

Windows Vista 提供了两种样式的“开始”菜单供用户选择，如果默认的“开始”菜单样式不符合用户使用习惯，就可以更改为传统的“开始”菜单样式。

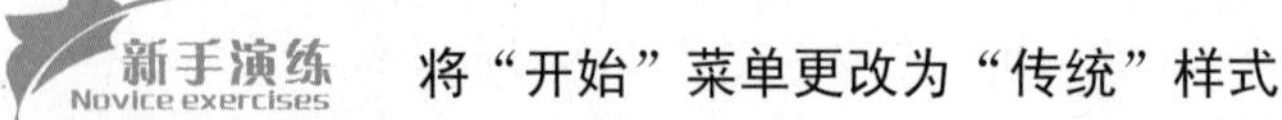

Step 01 右击任务栏空白处，在弹出的快捷菜单中选择“属性”命令。

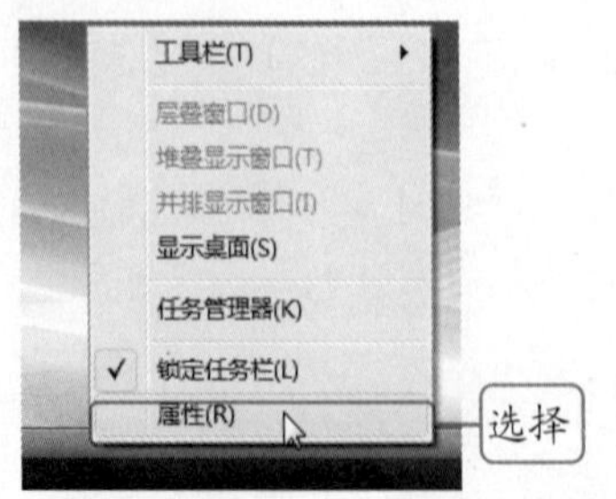

Step 02 打开“任务栏和「开始」菜单属性”对话框，切换到“「开始」菜单”选项卡，点选“传统「开始」菜单”单选按钮，单击 确定 按钮。

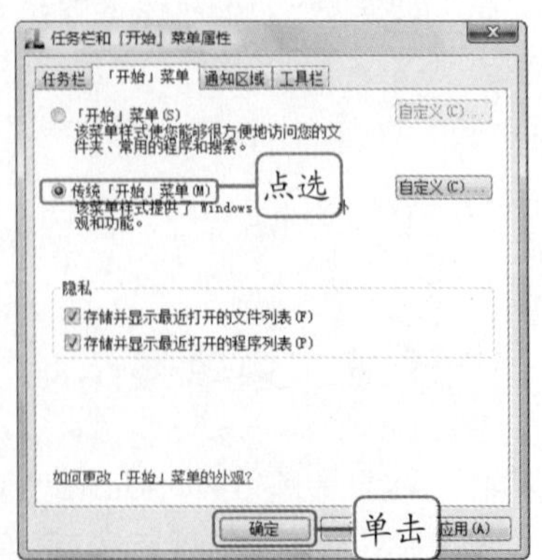

Step 03 设置完毕后，再次单击“开始”按钮，可以发现打开的“开始”菜单样式已经发生了改变。

传统“开始”菜单样式即为 Windows 2000 或以前版本中的“开始”菜单样式。对于习惯使用这些系统的老用户而言，可以采用传统“开始”菜单样式。

3. 自定义“开始”菜单显示方式

Windows Vista 允许用户根据自己的使用习惯来自定义设置“开始”菜单的显示方式，从而让“开始”菜单更加符合自己的使用习惯。

新手演练 Novice exercises 自定义“开始”菜单中的显示项目

Step 01 右击任务栏空白处，在弹出的快捷菜单中选择“属性”命令，打开“任务栏和「开始」菜单属性”对话框，在“「开始」菜单”选项卡中单击自定义(C)...按钮。

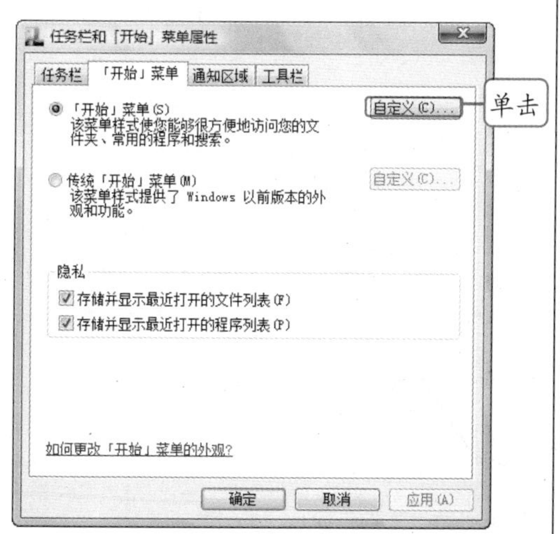

Step 02 打开“自定义「开始」菜单”对话框。在列表框中选择“开始”菜单中各个项目是否显示以及显示方式；在“「开始」菜单大小”数值框中输入“常用程序列表”中显示的程序数目；然后在下方分别选择网络区域中显示的浏览器与电子邮件程序。

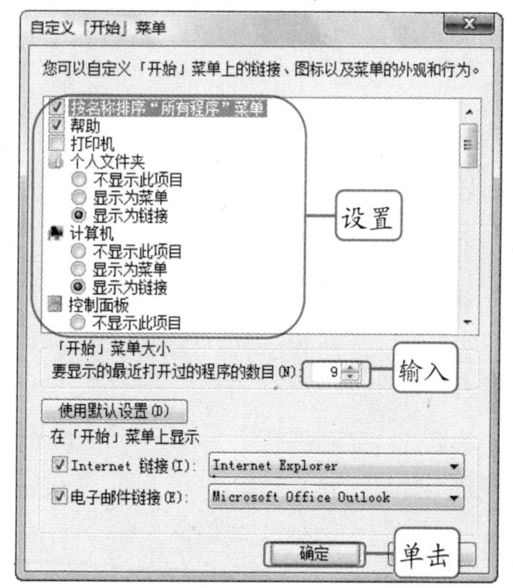

Step 03 设置完毕后，单击确定按钮，即可将“开始”菜单按照所设方式进行显示。

2.3.3 任务栏操作

任务栏位于屏幕的最下方，包括“开始”按钮、快速启动区域、窗口控制区域、语言栏、通知区域以及时间区域等几个部分。

知识点拨 Knowledge 认识“对齐”下拉列表框中各选项的含义

快速启动区域：位于“开始”按钮右侧，区域中默认包含“显示桌面”按钮、“窗口之间切换”按钮以及“Windows Media Player”按钮，单击某个按钮，即可实现对应的功能。

窗口控制按钮栏：没有运行程序或打开窗口时，该区域显示为空白；当运行程序或打开窗口后，窗口按钮栏中将显示对应的窗口控制按钮，通过控制按钮可以对窗口进行切换、最大化、最小化以及关闭等操作。

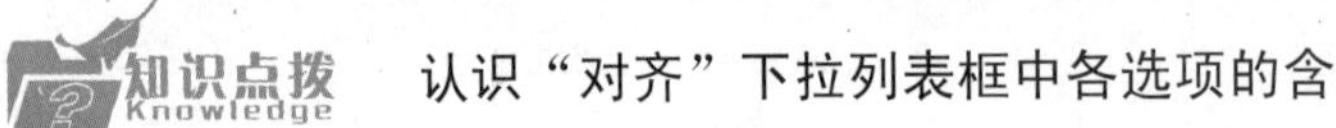

语言栏：语言栏用于显示当前输入法状态，并可以切换输入法。语言栏可以单独显示在屏幕中，也可以最小化到任务栏中。

通知区域：通知区域中显示一些系统常驻程序的图标以及系统时间等信息，当通知区域中显示太多图标时，通知区域左侧将显示按钮，单击该按钮，可以展开或折叠显示图标。根据用户所安装和运行程序的不同，通知区域中显示的图标也不同。

1. 调整任务栏的大小

用户可以根据自己的使用习惯来调整任务栏的显示高度，如对于经常需要同时运行很多程序或打开多个窗口的用户，可以增加任务栏的高度使其可以显示出更多窗口控制按钮。

新手演练 Novice exercises 增加任务栏高度

Step 01 在任务栏快捷菜单中取消“锁定任务栏”选项的选中状态。

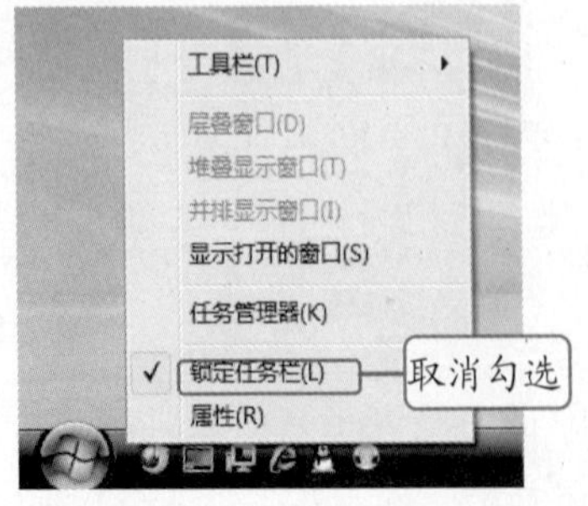

Step 02 将指针移动到任务栏上边缘，当指针形状变为双向箭头时，向上拖动鼠标即可。

2. 自动隐藏任务栏

在默认情况下，任务栏是始终可见的，如果用户需要获得更大的显示区域，就可以隐藏任务栏。从屏幕中隐藏任务栏后，只要将指针移动到屏幕下边缘，就可以恢复显示。

让任务栏在不进行操作时自动隐藏

Step 01 在任务栏快捷菜单中选择“属性”命令，打开“任务栏和「开始」菜单属性”对话框，并切换到“任务栏”选项卡。

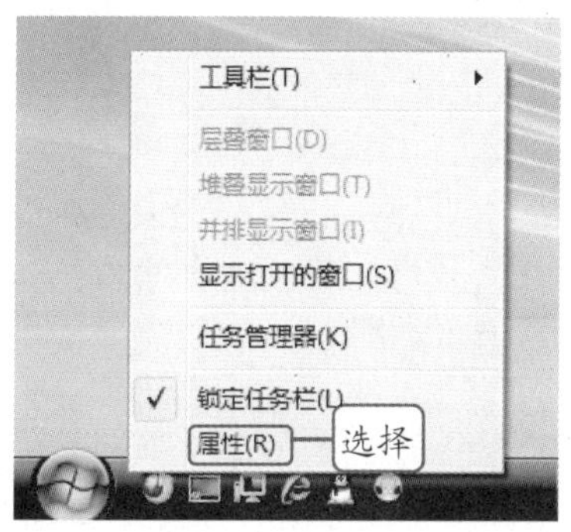

Step 02 在“任务栏外观”下勾选“自动隐藏任务栏”复选框，单击确定按钮。此时任务栏就会从屏幕中隐藏。

3. 自定义快速启动区域按钮

用户可以根据自己的使用需求将常用程序按钮添加到快速启动区域中，添加完成后只要单击某个按钮，即可快速启动对应的程序了。

在快速启动区域中添加“记事本”按钮

Step 01 在“开始”菜单中展开【所有程序】/【附件】列表，按下鼠标左键拖动“记事本”程序到任务栏中的快速启动区域。

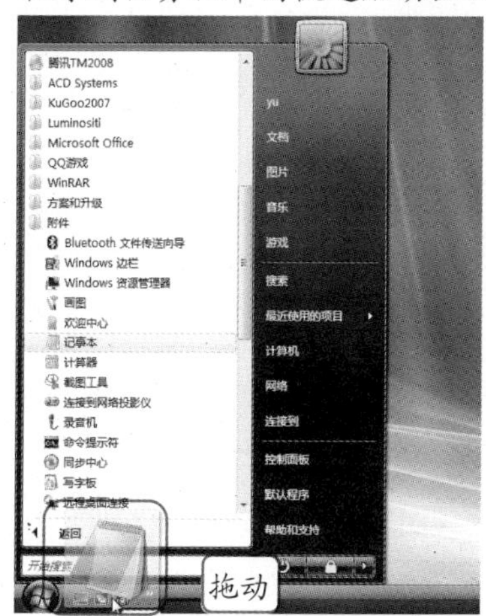

Step 02 此时即可在快速启动区域中添加“记事本”按钮。以后使用记事本时，只要单击快速启动区域右侧的»按钮，在弹出的快捷菜单中进行选择即可。

4. 自定义通知区域

通知区域中的系统图标包括时钟指示器、“音量”图标、“网络”图标以及“防火墙”图标等。当用户使用杀毒软件、QQ 等应用程序后，通知区域中也会显示出对应的图标。用户也可以通过设置将不需要的图标隐藏起来。

新手演练 Novice exercises 在通知区域中不显示“QQ”图标

Step 01 首先登录 QQ，然后打开“任务栏和「开始」菜单属性”对话框并切换到“通知区域”选项卡。

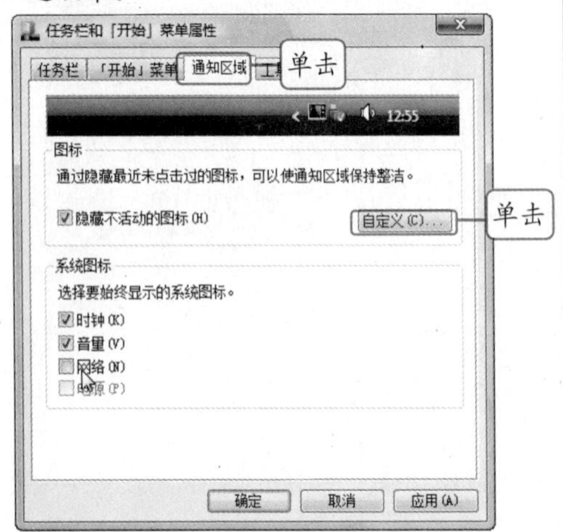

Step 02 单击自定义(C)...按钮，打开“自定义通知图标”对话框，单击“QQ”选项后的下拉按钮，在下拉列表中选择“隐藏”选项。

Step 03 单击确定按钮，即可将 QQ 图标从通知区域中隐藏，如果要查看，只要单击通知区域左侧的◀按钮展开隐藏即可。

2.4 Windows 边栏

Windows 边栏是 Windows Vista 操作系统中的一个新增工具，通过 Windows 边栏可以管理要快速访问的信息且不会干扰工作区。用户可以自定义是否在屏幕中显示边栏，如果显示，还可以自定义设置边栏中显示的小工具。

2.4.1 显示与关闭 Windows 边栏

安装并登录 Windows Vista 操作系统后，Windows 边栏默认显示在屏幕右侧，用户可以根据使用需求关闭边栏或者显示边栏。

1. 关闭 Windows 边栏

显示 Windows 边栏后，边栏会占据一定的屏幕区域，对于使用非宽屏显示器的用户而言，将会减小屏幕操作区域的大小，因此用户如果不需要边栏，那么就可以关闭 Windows 边栏。

关闭显示 Windows 边栏

通过边栏快捷菜单：右击 Windows 边栏空白处，在快捷菜单中选择“关闭边栏”命令。

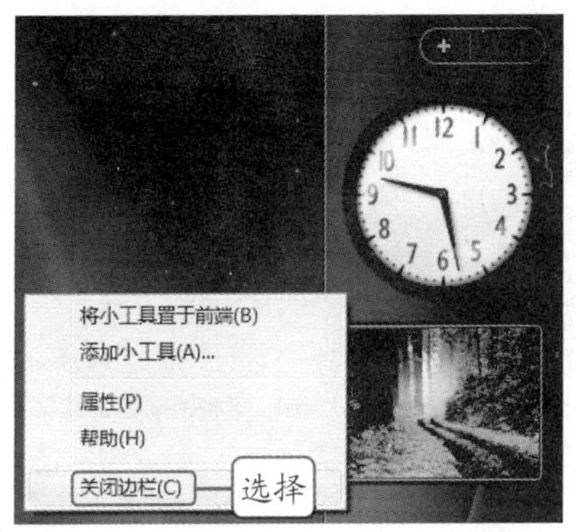

通过通知边栏按钮：右击通知区域中的“Windows 边栏”图标，在弹出的快捷菜单中选择“退出”命令。

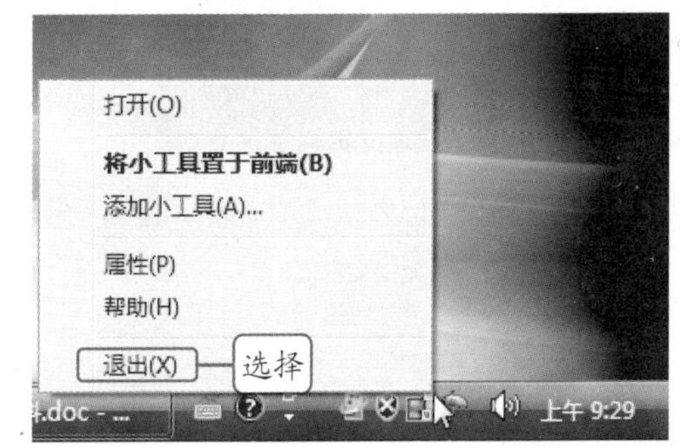

2. 显示 Windows 边栏

关闭 Windows 边栏显示后，如果要恢复显示，只需从“开始”菜单中进入“所有程序”列表，在“附件”子列表中选择“Windows 边栏”命令即可。

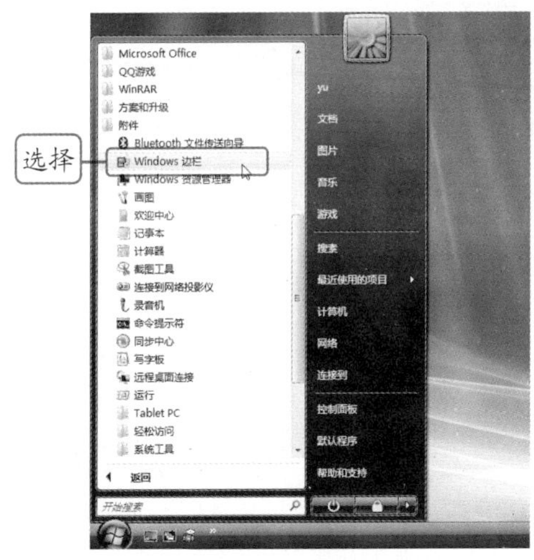

Windows 边栏默认是随系统启动而启动的，如果用户不需要使用边栏，那么可以在边栏快捷菜单中选择“属性”命令，在打开的“Windows 边栏属性”对话框中取消“在 Windows 启动时启动边栏”选项的选中，单击 确定 按钮即可。

2.4.2 自定义设置 Windows 边栏

显示 Windows 边栏后，用户可以对 Windows 边栏的显示进行设置，包括保存显示位置、显示方式两个方面。

设置 Windows 边栏的显示位置和显示方式

Step 01 右击 Windows 边栏空白处，在弹出的快捷菜单中选择“属性”命令。

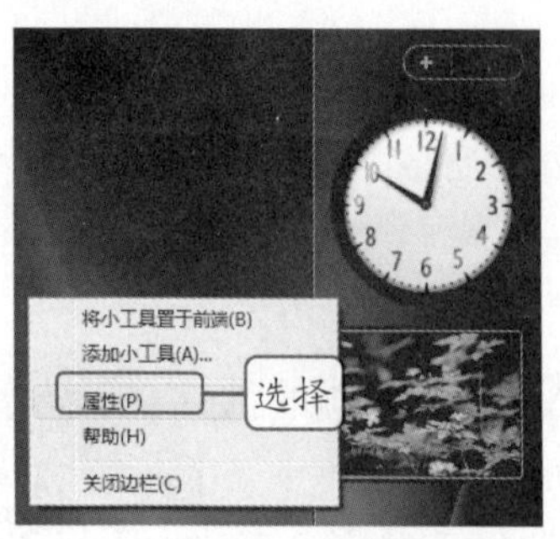

Step 02 打开“Windows 边栏属性”对话框，在其中选择显示方式和显示位置，单击 确定 按钮即可。

Step 03 此时已按照所设选项来显示 Windows 边栏。

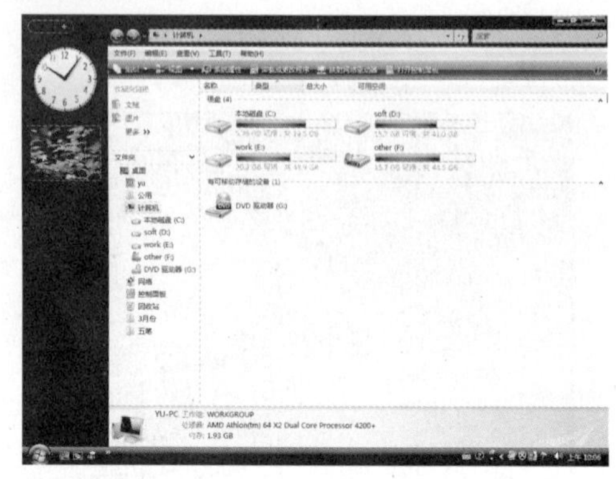

温馨提示牌 Warm and prompt licensing

选中“边栏始终在其他窗口的顶端”选项，则无论打开什么窗口，边栏都会显示在窗口顶端而不隐藏；如选中下方的“左”单选按钮，则边栏将由默认的右侧更改为显示在屏幕左侧。

2.4.3 添加与删除小工具

Windows 边栏中默认显示只有“时钟”与“幻灯片”两个小工具，同时小工具库中提供了更多的小工具，用户可根据需要将这些小工具显示在边栏中。由于边栏空间有限，因此对于不需要的小工具，可以将其从边栏中删除。

1. 添加小工具

在边栏中添加小工具，首先需要打开“小工具库”，然后在其中选择小工具进行添加即可，添加小工具后，还可以拖动调整小工具在边栏中的排列顺序。

新手演练 Novice exercises　在 Windows 边栏中添加“日历”小工具

Step 01 右击通知栏中的Windows边栏空白处，在弹出的快捷菜单中选择“添加小工具”命令。

Step 02 此时将打开“小工具库”对话框，对话框中列出了 Windows Vista 提供的所有小工具。

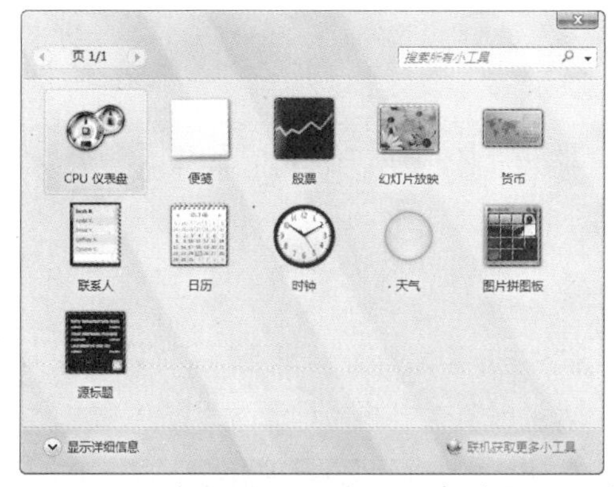

Step 03　右击“日历”选项，在弹出的快捷菜单中选择“添加”命令。

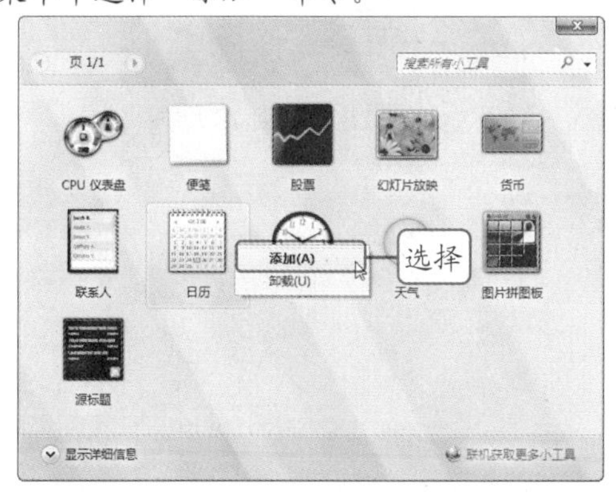

Step 04　此时在边栏中显示出“日历”小工具，将指针移动到工具右侧的标记上并向上或向下拖动，即可调整小工具的排列顺序。

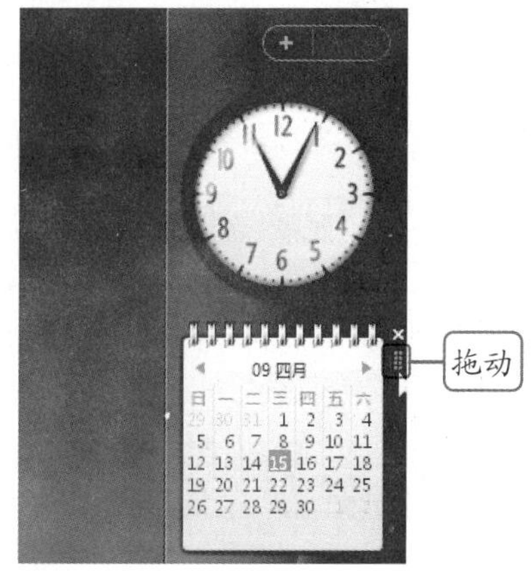

如果要添加更多小工具，可以单击“联机获取更多小工具”链接，登录到微软站点中下载。

2. 删除小工具

由于 Windows 边栏空间有限，用户添加了其他小工具后，对于不需要使用的小工具，就可以将其从 Windows 边栏中删除。

删除 Windows 边栏中的“时钟”小工具

Step 01　在 Windows 边栏中，单击要删除的小工具右上角显示出的☒按钮。

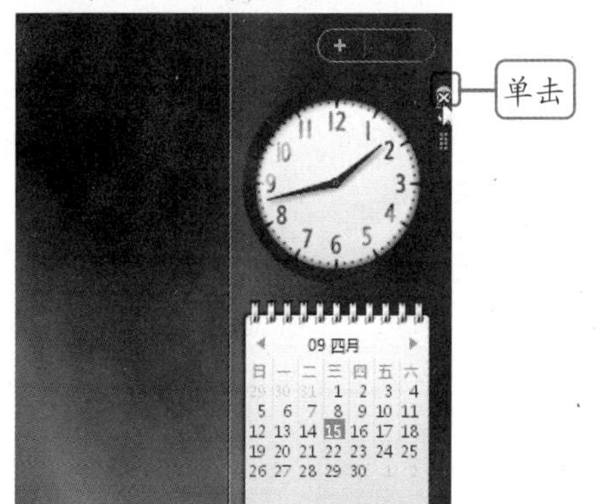

Step 02　此时即可将“时钟”工具从 Windows 边栏中删除，同时下方的工具会自动上移。

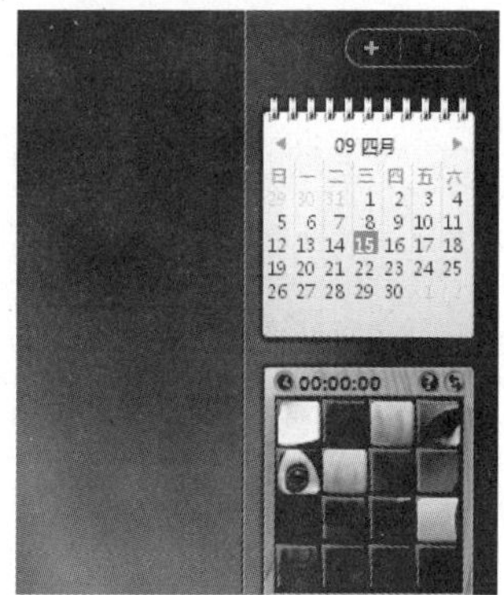

2.4.4 设置小工具属性

Windows 边栏中的小工具有着各自不同的功能，用户可根据需要对各个小工具的属性进行调整。

调整“时间”小工具的属性

Step 01 将指针指向 Windows 边栏中的“时间”小工具，然后单击右上角显示出的按钮。

Step 02 此时将扩展显示出其设置对话框，在其中可设置时钟的样式、时区等。

Step 03 设置完毕后，单击 确定 按钮应用，此时时钟工具根据设置发生了改变。

职场经验谈 Workplace Experience

并不是所有小工具都可以调整属性的，只有将指针指向小工具后，右上角显示标记的，才能进行属性调整。并且不同小工具的设置选项也不同。

2.5 职场特训

本章介绍了 Windows Vista 的启动与退出方法，以及 Windows Vista 桌面组成与桌面对象的操作方法，希望读者在学习后，能够认识并掌握如何启动与退出系统、系统桌面操作、任务栏与“开始”菜单操作以及 Windows 边栏的使用。下面通过 1 个实例巩固本章知识并拓展所学知识的应用。

特训：**在桌面上显示常用软件的快捷方式图标**

1. 在“开始”菜单中找到自己常用的软件，并右击。
2. 在弹出的快捷菜单中选择【发送到】/【桌面快捷方式】命令。
3. 此时即可建立程序的桌面快捷方式，如果需要时照此创建其他程序快捷方式。

第3章

Windows Vista 窗口操作

精彩案例

认识窗口结构

最大化、最小化与关闭窗口

切换窗口

排列窗口

认识 Windows Vista 菜单的类型

认识对话框

本章导读

窗口是 Windows Vista 重要的组成部分，用户对计算机进行的各种操作，基本上都是从窗口中进行的。菜单与对话框同样是重要的组成元素，一些命令的执行、功能的设置，都是通过菜单与对话框来完成的。因此在 Windows Vista 中，窗口、菜单和对话框，是用户学习的重点。

3.1 认识 Windows Vista 窗口

Windows Vista 中窗口包括标题栏、地址栏、工具栏、收藏夹链接面板、文件夹列表、窗口区域以及信息面板几个主要部分，不同类型的窗口，其组成可能有一定差别。下面以“计算机”窗口为例来认识 Windows Vista 窗口的组成。

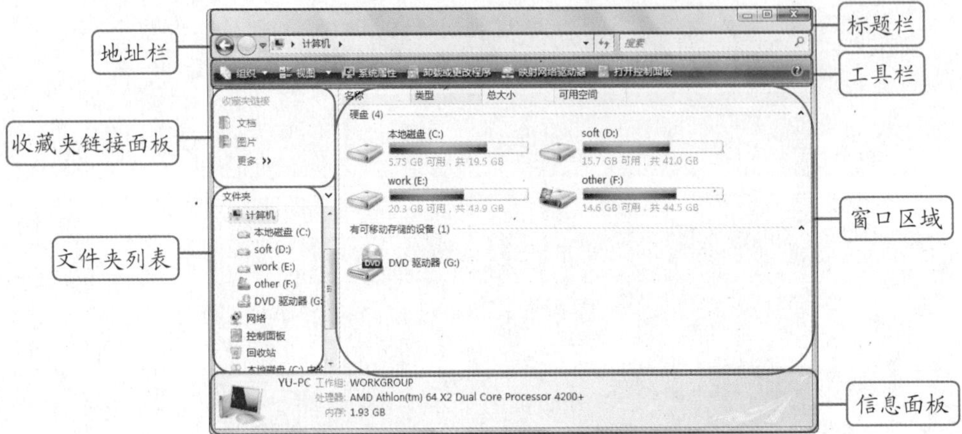

3.1.1 标题栏

标题栏位于窗口最上方，右侧显示“最小化”按钮、“最大化”按钮以及“关闭”按钮，分别用于最小化窗口、最大化（还原）窗口以及关闭窗口。如果是程序窗口，则标题栏中还会显示程序名以及程序中文档的名称，下图所示为“记事本”窗口的标题栏。

3.1.2 地址栏

地址栏用于显示当前窗口内容的所在位置，通过在地址栏输入或选择地址可打开对应的位置。Windows Vista 窗口地址栏采用了层叠列表，可以快速转到其他位置。

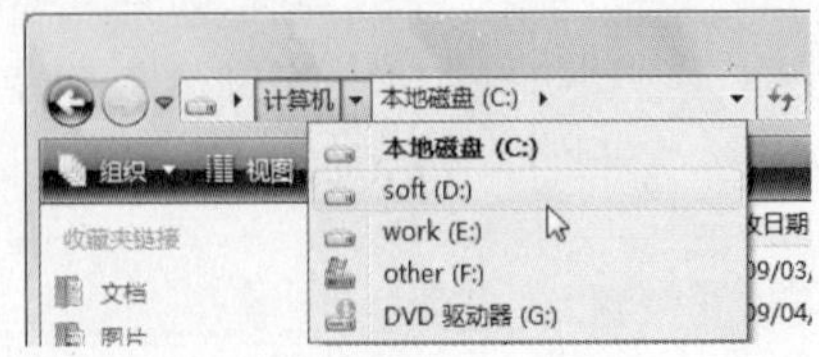

3.1.3 搜索框

搜索框位于地址栏右侧，用于在当前窗口位置中快速搜索指定文件或文件夹。当用户需要进行搜索时，只须在搜索框中输入搜索关键字，系统会自动在窗口中显示符合条件的搜索结果。

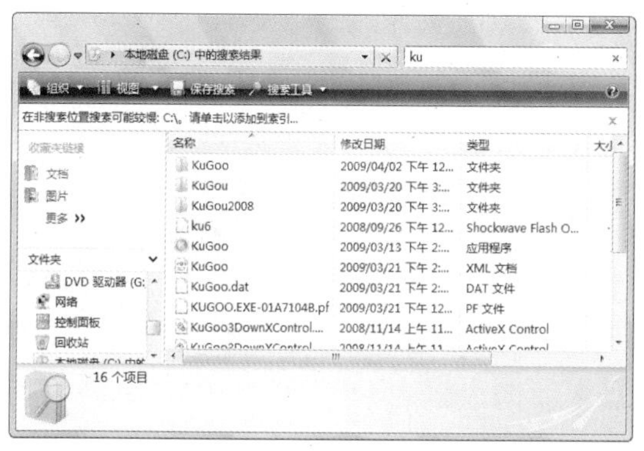

进行搜索时，地址栏中会显示一个绿色的进度条表示搜索进度。

3.1.4 工具栏

工具栏中显示一些针对当前窗口或窗口内容的工具按钮，通过工具按钮可以对当前窗口或对象进行快速调整与设置。当用户进入不同窗口，或在窗口中选择不同对象后，窗口工具栏中显示的工具按钮会相应改变。下图所示分别为“计算机”窗口默认工具按钮，以及分别选择磁盘、选取文件夹和选取文件后，工具栏中显示出的不同按钮。

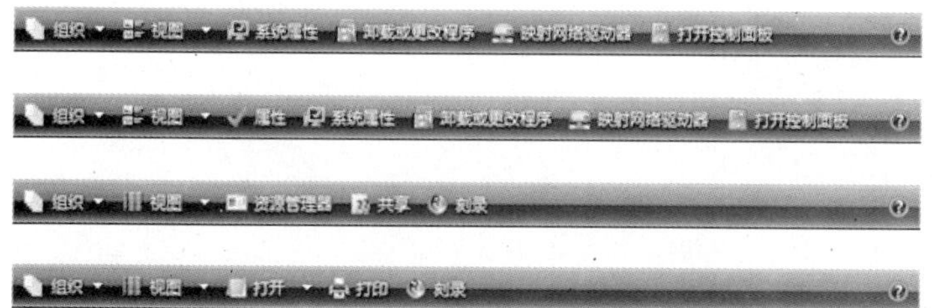

如果某个工具按钮右侧有▼标记，表示单击该按钮后将打开其下拉菜单，在菜单中可以选择相应的命令，如下图所示。

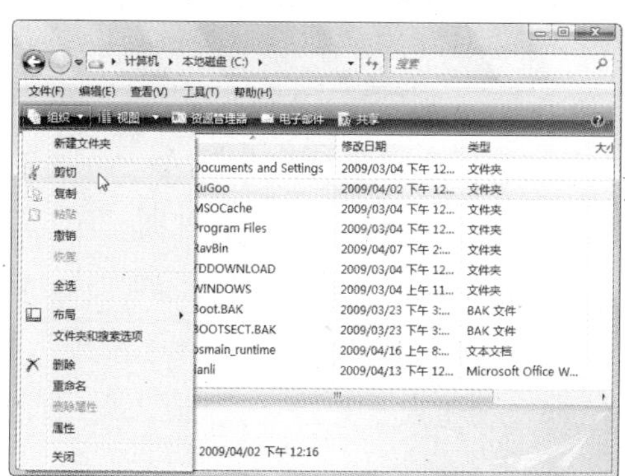

Windows Vista 窗口中默认是不显示菜单栏的，如果要显示出菜单栏，可单击工具栏中的“组织”按钮，在打开的菜单中指向“布局”选项，然后在子菜单中选择“菜单栏”命令。

3.1.5 收藏夹面板

收藏夹面板中显示当前登录账户文档中的分类目录，用于在打开窗口后快速转到个人文档指定目录窗口。该面板的采用，更加便于用户对自己的文档进行操作，包括复制文件、移动文件等。如打开计算机窗口后，要访问“用户”文档中的“图片”目录，只要单击收藏夹链接面板中的“图片”链接，即可快速转到“图片”目录窗口。

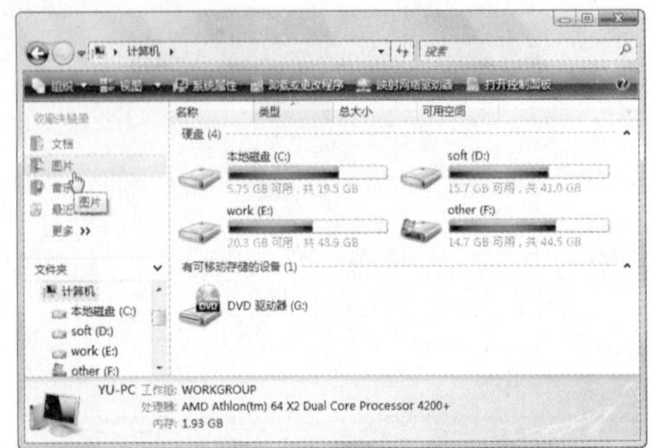

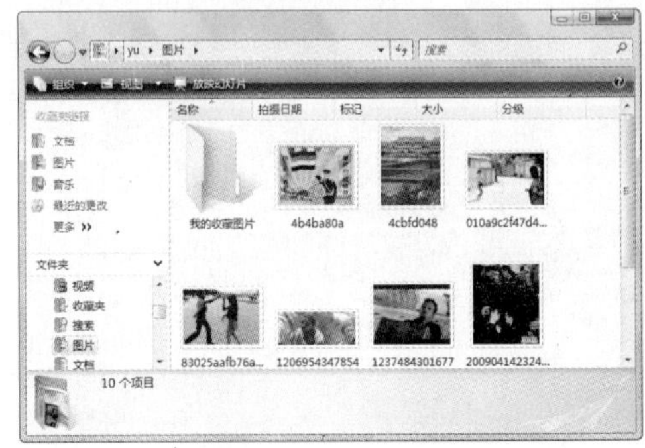

3.1.6 文件夹列表

Windows Vista 窗口左侧的文件夹列表，相当于 Windows XP 资源管理器中的树状目录。其以树状列表显示出计算机的存储结构，单击▷按钮逐级展开目录，单击某个目录后可快速进入到该目录窗口中。因此在 Windows Vista 中，用户无须再区分“计算机”窗口与“资源管理器”窗口，而是只要打开任意一个窗口，都可以通过树状目录进入到其他文件夹窗口。

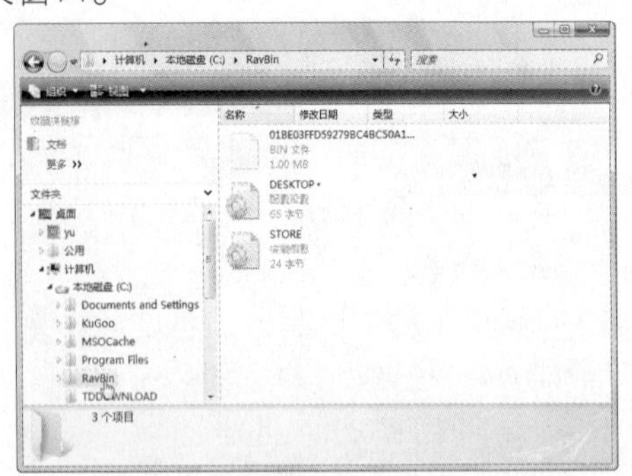

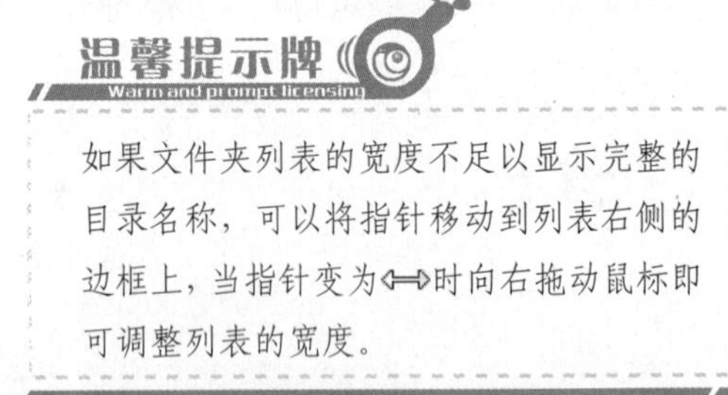

如果文件夹列表的宽度不足以显示完整的目录名称，可以将指针移动到列表右侧的边框上，当指针变为⟺时向右拖动鼠标即可调整列表的宽度。

3.1.7 窗口区域

窗口中最大的白色区域为窗口区域，用于显示当前位置的所有文件与文件夹。当文件夹和文件数目超过窗口显示范围时，将在窗口右侧显示垂直滚动条，或下方显示水平滚动条，拖动滚动条即可查看窗口显示外的其他文件和文件夹。

如果是程序窗口，窗口区域中将显示对应的程序编辑内容，因此窗口区域是用户最主要的查看和操作区域。

3.1.8 信息面板

信息面板位于窗口最下方，用于显示当前窗口或所选对象的相关信息。在不同的目录下或选择不同的对象时，信息面板中显示的信息也不相同。当选择文件后，Windows Vista 允许用户通过信息面板对文件信息进行更改。

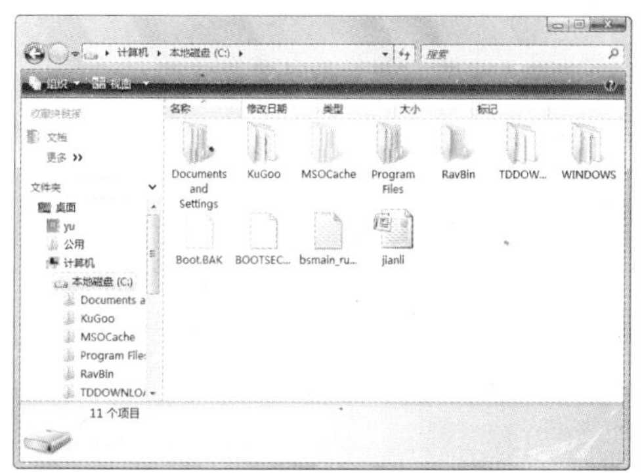
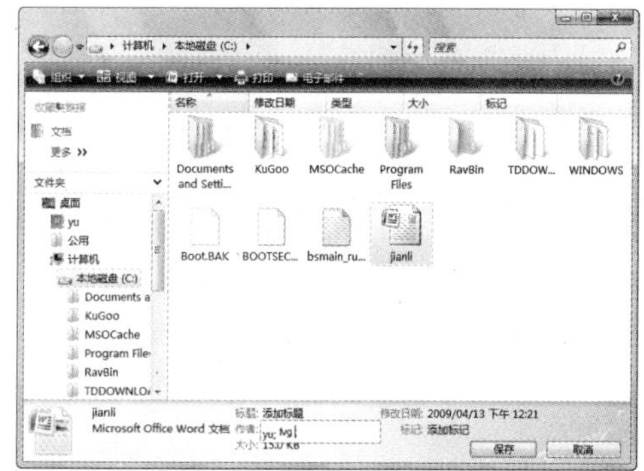

3.2 窗口基本操作

当打开窗口后，用户可以根据需要对窗口进行操作。这里的窗口操作是指对窗口整体的操作，而非窗口中对象的操作。由于用户对计算机的使用大部分都是在窗口中进行的，因此对窗口的操作也是使用 Windows Vista 必须掌握的基本操作。

3.2.1 最大化、最小化与关闭窗口

最大化、最小化以及关闭窗口是 Windows Vista 最基本的窗口操作，分别用于将窗口布满整个屏幕显示、最小化到任务栏以及关闭，通过标题栏右侧对应的按钮即可实现。

知识点拨 Knowledge　**最大化、最小化以及关闭窗口的方法**

最大化窗口：当窗口处于非全屏幕显示状态时，单击标题栏右侧的"最大化"按钮，可以将窗口最大化到全屏幕显示。最大化窗口后，标题栏中的"最大化"按钮将变为"还原"按钮，单击该按钮，即可将窗口还原到最大化前的大小。

用鼠标双击标题栏空白处，可快速最大化与还原窗口。

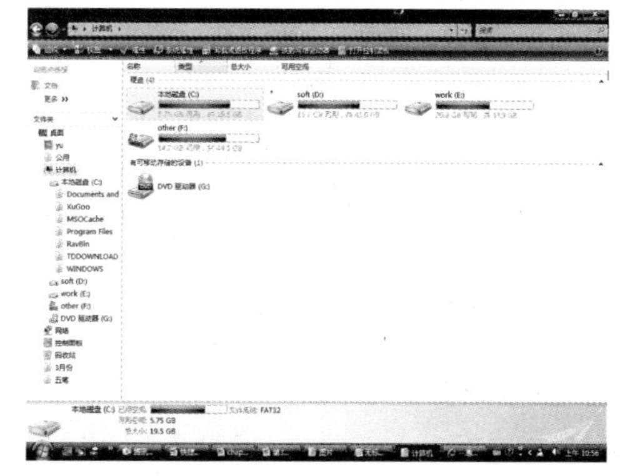

最小化窗口：单击窗口标题栏中的"最小化"按钮，可将当前窗口最小化到任务栏中。

将窗口最小化后，如果要恢复在屏幕中显示，只要单击任务栏中对应的窗口按钮即可。

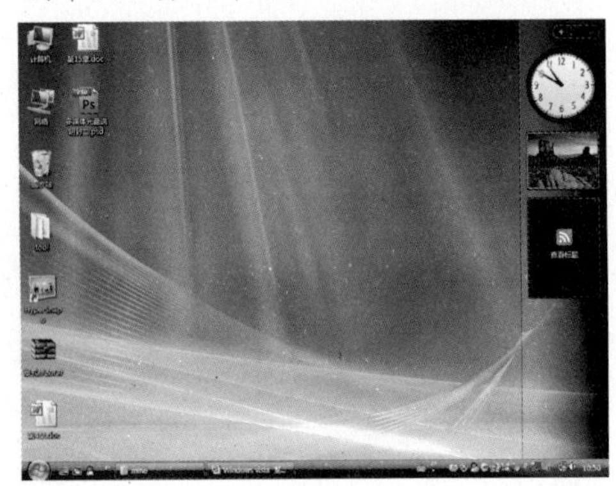

关闭窗口：单击窗口标题栏右侧的“关闭”按钮，可以将当前窗口关闭。关闭窗口后，任务栏中对应的窗口按钮也会消失。

温馨提示牌 Warm and prompt licensing

用鼠标右击标题栏或任务栏中的窗口控制按钮，在弹出的快捷菜单中选择相应的命令，也可以实现对窗口的最大化、最小化或者关闭操作。

3.2.2 调整与移动窗口

打开窗口后，在非最大化的情况下，可以对窗口的大小以及在屏幕中的位置进行调整。尤其在同时打开多个窗口后，通过调整大小和移动位置，可以方便查看与操作各个窗口。

知识点拨 Knowledge　调整窗口大小与位置的方法

调整窗口大小：指针移动到窗口边框或对角上，当指针形状变为双向箭头时，按住鼠标左键向内侧或外侧拖动鼠标即可。

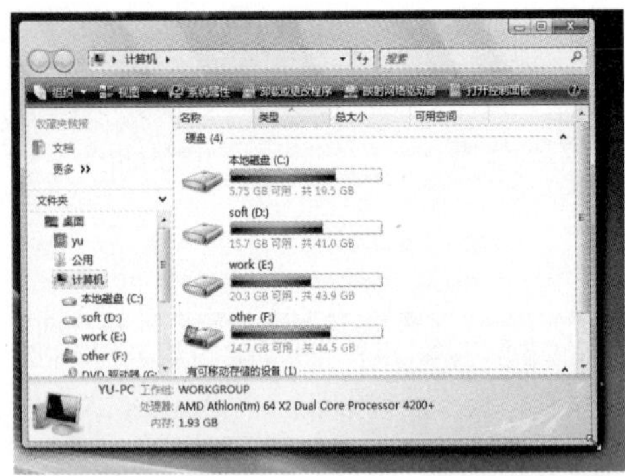

移动窗口位置：将指针移动到窗口标题栏任意位置，按住鼠标左键进行拖动，窗口即可随鼠标拖动而移动。

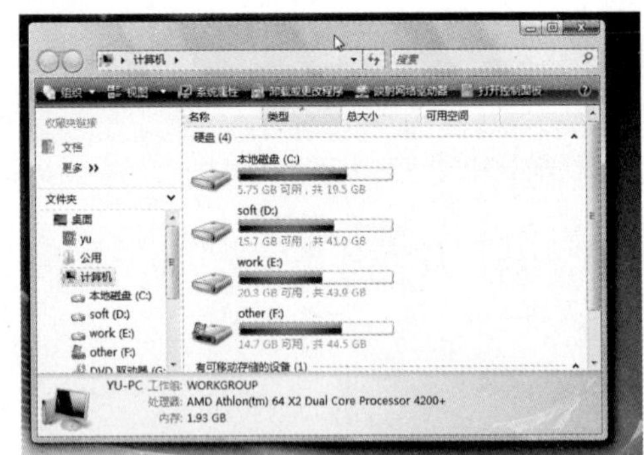

3.2.3 切换窗口

在 Windows Vista 中，用户可以同时打开多个窗口或运行多个程序，但一次只能对一个窗口进行操作，当对某个窗口进行操作时，首先要将窗口切换到当前窗口。

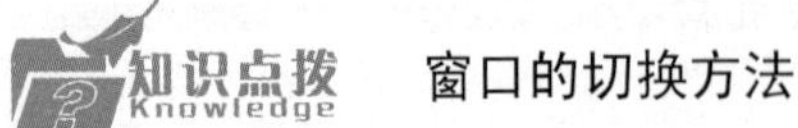

知识点拨 Knowledge　窗口的切换方法

单击窗口可见区域：当非活动窗口的部分区域在屏幕中可见时，单击该可见区域，即可将该窗口切换为活动窗口。

单击任务栏窗口控制按钮：单击任务栏中对应的窗口按钮，即可将该窗口切换为活动窗口。

通过切换面板：按下 Alt+Tab 组合键，将打开窗口切换面板，此时按住 Alt 键不放，并逐次按下 Tab 键，可在各个窗口之间切换，转换到某个窗口后，释放鼠标按键，即可将该窗口切换为活动窗口。

Flip 3D 切换：当启用 Aero 效果后，按下 Win+Tab 组合键，可进入 3D 切换状态，此时滚动鼠标滚轮，或通过方向键进行选择切换窗口，然后单击即可切换到该窗口。

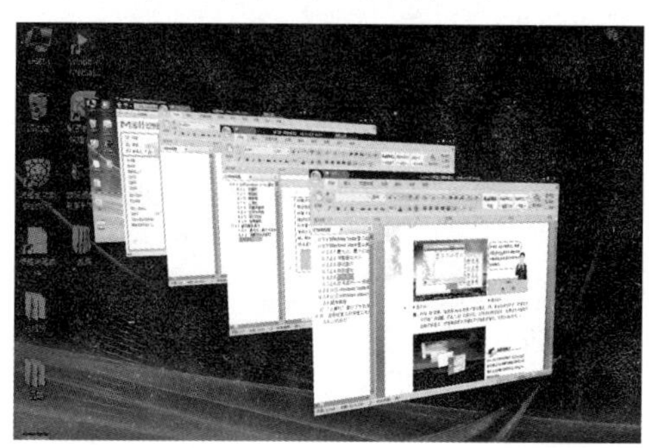

3.2.4 排列窗口

当打开多个窗口且需要同时对多个窗口进行查看或操作时，就可以将这些窗口按照一定规律排列起来。Windows Vista 提供了层叠窗口、堆叠显示窗口及并排显示窗口 3 种排列方式，只须在任务栏空白处右击，在弹出的快捷菜单中选择相应的命令即可。

知识点拨 Knowledge　不同的窗口排列方式

层叠窗口：将当前打开的所有窗口按规律层叠排列，每个窗口的标题栏都处于可见状态。

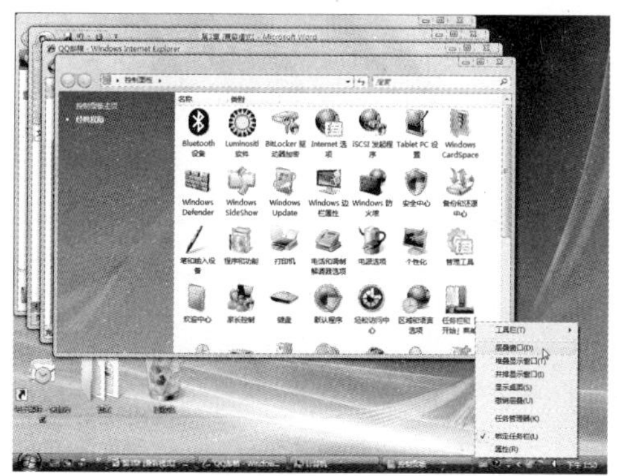

温馨提示牌 Warm and prompt licensing

层叠窗口操作只对当前非最小化显示的窗口有效，如果窗口最小化，则层叠命令不会作用于最小化窗口。

堆叠显示窗口：将当前所有打开的窗口在屏幕中横向平铺显示，此时所有窗口均可见。

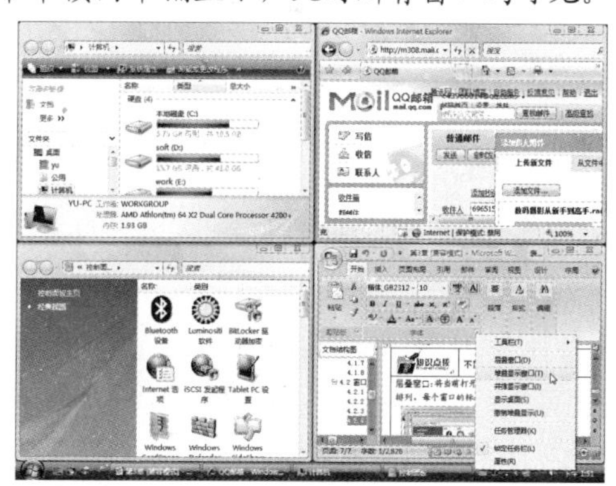

温馨提示牌 Warm and prompt licensing

堆叠排列窗口后，在任务栏快捷菜单中选择“撤销堆叠显示”命令可取消堆叠。

并排显示窗口：将当前所有打开的窗口在屏幕中纵向平铺显示，此时所有窗口均可见。

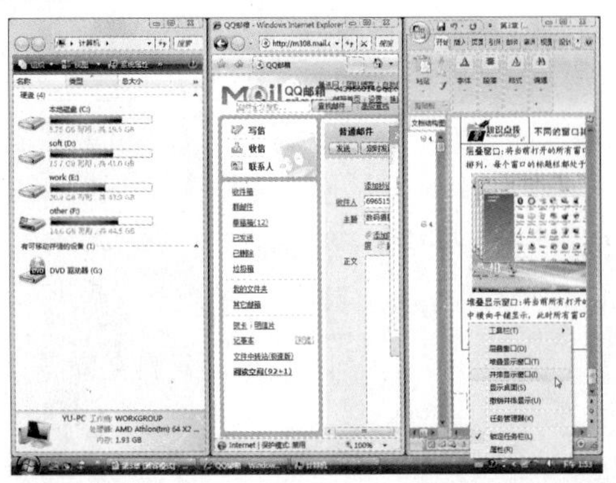

温馨提示牌

如果当前打开4个或4个以上偶数数目的窗口，则堆叠与并排的显示效果完全相同的。

3.3 认识菜单

菜单用于放置对当前窗口或程序的各种操作命令，在 Windows Vista 中，用户进行的很多操作都需要通过菜单来实现，因而认识 Windows Vista 中的菜单，是用户在学习 Windows Vista 过程中必须掌握的知识。

3.3.1 菜单的类型

在 Windows Vista 中，除了前面介绍的“开始”菜单作为系统操作的主菜单外，每个窗口和对象都有着自己的功能菜单。可以将菜单分为两类，一类即位于窗口菜单栏中的功能菜单，另一类为指定对象的快捷菜单。

知识点拨 Knowledge　认识功能菜单与快捷菜单

功能菜单：指打开一个窗口后，单击窗口菜单栏中的选项而打开的菜单，功能菜单中包含具有某类共性的菜单项。如“计算机”窗口菜单栏中包含的“文件”、“编辑”、“查看”等菜单项，单击后都可以打开相应的功能菜单。

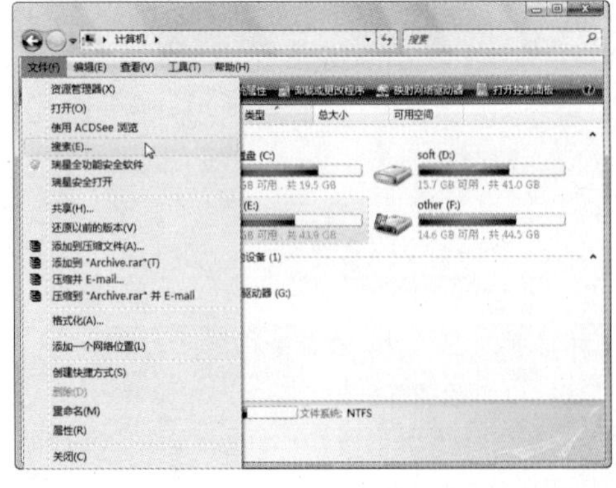

快捷菜单：也称为右键菜单或右键快捷菜单。是指用鼠标右击特定对象时，弹出针对被单击对象的功能菜单，快捷菜单中一般包含与被单击对象有关的各种操作命令。下图所示为右击“磁盘”图标弹出的快捷菜单。

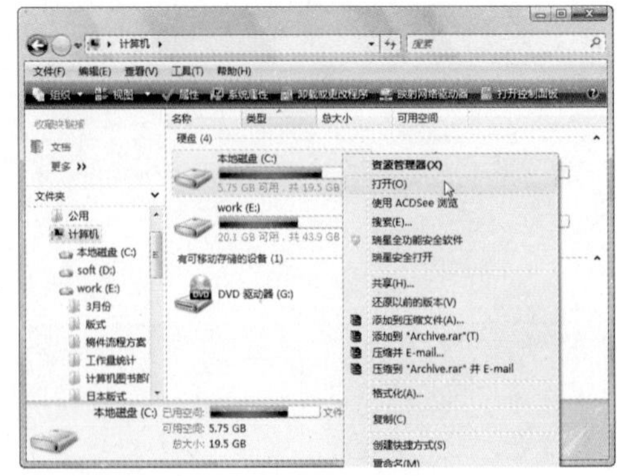

3.3.2 菜单命令的约定

打开一个菜单后，可以看到菜单中包含了多个命令，并且不同的命令有着不同的标记，这些标记就代表了菜单命令的约定，下图所示为“计算机”窗口中打开的“查看”菜单及展开的子菜单。

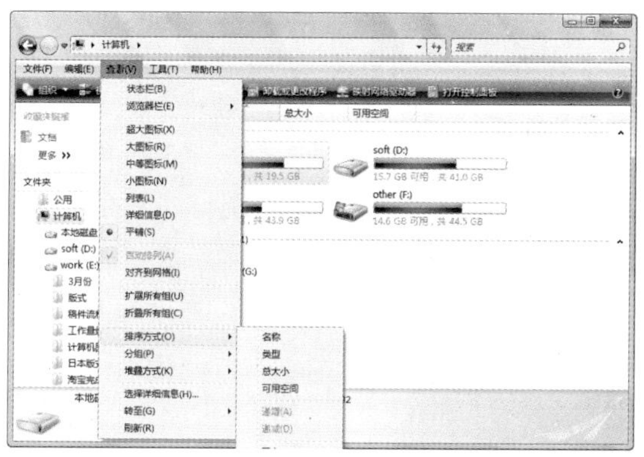

知识点拨 Knowledge　不同标记菜单命令的含义

菜单项右侧标有“▸”标记：表示该菜单项下还包括下级菜单，指向菜单项后，会弹出对应的子菜单。

菜单项左侧标有“●”标记：表示该菜单项位于一组选项中，带有该标记的菜单项为当前有效项（已选择项）。

菜单项左侧标有“✓”标记：表示该标记的菜单项处于有效状态，与菜单项对应的对象处于启用或显示状态。

菜单项右侧标有“…”标记：表示选择该菜单项后，会弹出相应的设置对话框，要求用户选择更多的选项。但并不是所有用于打开对话框的菜单项右侧都会标有“…”标记。

菜单项呈灰色显示：表示该菜单项当前不可用。某些菜单功能只有在满足指定条件才显示为可用状态。

3.4 认识对话框

对话框是用户与计算机交流的重要途径，对系统或程序进行的绝大多数设置都是通过对话框完成的。对话框中一般包含若干不同类型的选项，不同选项实现的功能也不相同。

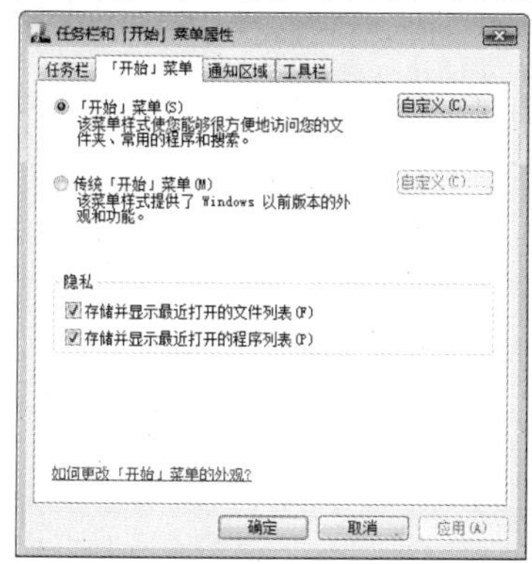

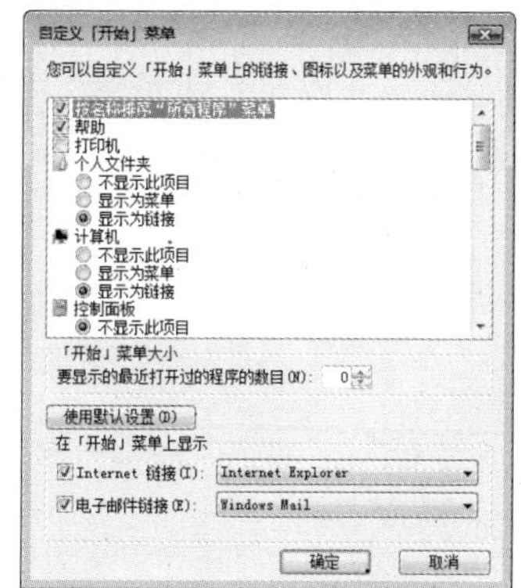

知识点拨 Knowledge 认识不同的对话框选项

选项卡：一些对话框通过选项卡分为多个选项页，单击选项卡名称，可以在对话框中切换显示对应的选项页。

单选按钮：单选按钮一般成组出现在对话框中，即单选按钮组。一个单选按钮组中只能同时选择一个单选按钮，被选取的单选按钮将标记一个圆点◉。

复选框：复选框一般以成组方式出现在对话框中，为一个矩形选框，选择后选框中显示对勾☑，一个复选框组中可同时选择多个复选框。

列表框：以矩形框形式出现在对话框中，其中罗列显示多个不同的选项，根据对象的不同，列表框中的选项一般为单选按钮组、复选框组或者互相混合。

数值框：供用户输入数值的矩形框，可以在其中直接输入数值，也可以通过右侧的调节按钮递增或递减数值框内的数值。

下拉列表框：其用途与列表框相同，但列表处于隐藏状态，单击下拉列表框右侧的下拉按钮，可弹出列表并选择列表项。

文本框：一个矩形方框，可在其中输入文本，但文本长度不能超过文本框的长度。

按钮：对话框中的按钮分为两种类型。按钮文本后标有“...”标记，表示单击按钮可打开对话框；按钮文本后未标有标记，则单击后可执行对应的功能。

3.5 职场特训

本章主要讲解了 Windows Vista 窗口、菜单以及对话框的组成与基本操作。下面通过 1 个实例巩固本章知识并拓展所学知识的应用。

特训：窗口的综合操作

1. 依次打开“计算机”、“控制面板”以及浏览器窗口，此时 3 个窗口会重叠。
2. 单击最下方的“计算机”窗口可见位置，将窗口切换为当前窗口，并拖动鼠标调整窗口大小和位置。
3. 将计算机窗口最小化、并关闭“控制面板”窗口，此时屏幕中仅显示浏览器窗口。
4. 最大化浏览器窗口，如果可以，则在窗口中浏览网页内容。

第4章

Window Vista 文件管理

浏览系统分区 “Windows\Fonts”目录下的字体文件

在 D 盘中新建一个文件夹

复制“公司资料”文件夹到其他磁盘

搜索指定创建日期与指定大小范围内的 Word 文档

清空回收站中的所有文件

本章导读

计算机中的所有信息都是保存在文件中的，用户在学习 Windows Vista 时，必须要对文件和文件夹进行基础性认识，并了解如何查看文件、对文件进行操作，以及通过文件夹来分类管理文件的方法。

4.1 认识文件与文件夹

计算机中的各种信息与数据都是储存在相应的文件中，而文件夹则用于对文件进行分类保存，以使得用户的文件井井有条。在对计算机中的文件进行管理之前，首先来对文件和文件夹进行认识。

4.1.1 认识文件

文件即用于存储计算机数据和信息的单位，创建数据和信息后，都是以文件的形式保存在计算机的指定位置。文件的内容可以是文本、图片、声音、应用程序或者其他的内容。一个完整的文件名，是由“文件名＋扩展名”两部分组成。文件名用来识别文件，扩展名则用来定义文件类型。

1. 文件名

在 Windows 系统中，完整的文件名是由“文件名称＋扩展名”组成，所有的文件都有着各自的名称，其中文件名用于用户辨别文件的用途，扩展名则用于定义不同的文件类型。

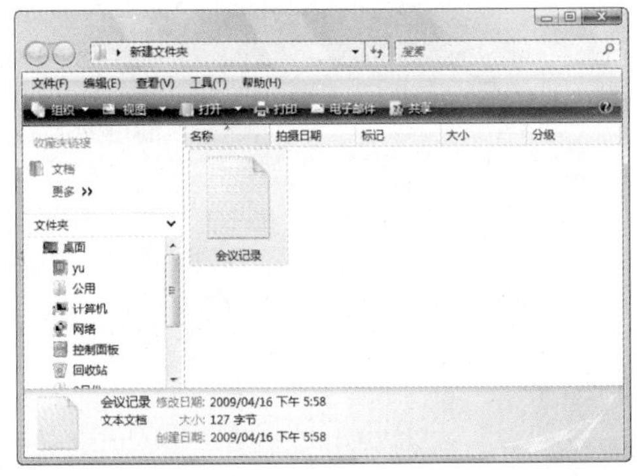

文件名一般与文件内容相关联，从而便于用户通过文件名快速获知该文件的内容。当用户创建文件后，设置文件名称时也应将文件名称与文件内容关联起来。如在记事本中编排了一份会议记录，那么记事本文件的名称可以设置为“会议记录”。

2. 文件类型

在计算机中打开一个文件夹后，可以看到不同样式的文件图标，这些图标就表示了不同类型的文件，下图所示为常见的文件图标。文件的类型是由文件的扩展名所决定的，不同类型的文件，其扩展名也不同。

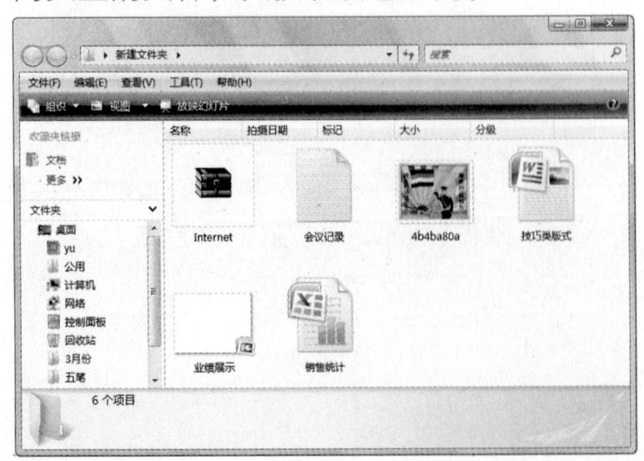

在 Windows Vista 中，文件扩展名默认是隐藏的，显示文件扩展名的方法将在后面进行介绍。用户一般通过图标样式即可判断出文件类型。

文件的种类繁多，用户必须对常见文件的扩展名进行了解，从而更加便于查看、管理以及操作文件。下表中列出了常见的各种类型文件的扩展名与文件类型。

扩展名	文件类型	扩展名	文件类型
AVI	视频文件	DLL	动态链接库文件
INI	系统配置文件	TIF	图像文件
BAT	DOS 批处理文件	DRV	设备驱动程序文件
JPG	JPGE 压缩图像文件	TMP	临时文件
BAK	备份文件	EXE	应用程序文件
BMP	位图文件	FON	点阵字体文件
MID	MIDI 音乐文件	TXT	文本文件
COM	MS-DOS 应用程序	GIF	动态图像文件
PDF	Adobe Acrobat 文档	WAV	声音文件
DAT	数据文件	HLP	帮助文件
PM	PageMaker 文档	WRI	写字板文件
DBF	数据库文件	HTM	Web 网页文件
PPT	PowerPoint 演示文件	XLS	Excel 表格文件
DOC	Word 文档	ICO	图标文件
RTF	写字板文本格式文档	ZIP	ZIP 压缩文件
MDB	ACCESS 数据库文件	TTF	True Type 字体文件

4.1.2 认识文件夹

计算机中存储了数量庞大且种类繁多的文件，Windows 将这些文件按照一定规则分类存放在不同的文件夹中，以便于有效地管理文件。用户在使用计算机过程中，也可以将自己创建的文件存放在不同的文件夹中，便于查找与管理自己的文件。

在 Windows 中，文件夹可以多层嵌套，即一个文件夹下可以包含若干子文件夹，子文件夹下又可以包含若干下级文件夹等。通过文件夹的嵌套，可以对计算机中的文件进行更细化的分类，如下图所示的 C 盘中的“Program Files”文件夹中，又包含了多个文件夹。

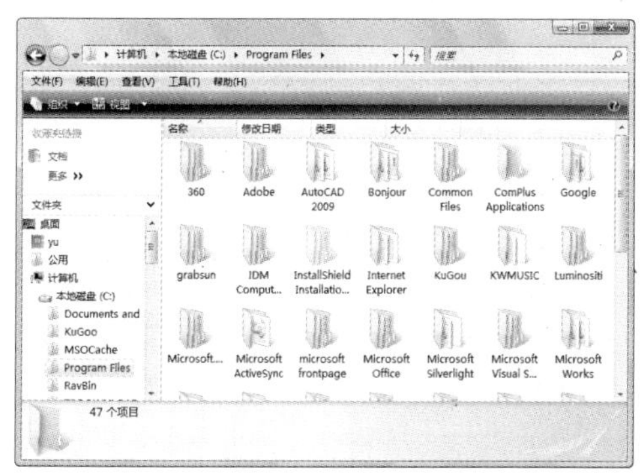

用于存储不同类型文件的文件夹，用户也可以自定义赋予相应的文件夹名称，从而便于管理与识别。

4.2 查看文件与文件夹

对文件进行查看和操作时，需要先打开对应的窗口，Windows Vista 中主要是通过“计算机”窗口对文件进行浏览和管理的。在“计算机”窗口中，可以浏览各个磁盘的信息以及存储在各个磁盘中的文件与文件夹。

4.2.1 查看磁盘信息

计算机中的文件和文件夹，都是保存在各个磁盘分区中的，当双击“计算机”图标打开“计算机”窗口后，首先看到的是各个磁盘分区的信息，包括分区数量、分区容量和可用空间等，如下图所示。

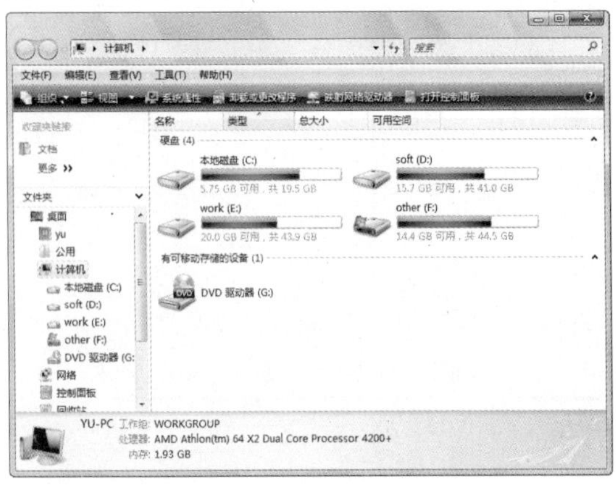

温馨提示牌 Warm and prompt licensing

磁盘图标左上角显示标记，表示 Windows Vista 是安装在该磁盘分区中的。

在“计算机”窗口中查看磁盘信息时，可以根据查看需要对磁盘的显示方式和排列顺序进行调整。

知识点拨 Knowledge　调整磁盘的显示方式、排列顺序以及分组

调整显示方式：用鼠标右击窗口空白处，在弹出的快捷菜单中指向“查看”选项，在子菜单中即可选择显示方式，下图为调整为“大图标”后的显示效果。

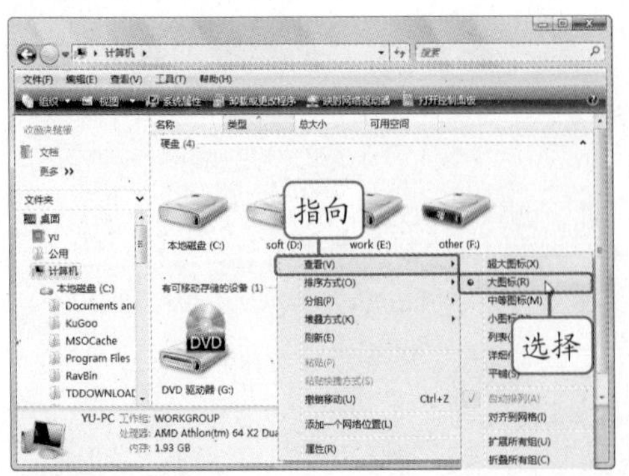

调整排列顺序：用鼠标右击窗口空白处，在弹出的快捷菜单中指向“排列”选项，在子菜单中即可选择排列顺序，下图为调整为“可用空间”大小排序后的显示效果。

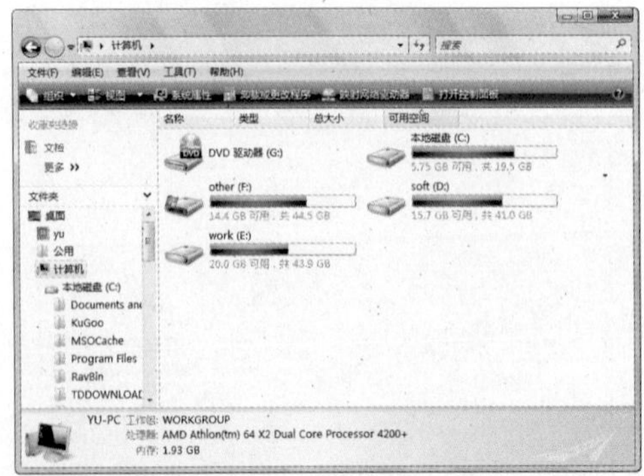

分组排列图标：用鼠标右击窗口空白处，在弹出的快捷菜单中指向“分组”选项，在子菜单中即可选择排列顺序，右图为调整为磁盘空间“总大小”大小排序后的显示效果。

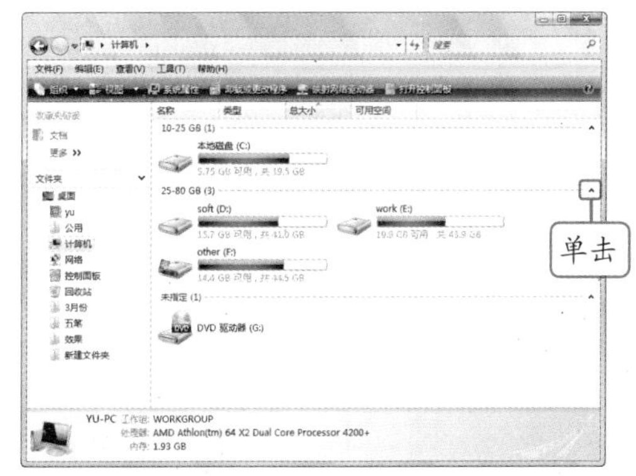

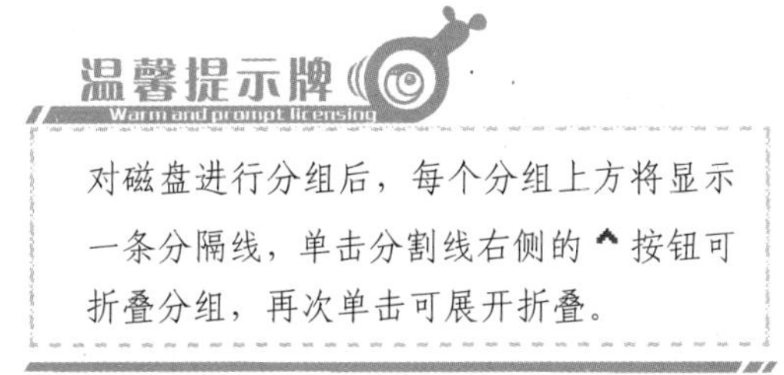

对磁盘进行分组后，每个分组上方将显示一条分隔线，单击分割线右侧的 ^ 按钮可折叠分组，再次单击可展开折叠。

4.2.2 浏览文件与文件夹

在“计算机”窗口中双击某个磁盘图标，便可以进入到相应的磁盘窗口，查看其中的文件与文件夹。

浏览系统分区“Windows\Fonts”目录下的字体文件

Step 01 打开“计算机”窗口，双击系统安装分区图标，这里双击“F:”图标。

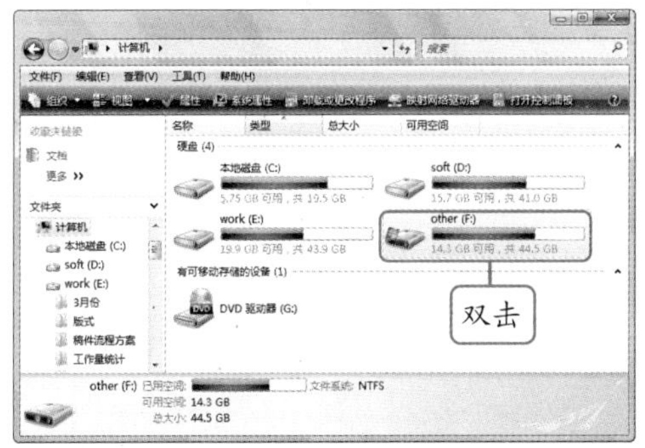

Step 02 此时将进入到“other F:”窗口中，窗口中显示了 F 盘中的所有文件和文件夹，同时地址栏中显示的地址为“other F:”。

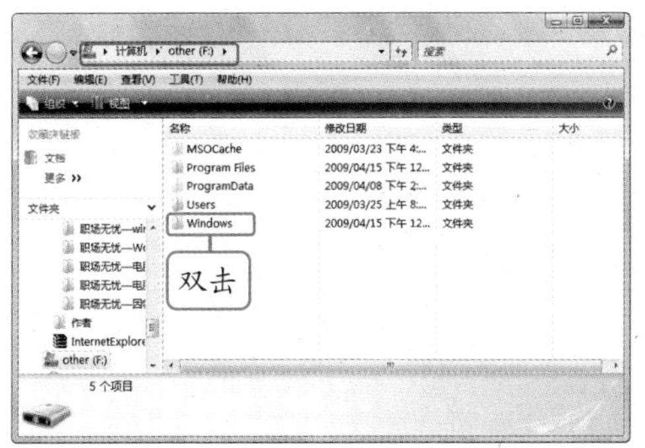

Step 03 双击“Windows”文件夹图标，进入“Windows”目录窗口中。

Step 04 在窗口中找到并双击“Fonts”目录，即可进入到“Fonts”目录窗口，窗口中显示了该目录下的所有字体文件。

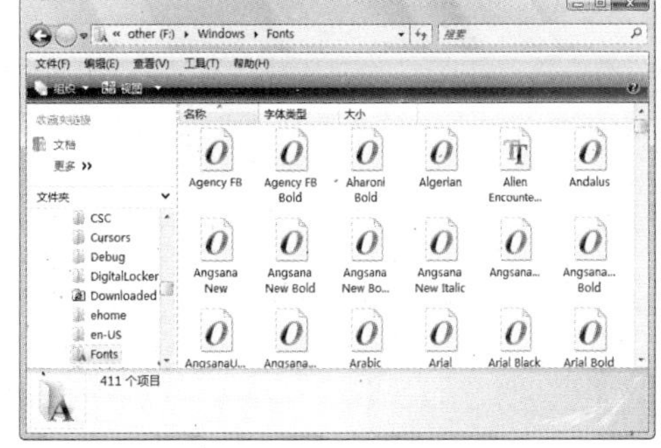

在浏览文件和文件夹过程中，通过工具栏中对应的控制按钮，以及地址栏的地址按钮，可以方便地控制浏览。

知识点拨 Knowledge　通过控制按钮与地址栏控制浏览位置

通过“前进”与“后退”按钮：单击地址栏前的“后退”按钮返回到上级目录。返回后，单击“前进”按钮，重新进入返回前的目录。单击“前进”按钮右侧的下拉按钮，在弹出的列表中可直接选择进入到各级目录。

通过地址栏按钮：Windows Vista 窗口地址栏中的地址是以按钮形式显示的，通过地址按钮即可快速进入到对应位置。如单击Program Files按钮，可返回到“Program Files”目录；单击本地磁盘 (D:)按钮，返回到磁盘目录，单击计算机按钮，返回到“计算机”窗口。

通过地址栏下拉按钮：打开多级目录后，地址栏中的地址按钮右侧将显示下拉按钮，单击该按钮可打开下拉列表，在列表中显示当前目录中的所有子目录，选择某个子目录后，即可快速调整到子目录窗口。

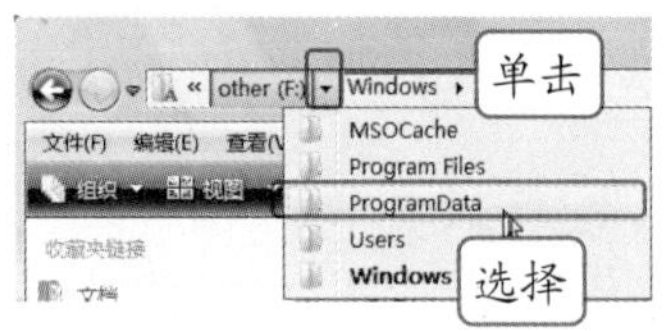

通过收藏夹面板与文件夹列表：在浏览过程中，单击左侧收藏夹面板和文件夹列表中的对应位置，可快速跳转到该位置。

4.2.3 更改查看方式

在浏览文件和文件夹过程中，用户可以根据浏览需要更改文件和文件夹的查看方式。更改文件和文件夹查看方式的方法有两种：一种是单击工具栏中的下拉按钮，在弹出的列表中进行选择；另一种是用鼠标右击窗口空白处，在弹出快捷菜单中的“查看”子菜单中进行选择。

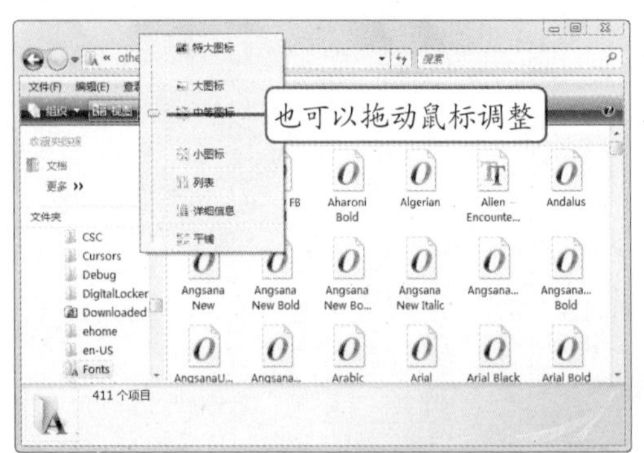

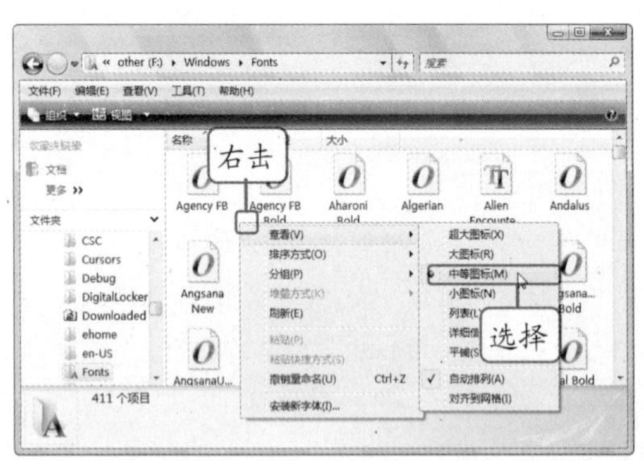

新手演练 Novice exercises　不同查看方式的用途

特大图标：以特大图标来显示文件和文件夹，这时通过图标即可查看文件夹中包含部分的文件的缩略图，对于图片文件，还可以显示出图片的大型缩略图。

大图标与中等图标：这两种图标都可以显示出文件和文件夹的缩略图，只是图标相对缩小，从而在窗口中同时显示更多的图标。大图标次于特大图标，中等图标又次于大图标。

小图标：小图标以更小的图标显示文件与文件夹，当窗口中包含文件和文件夹数量太多时，使用小图标能同时显示出更多文件和文件夹。

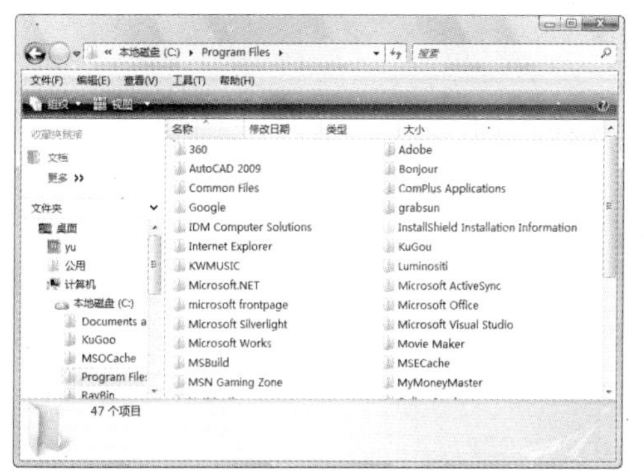

平铺：该显示方式与中等图标相同，但平铺显示时，每个文件和文件夹名称下方均显示相关的信息，如类型、大小等。

列表与详细信息：列表将以纵向列表方式显示所有图标，详细信息则是以列表方式显示文件和文件夹的图标、修改日期、类型以及大小等信息。

4.3 管理文件与文件夹

在使用计算机过程中，随着时间的增加，用户会在计算机中存放很多的文件，这时需要对文件进行合理有效地存放和管理，便于用户以后使用与查看文件。文件的管理过程中会涉及各种针对文件与文件夹的相关操作，本节将进行详细介绍。

4.3.1 创建新文件夹

文件夹用于分类存放不同的文件，当用户在使用计算机过程中创建很多文件后，就可以新建多个文件夹来分类保存文件。

新手演练 Novice exercises　在 D 盘中新建一个文件夹

Step 01 打开“计算机”窗口并进入到 D 盘，单击工具栏中的组织下拉按钮，在弹出的菜单中选择“新建文件夹”命令。

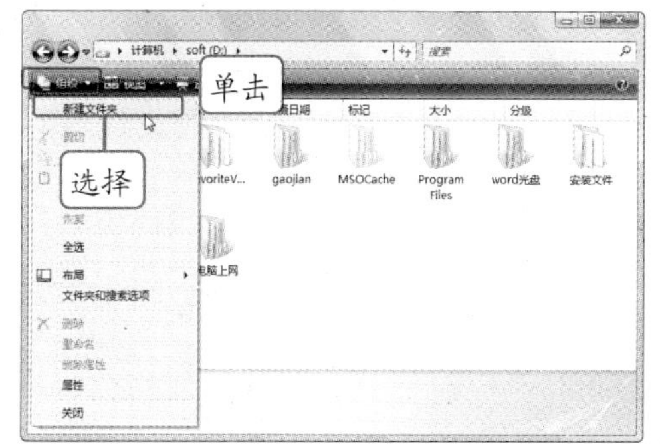

Step 02 此时即可在窗口中建立一个新文件夹，并且文件夹名称处于可编辑状态。

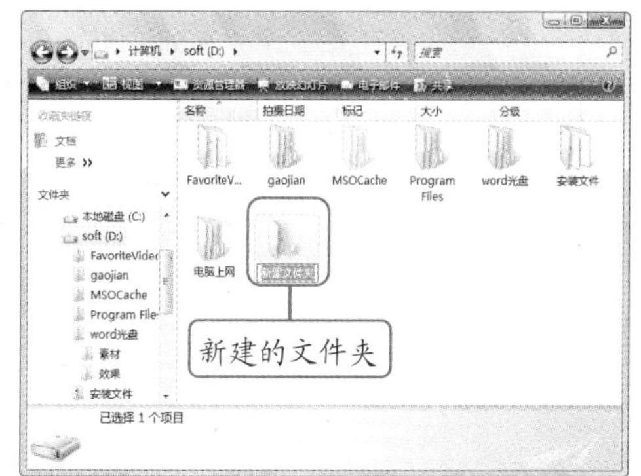

Step 03 输入文件夹名称“公司资料”，输入

完毕后，用鼠标单击窗口中的任意位置即可。

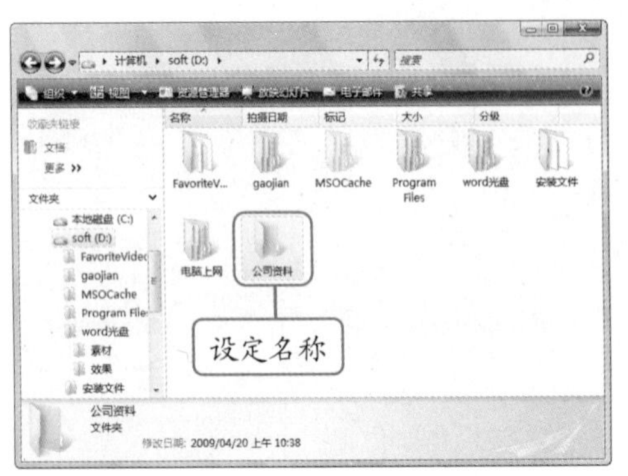

新建文件夹后，默认的文件夹名称为“新建文件夹”，如果新建多个文件夹，则默认名称分别为“新建文件夹（1）”、“新建文件夹（2）”……，以此类推。

4.3.2 选择文件与文件夹

在对文件和文件夹进行各种操作之前，首先要对进行操作的文件和文件夹进行选取，也就是指定对哪个或哪些文件与文件夹进行操作。在 Windows Vista 中，可以选择单个文件或文件夹，也可以同时选取多个文件或文件夹。

知识点拨 Knowledge 认识“对齐”下拉列表框中各选项的含义

选取单个文件或文件夹：用鼠标单击某个文件或文件夹，即可选中该文件或文件夹。

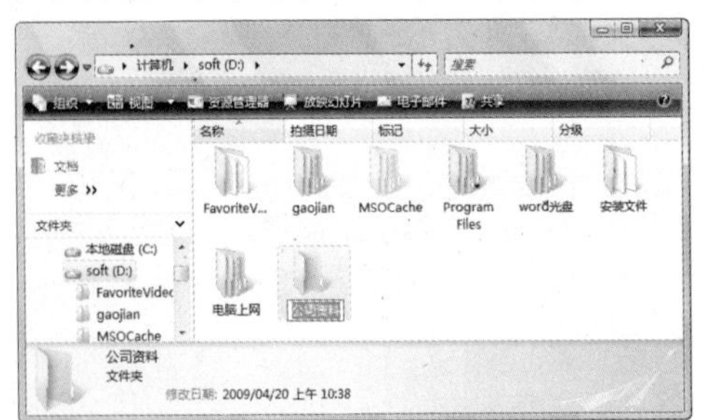

选取连续文件或文件夹：在窗口中按下鼠标左键拖动鼠标，拖动范围内的文件和文件夹即被全部选中。

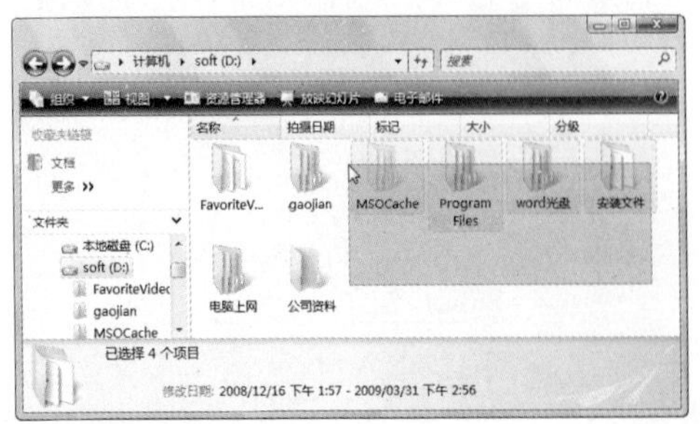

选取不连续文件或文件夹：选择一个文件或文件夹后，按下 Ctrl 键，再单击其他文件，被单击的文件将全部被选中。

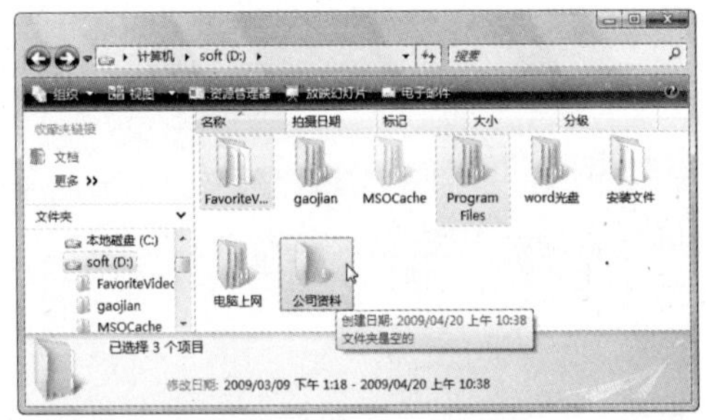

选取全部文件和文件夹：按下 Ctrl+A 组合键，可以选中当前窗口中全部文件和文件夹。

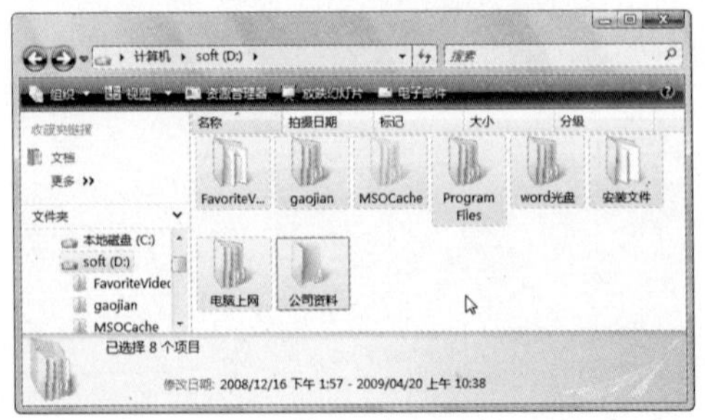

4.3.3 重命名文件与文件夹

用户在创建文件和文件夹时，一般都会同时设定文件或文件夹的名称。如果用户在以后的使用过程中，文件内容发生变化，或者文件夹中的文件发生变化，可以同步对文件或文件夹进行重命名。

新手演练 Novice exercises 更改文件夹的名称

Step 01 用鼠标右击要重新命名的文件或文件夹，在弹出的快捷菜单中选择“重命名”命令。

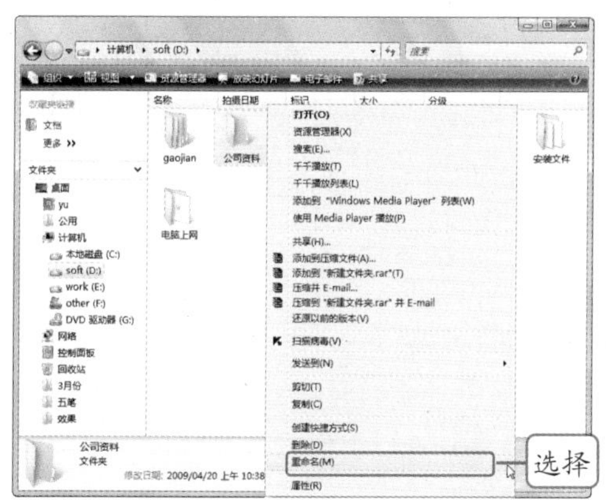

Step 02 此时文件或文件夹名称将变为可编辑状态，输入新的名称后，在窗口空白位置单击即可。

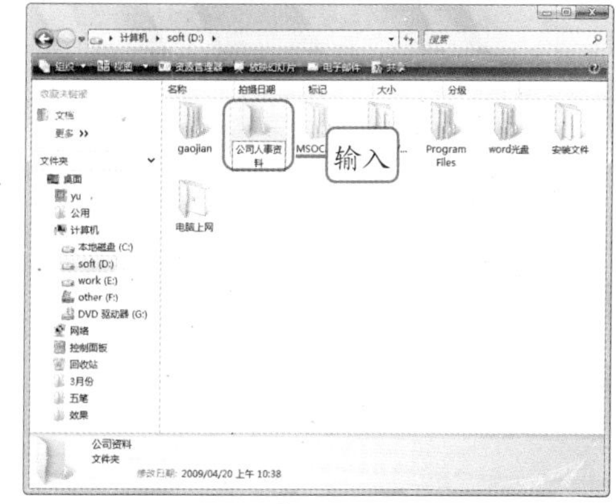

4.3.4 复制文件和文件夹

复制文件与文件夹是将指定文件或文件夹复制一个副本到其他位置，多用于文件的拷贝或者备份。文件与文件夹的复制方法有多种，可以通过鼠标拖曳、菜单命令或者快捷键来实现。

复制“公司资料”文件夹到其他磁盘

Step 01 进入到 D 盘中，用鼠标右击“公司资料”文件夹，在弹出的快捷菜单中选择“复制”命令。

复制的快捷键为 Ctrl+C 组合键，即选中文件或文件夹后，按下 Ctrl+C 组合键，即可将所选文件或文件夹复制。

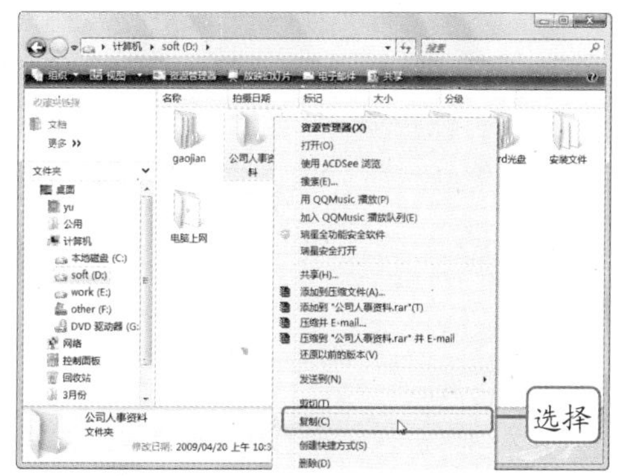

Step 02 打开 E 盘窗口，在窗口空白处右击，在弹出的快捷菜单中选择“粘贴”命令。

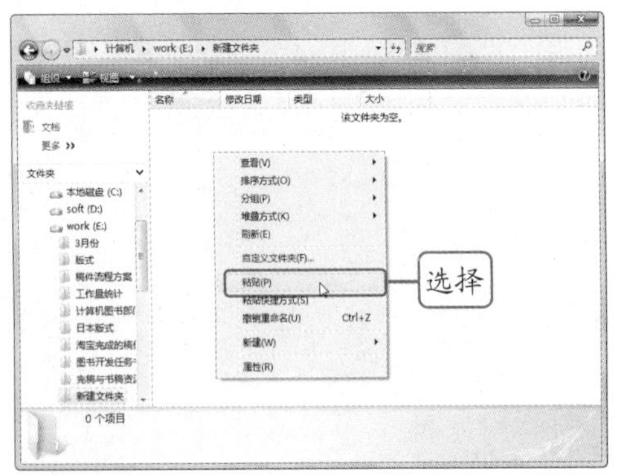

Step 03 此时即可将前面复制的“公司资料”文件夹粘贴到 E 盘中。如果文件夹较大，则会显示复制进度框。

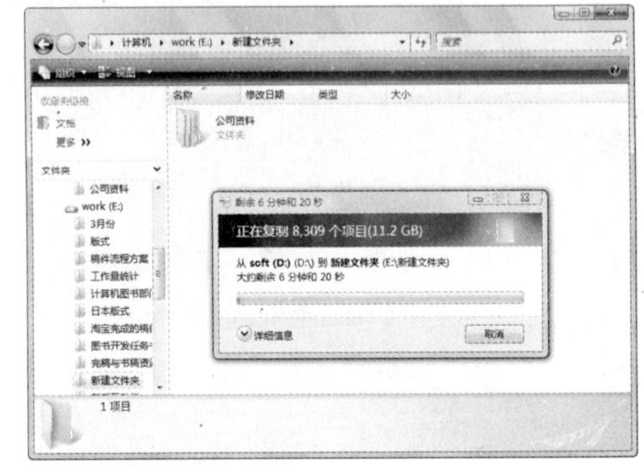

4.3.5 移动文件和文件夹

移动文件或文件夹是将指定位置的文件或文件夹移动到另外一个位置，多用于文件转移，或者调整文件存储位置。

文件与文件夹的移动，可以通过“剪贴”与“粘贴”命令实现，也可以通过鼠标拖曳或快捷键来实现。

新手演练 Novice exercises 将“公司资料”文件夹从 E 盘移动到 F 盘

Step 01 先打开“计算机”窗口并进入 E 盘窗口，选中要移动的“公司资料”文件夹。

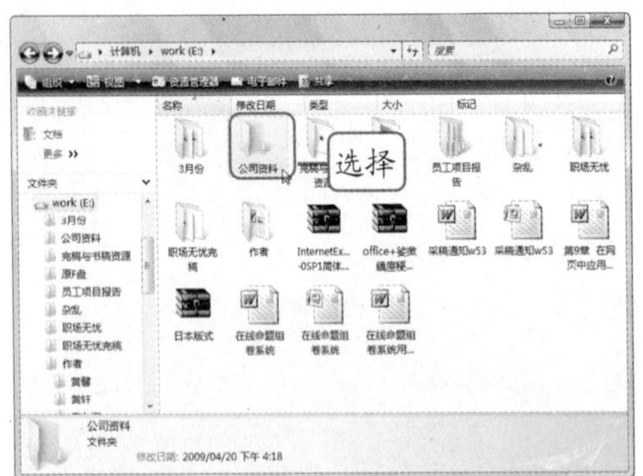

温馨提示牌 Warm and prompt licensing

按下 Ctrl+X 组合键，也可以实现对所选文件或文件夹的剪切。

Step 02 用鼠标右击，在弹出的快捷菜单中选择“剪切”命令，此时文件夹图标将变为透明状。

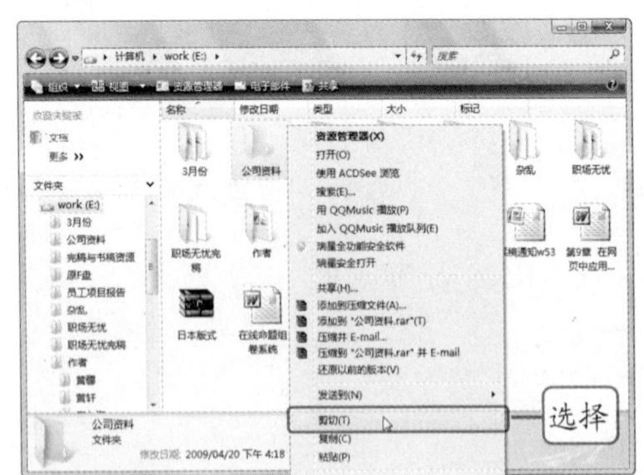

Step 03 进入到 F 盘窗口中，用鼠标右击窗口空白处，在弹出的快捷菜单中选择“粘贴”命令，即可将原 E 盘中的“公司资料”文件夹移动到此。

4.3.6 删除文件和文件夹

对于无用的文件或文件夹，可以将其删除到“回收站”中。

将计算机中无用的文件和文件夹删除

Step 01 在窗口中选中要删除的文件或者文件夹后右击，在弹出的快捷菜单中选择“删除”命令。

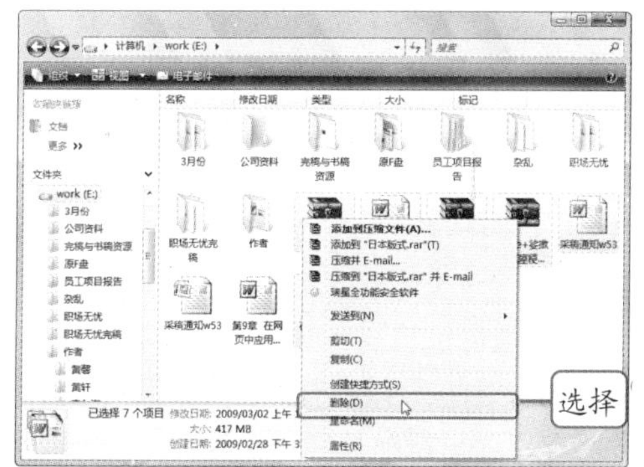

Step 02 此时将弹出“删除多个项目”对话框，单击对话框中的 是(Y) 按钮。

Step 03 开始删除文件，如果文件较大，则显示“回收”进度框。

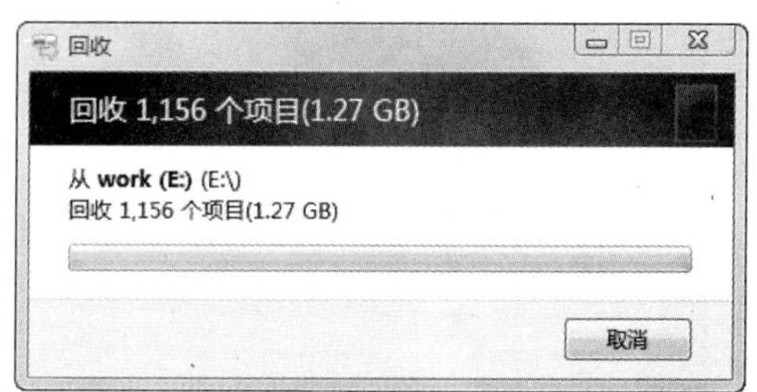

Step 04 删除完毕后，就可以看到所选的文件夹和文件已经不在窗口中显示了。

选中要删除的文件或文件夹后，按下 Delete 键，可以快速删除文件。

4.4 搜索文件与文件夹

Windows Vista 中提供的搜索功能，可以使用户在计算机中快速查找需要的文件或文件夹。与先前 Windows 版本相比，Windows Vista 的搜索功能更加智能化与人性化，使用起来也更加直观、方便。

4.4.1 通过搜索栏快速搜索

“计算机”窗口右上角提供有搜索栏，通过搜索栏即可快速在当前窗口位置搜索指定的文件或文件夹。进行搜索时，需要进入到相应的搜索范围窗口，如在“计算机”窗口中直接进行搜索，搜索范围将为所有磁盘；进入到 C 盘窗口中进行搜索，搜索范围将为整个 C 盘；进入到下级文件夹中进行搜索，如“Windows”目录，则搜索范围仅为“Windows”目录。

进行搜索时，需要输入搜索内容相关的关键字，可以搜索文件或文件夹名称中的关键字、文件的类型（扩展名），以及将名称与扩展名组合搜索。

新手演练 Novice exercises　在 E 盘中搜索名称中包含“前言”的 Word 文档

Step 01 打开“计算机”窗口并进入到 E 盘，在搜索窗口中输入文本“前”，此时系统将自动搜索名称中包含文本“前”的所有文件或文件夹，并在窗口中显示搜索结果。

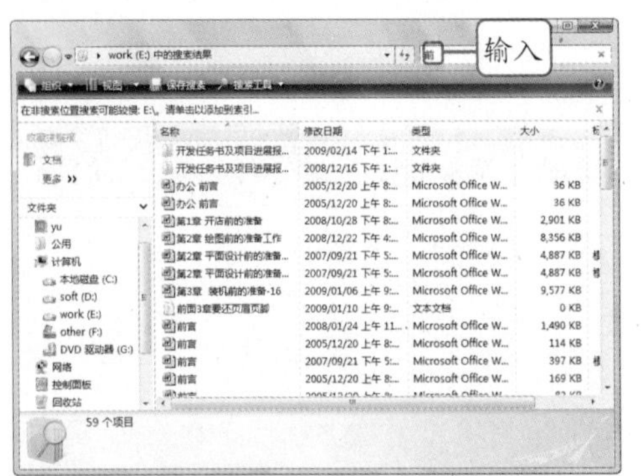

Step 02 继续输入文本“言”，系统会自动在已有搜索结果中筛选搜索出包含文本“前言”的所有文件和文件夹。

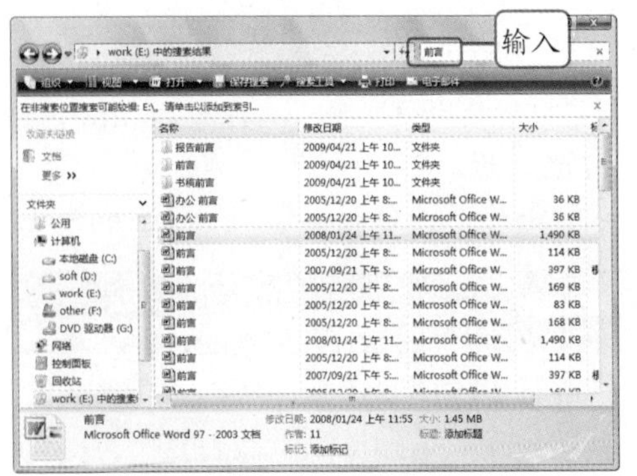

Step 03 继续输入扩展名“.doc”，即可筛选出所有名称中包含文本“前言”的 Word 文档，以及文档的修改日期、类型、大小等信息。

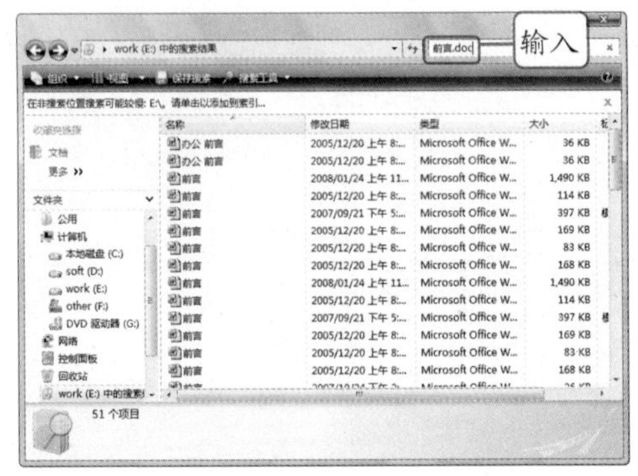

Step 04 搜索关闭后，双击某个文件，即可启动 Word 程序并打开文档，如果要进入到文件的保存目录，则用鼠标右击文件，在弹出的快捷菜单中选择“打开文件位置”命令。

4.4.2 高级搜索

如果要进行全面细致的搜索，则需要通过“高级搜索”来进行。“高级搜索”功能允许用户对要搜索文件的位置范围、修改日期、大小以及名称等进行设置，从而得到更精确的搜索结果。

搜索指定创建日期与指定大小范围内的 Word 文档

Step 01 在“开始”菜单中选择“搜索”命令，打开“搜索结果”窗口，在窗口中单击搜索窗格右侧的“高级搜索”按钮⌄。

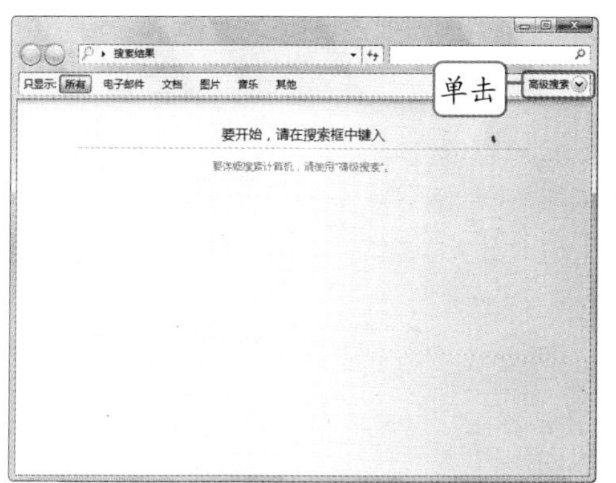

Step 02 显示出搜索选项面板，单击搜索窗格中的文档按钮，将搜索类型设置为"文档"；在"日期"下拉列表中选择"创建日期"选项，并在选项后的下拉列表中选择"早于"选项，在后面的数值框输入"2009/04/21"；在"大小"下拉列表中选择"大于"选项，并在后面的数值框中输入"5000"；在"名称"文本框中输入搜索关键字"应用"。

这里设置文件大小的单位为"KB"，与 MB 的关系为 1MB=1024KB。

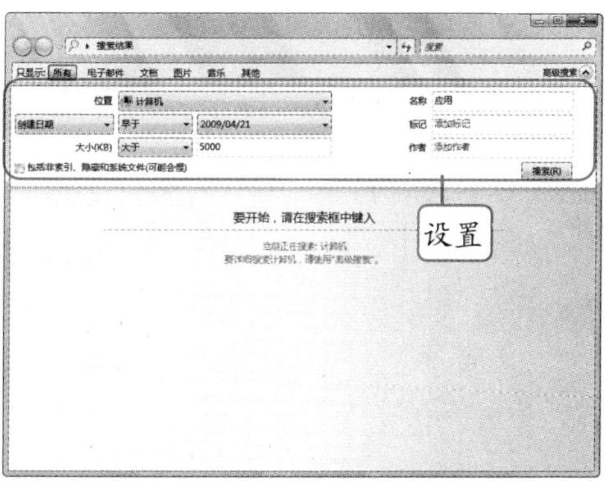

Step 03 设置完毕后，单击搜索(R)按钮，即可开始搜索并在窗口中显示出符合搜索条件的文件。

4.5 回收站管理

回收站用于存放用户从磁盘中删除的文件和文件夹。当用户对文件或文件夹进行删除操作后，可以到回收站中查看已删除的文件，如果是误删除，还可以通过回收站来恢复；对于彻底无用的文件，则可以通过回收站从计算机中彻底删除。

4.5.1 清空回收站

用户使用计算机一段时间后，如果使用过程中经常删除文件，那么需要对"回收站"中的文件进行清空，以腾出无用文件所占用的磁盘空间。

新手演练 Novice exercises 清空回收站中的所有文件

Step 01 双击桌面上的"回收站"图标，打开"回收站"窗口，浏览其中的文件并确认均为无用文件。

Step 02 确定文件无用后，单击窗口工具栏中的"清空回收站"按钮清空回收站，如下图所示。

Step 03 此时将弹出提示框要求用户确认删除操作，单击[是(Y)]按钮。如果要取消删除，则单击[否(N)]按钮。

Step 04 开始删除文件，如果回收站中文件较多，则会显示删除进度框。删除完毕后，进度框会自动关闭。

4.5.2 还原文件

对于误删除到回收站中的文件，可以进入到回收站中将文件还原到删除前的位置。还原文件时，可以还原单个文件，也可以同时还原多个文件。

还原回收站中的文件，只须打开回收站窗口，在窗口中选中要还原的一个或多个文件后，单击窗口工具栏中的[还原选定的项目]按钮即可；也可以用鼠标右击要还原的文件，在弹出的快捷菜单中选择“还原”命令。

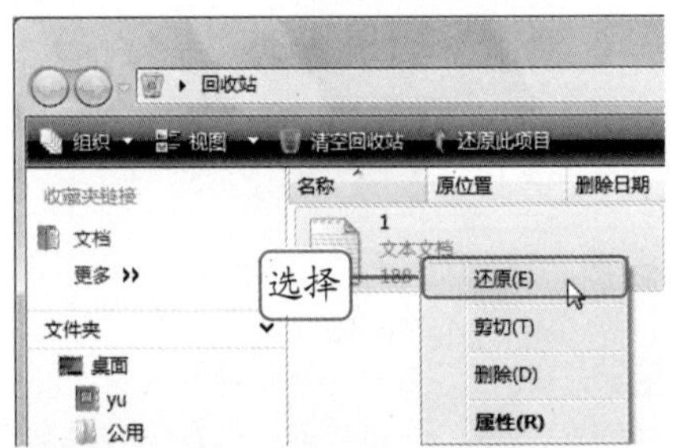

4.6 职场特训

本章主要讲解了在 Windows Vista 中查看文件、管理文件以及搜索文件的方法。读者在学习后，能够了解并熟练掌握文件与文件夹的基本操作。下面通过 1 个实例巩固本章知识并拓展所学知识的应用。

特训：**分类整理文件**

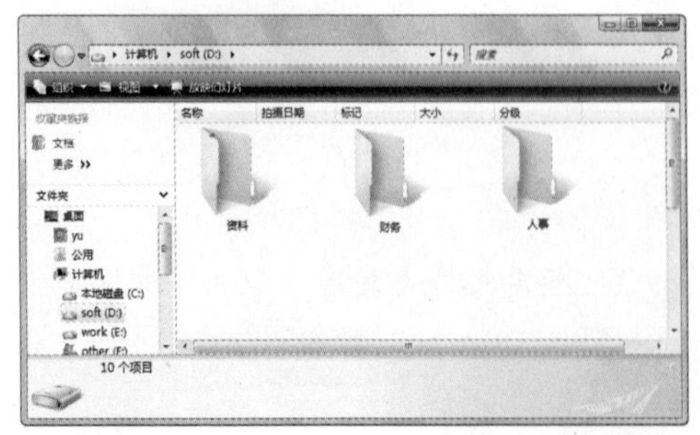

1. 进入到 D 盘窗口中，新建 3 个文件夹，分别命名为“资料”、“财务”、“人事”。
2. 通过搜索功能搜索计算机中这 3 个类别的相关文件，搜索后分别移动到对应的文件夹中。

第5章

输入法与字体

将“微软拼音输入法 2007”的切换热键设置为 Ctrl+7

将“简体中文全拼输入法”添加到输入法列表

在计算机中安装“搜狗拼音输入法”

启用 Windows Vista 语音识别功能

使用语音识别在“记事本”中输入文本

本章导读

用户在使用计算机过程中，不可避免地需要输入各种信息。这时就需要通过输入法进行输入，因此用户必须熟练掌握一种或多种输入法。在使用计算机时，字体用于将输入的信息按照不同外观显示出来，用户可以根据需要添加字体。

5.1 切换输入法

在计算机中可以输入英文与中文字符，在输入前需要切换到相应的输入法。在 Windows Vista 中，可以通过多种方法在不同的输入法之间进行切换。

5.1.1 选择与切换输入法

登录到 Windows Vista 后，桌面右下角将显示语言栏，通过语言栏中的输入法指示按钮，即可在不同输入法之间进行切换。另外，还可以通过快捷键来快速地在不同输入法之间进行切换。

知识点拨 Knowledge　选择与切换输入法的方法

通过输入法列表选择：单击语言栏中的输入法指示按钮，在打开的输入法列表中选择某个输入法，即可切换到该输入法。

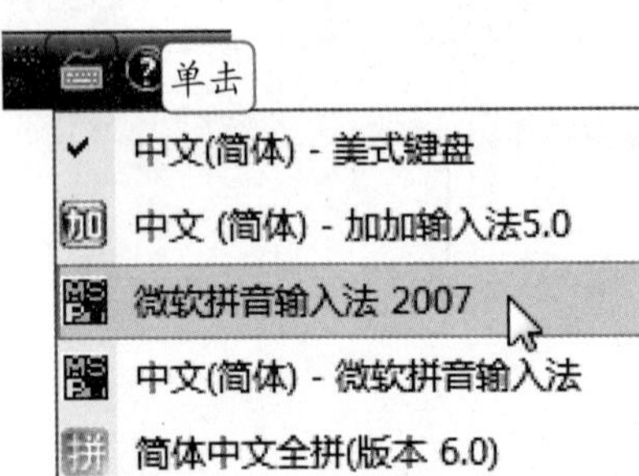

使用快捷键切换：按下左 Ctrl + Shift 组合键，可以按照由上到下的顺序在各个输入法之间切换；按下右 Ctrl + Shift 组合键，则可按照由下到上的顺序在各个输入法之间切换；按下 Ctrl + Space 组合键，可以在英文输入法与上次使用的中文输入法之间进行切换。

切换到某个输入法后，语言栏中同时会显示所选输入法指示按钮。

5.1.2 自定义输入法切换热键

除了使用系统默认的切换键在各个输入法间进行切换外，用户还可以根据自己的使用习惯为不同的输入法设置相应的快捷键，这样在切换输入法时，只需按下相应的快捷键，即可切换到指定输入法了。

将“微软拼音输入法 2007”的切换热键设置为 Ctrl＋7

Step 01 右击语言栏中的输入法指示按钮，在弹出的快捷菜单中选择“设置”命令。

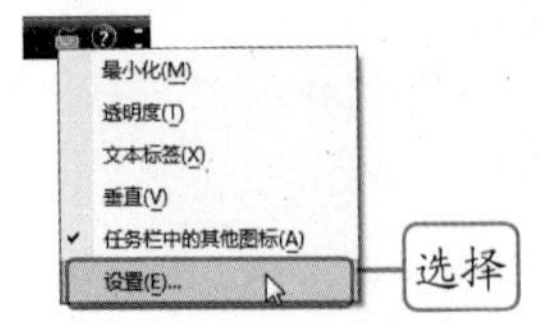

Step 02 打开“文本服务和输入语言”对话框，切换到“高级键设置”选项卡，在“输入语言的热键”列表框中选择“切换到中文（中国）－微软拼音输入法 2007”选项，单击列表框下方的 更改按键顺序(C)... 按钮。

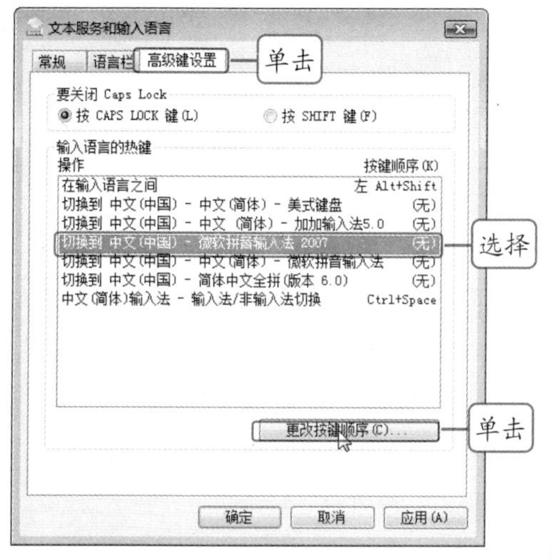

Step 03 在打开的“更改按键顺序”对话框中勾选“启用按键顺序”复选框，然后在下拉列表中分别选择“Ctrl”选项与“7”选项。

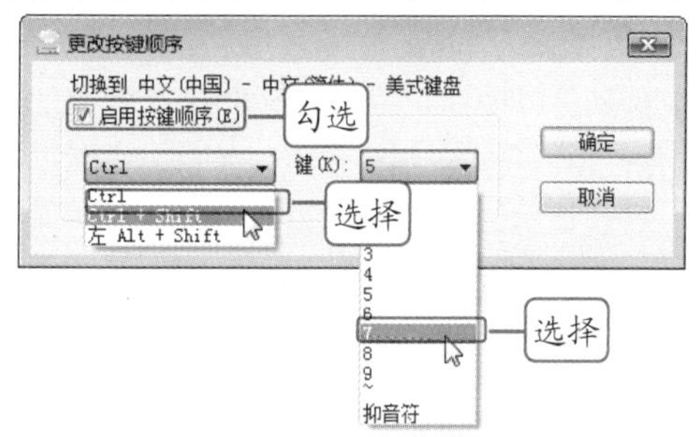

Step 04 设置完毕后，单击 确定 按钮。这样以后无论当前使用何种输入法，只要按下 Ctrl + 7 组合键，就可切换到微软拼音输入法 2007 了。

5.1.3 设置默认输入法

Windows Vista 默认的输入法为英文输入法，在该输入法状态下，可以直接按下键盘上对应的按键输入英文字符与标点符号。对于需要经常输入中文的用户，可以将系统的默认输入法更改为相应的中文输入法。

新手演练 Novice exercises　将微软拼音输入法 2007 设置为系统默认输入法

Step 01 用鼠标右击语言栏中的输入法指示按钮，在弹出的快捷菜单中选择“设置”命令。

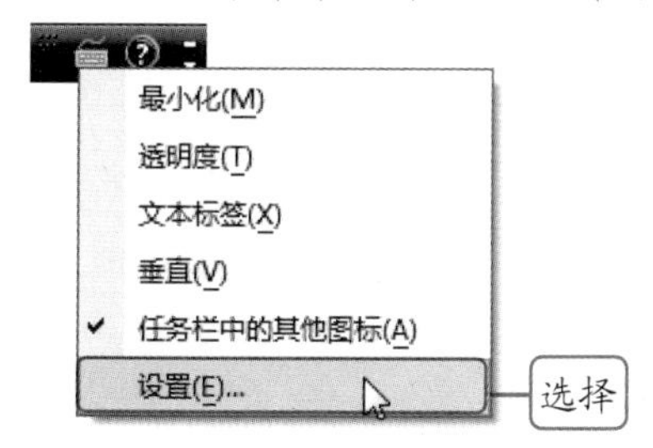

由于计算机中很多地方都会用到英文字符，因此如果不是特殊需要，不建议将中文输入法设置为默认输入法。

Step 02 打开“文本服务和输入语言”对话框，在“常规”选项卡下的“默认输入语言”下拉列表中选择“中文（中国）－微软拼音输入法 2007”选项，单击 确定 按钮。

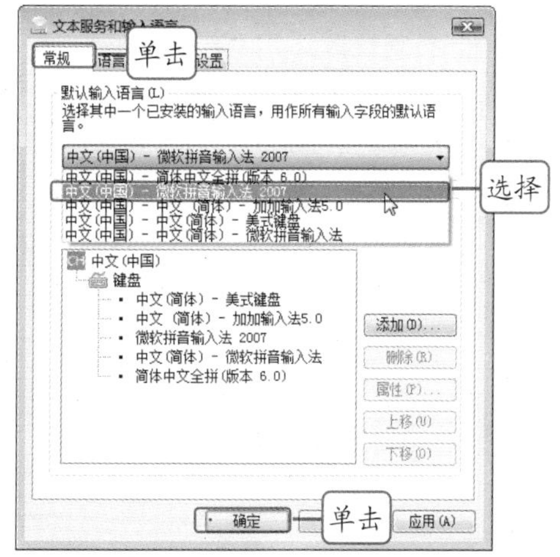

5.2 添加与删除输入法

Windows Vista 内置了多种中文输入法，用户可以根据自己的使用需求将其他输入法添加到输入法列表中。另外目前有很多第三方输入法，也可以将这些输入法安装到系统中进行使用。对于无用的输入法，则可以将其从输入法列表中删除。

5.2.1 添加系统内输入法

除了微软拼音输入法外，Windows Vista 内置的常用中文输入法还包括简体中文全拼、双拼、郑码输入法等，如果用户习惯使用这些输入法，可以将其添加到输入法列表中。

将“简体中文全拼输入法”添加到输入法列表

Step 01 打开“文本服务和输入语言”对话框，在“常规”选项卡中单击“已安装的服务”列表框右侧的 添加(D)... 按钮。

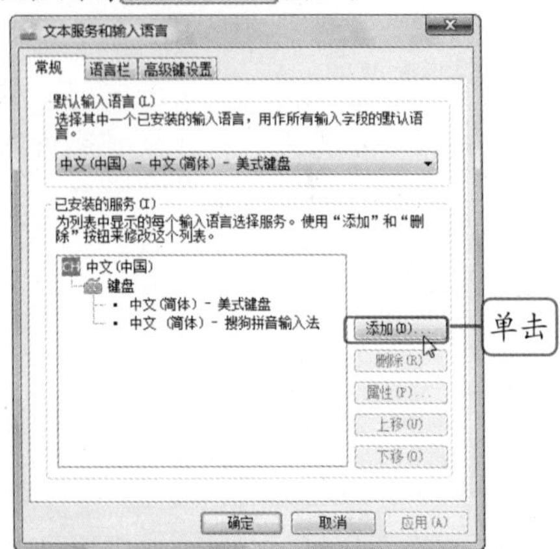

Step 02 在打开的“添加输入语言”对话框中的列表框中拖动滚动条找到“中文(中国)”选项，并勾选选项下的“简体中文全拼”复选框，单击 确定 按钮。

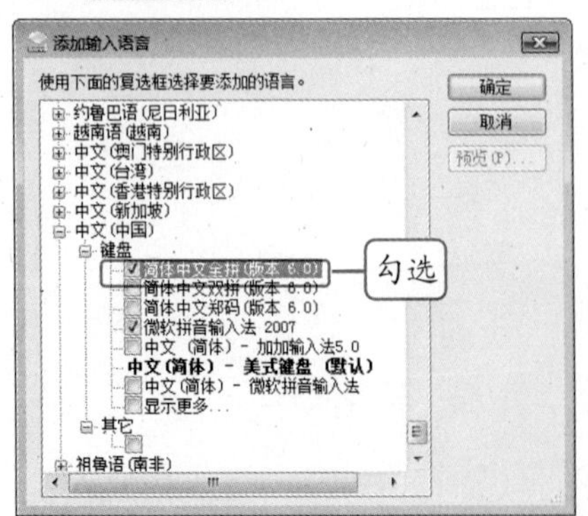

Step 03 返回“文本服务和输入语言”对话框，在列表框中可以看到已经添加了“简体中文全拼”输入法，单击 确定 按钮。

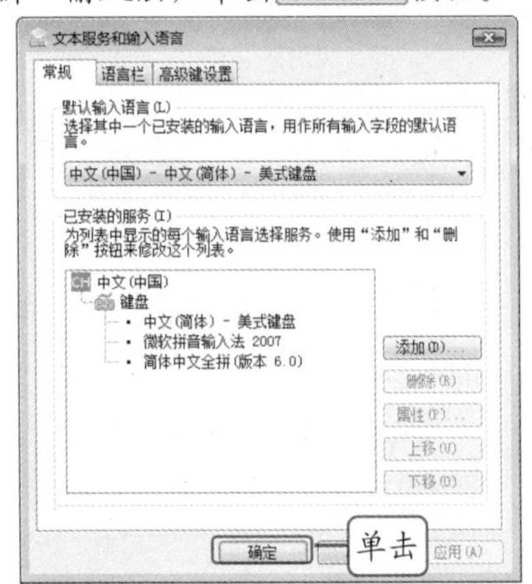

Step 04 添加完毕后，单击语言栏中的输入法指示按钮，在弹出的输入法列表中即可选择“简体中文全拼”输入法了。

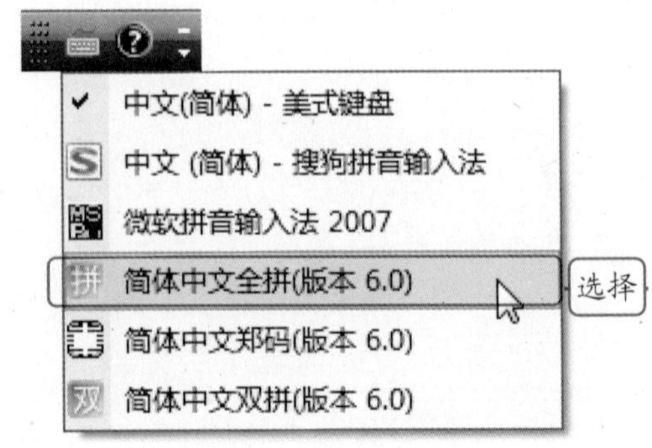

5.2.2 删除输入法

Windows Vista 输入法列表中默认包含了多种中文输入法，但用户一般都习惯使用一种输入法进行输入，这时为了提高输入法切换速度，可以将不经常使用的输入法从输入法列表中删除。

新手演练 Novice exercises　从输入法列表中删除“微软拼音输入法 2007”

Step 01 打开“文本服务和输入语言”对话框，在“已安装的服务”列表框中选中“微软拼音输入法 2007”选项，单击列表框右侧的 删除(R) 按钮。

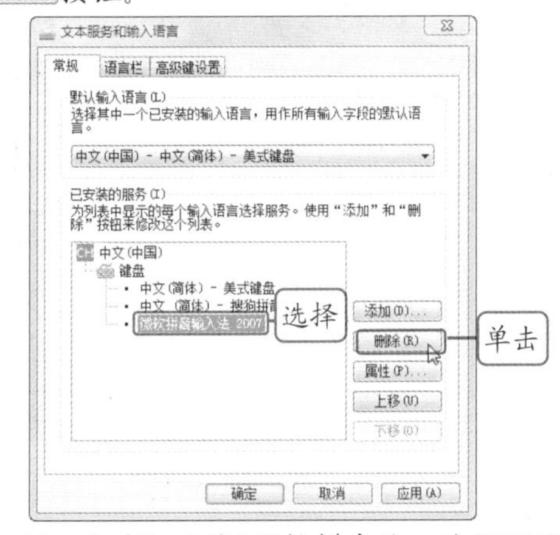

Step 02 此时即可将“微软拼音输入法 2007”从列表框中删除，单击对话框中的 确定 按钮应用设置。

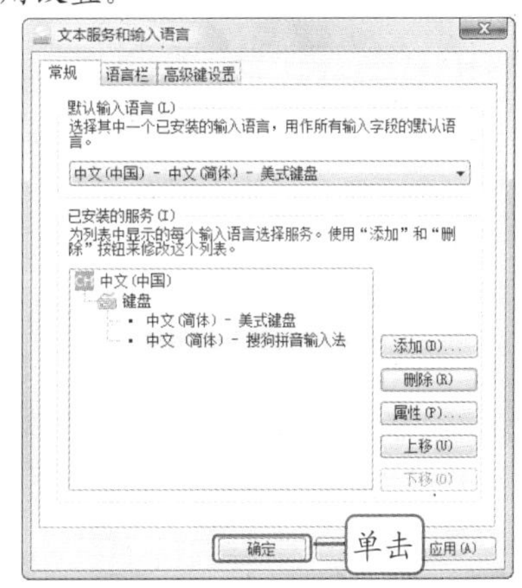

Step 03 设置完毕后，再次打开输入法列表，可以看到列表中已经没有显示“微软拼音输入法 2007”了。

5.2.3 安装第三方输入法

目前有很多非常好用的第三方输入法，如搜狗拼音输入法、五笔输入法等。对于喜欢使用这些输入法的用户，也可以在计算机中安装并使用。安装之前，用户需要先获取输入法安装文件。

新手演练 Novice exercises　在计算机中安装“搜狗拼音输入法”

Step 01 获取到搜狗拼音输入法的安装文件后运行安装程序，在打开的“用户账户控制”对话框要求用户确认操作，单击“允许”选项。

Step 02 此时将打开“搜狗拼音输入法 3.2 正式版安装”对话框，单击对话框中的 下一步(F) 按钮。

目前各种输入法均为免费版，用户可以通过网络下载或购买相关光盘的方式获取安装程序。

Step 03 在打开的“许可证协议”对话框中阅读许可协议后，单击 我同意(I) 按钮。

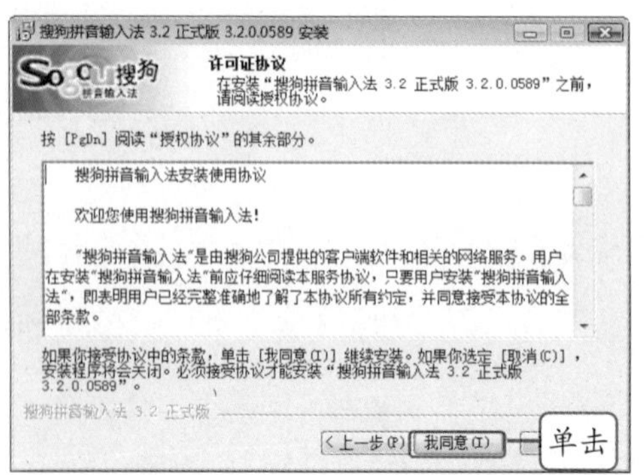

Step 04 打开“选择安装位置”对话框，可单击 浏览(B)... 按钮选择输入法安装位置，这里保持默认设置，单击 下一步(N) 按钮。

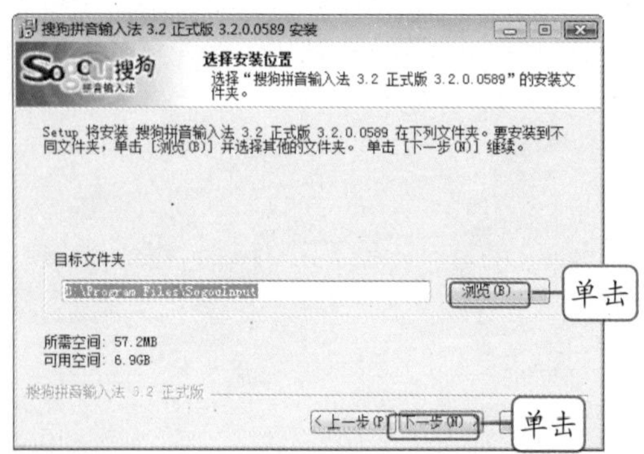

Step 05 在打开的“选择「开始菜单」文件夹”对话框中单击 安装(I) 按钮，开始安装搜狗拼音输入法，此时对话框中会出现进度条显示文件安装进度。

Step 06 安装完毕后将打开如下图所示的对话框，单击 完成(F) 按钮。

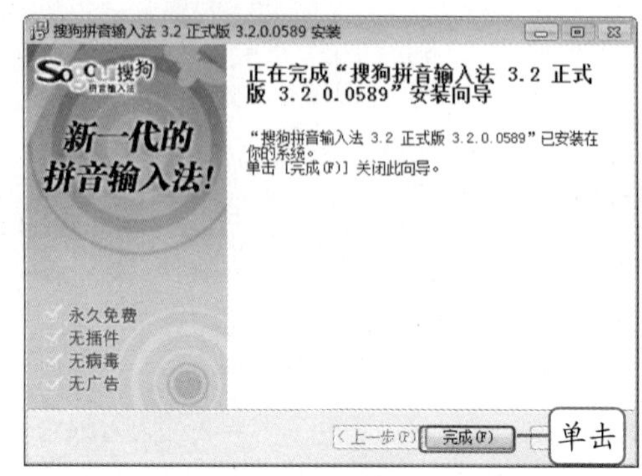

Step 07 安装成功后，单击语言栏中的输入法指示按钮，在弹出的列表中即可选择搜狗拼音输入法了。

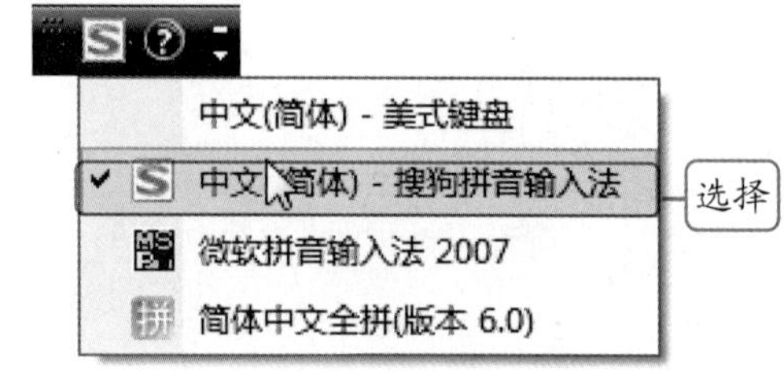

如果安装的输入法没有显示在输入法列表中，那么可以按照添加系统内输入法的方法进行添加。

5.3 常用输入法的使用

用户使用计算机过程中，绝大多数操作都是在输入文本，因此对于计算机用户而言，必须要掌握一种或多种输入法的使用。目前主流的中文输入法根据编码规则可以分为拼音输入法与五笔输入法。其中使用较广泛的输入法有微软拼音输入法、搜狗拼音输入法和极品五笔输入法等。

5.3.1 微软拼音输入法

微软拼音输入法 2007 是 Windows Vista 自带的一款中文输入法，安装 Windows Vista

后，即可直接使用该输入法。微软拼音输入法 2007 提供了多种输入风格，能够满足与适应用户的各种输入要求，是目前使用较广泛的中文输入法之一。

1. 认识输入法状态栏

切换到微软拼音输入法后，语言栏中将显示微软拼音输入法选项按钮，通过这些按钮可对输入法的状态和输入风格进行设定。

知识点拨 Knowledge 认识微软拼音输入法各按钮的用途

输入法指示按钮：表示当前输入法为微软拼音输入法，单击输入法指示按钮，可打开输入法列表选择其他输入法。

输入风格按钮：单击该按钮，可在弹出的列表中选择输入风格，包括微软拼音新体验、微软拼音经典以及 ABC 输入风格 3 种。

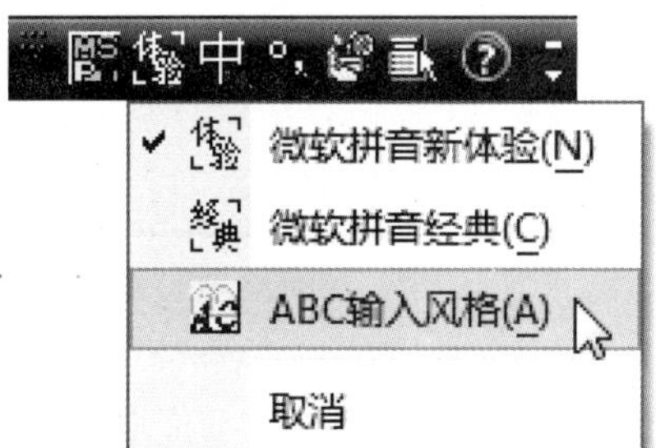

中英文切换按钮：单击该按钮，可在中文输入状态与英文输入状态之间进行切换，切换到英文输入状态后，按钮将变为英。

中英文标点切换按钮：单击该按钮，可在中文标点符号与英文标点符号输入状态之间进行切换，切换到英文标点符号输入状态后，按钮将变为，此时只能输入英文标点符号。

输入板按钮：单击该按钮，可打开输入法自带的输入板，用于输入一些偏旁、生僻字以及插入符号。

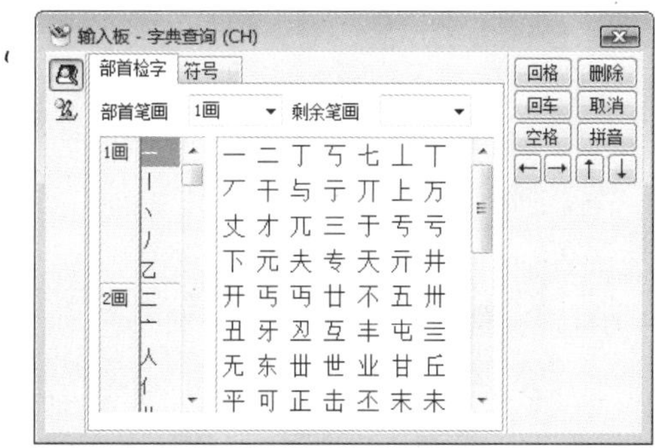

功能菜单按钮：单击该按钮，可打开微软拼音输入法的功能菜单，在菜单中选择相应的命令或子命令对微软拼音输入法的功能进行相应设置。

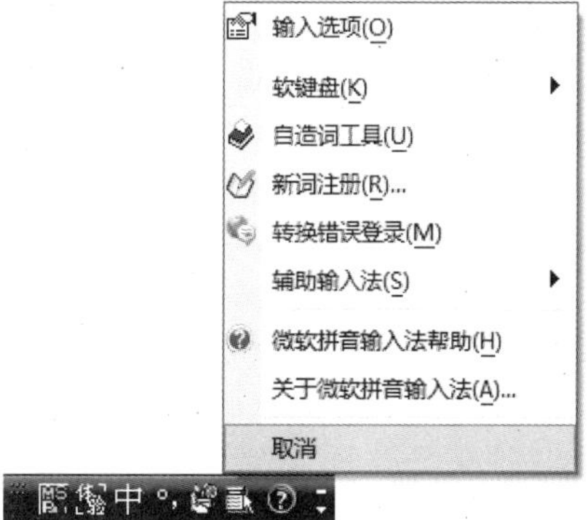

2. 使用微软拼音输入法

使用微软拼音输入法输入中文字符时，需要先打开要进行输入的程序或文件，然后切换到微软拼音输入法 2007，按照汉字拼音的编码规则输入单字、词组或者语句即可。输入过程中，按下空格键可输入空格，按下 Enter 键可换行输入。

在“记事本”中输入公司通知内容

Step 01　在“开始”菜单中的程序列表中选择“附件”选项下的“记事本”选项，打开记事本程序。

Step 02　单击语言栏中的输入法指示按钮，在打开的输入法列表中选择“微软拼音输入法 2007”。

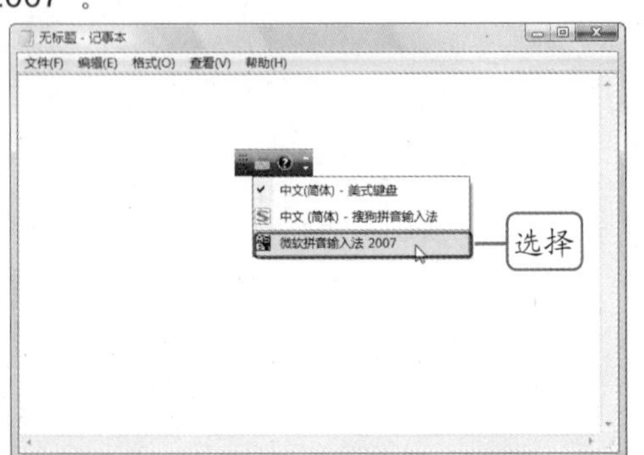

Step 03　按下键盘上对应的字母按键，输入要输入汉字的拼音，此时输入框中将根据输入的拼音自动显示匹配的汉字。

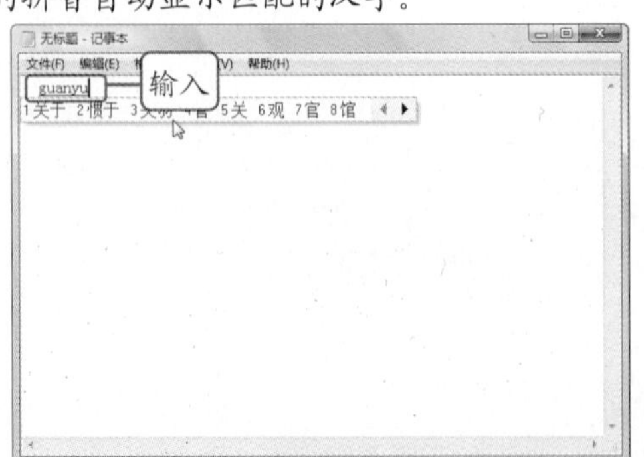

Step 04　继续输入其他汉字的拼音，此时输入法会自动识别前面的汉字并输入。

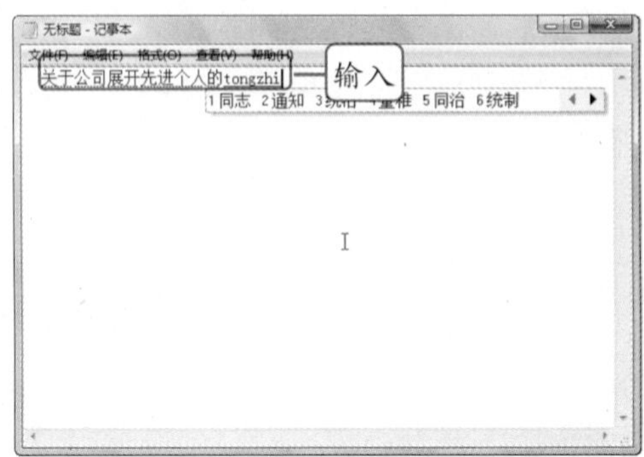

Step 05　如果出现重码的单字或词组，则在输入框中罗列显示，按下对应的数字按键选择输入即可。

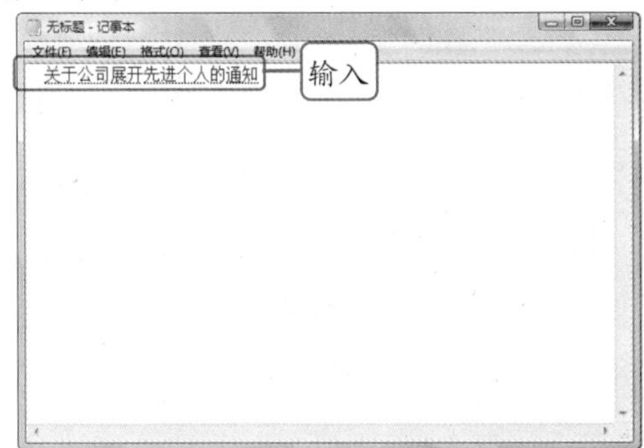

Step 06　一句话输入完毕后，文字下方会显示虚线，此时如果发现其中某个单字或词组输入错误，可按下左、右方向键移动到要修改的词组位置，输入框中会自动显示重码词组供用户选择，只要按下相应的数字按键选择即可。

Step 07　一句话输入完毕后，如果确认无误，则按空格键或 Enter 键确认输入。然后按照同样的方法，继续输入其他内容即可。

后，即可直接使用该输入法。微软拼音输入法 2007 提供了多种输入风格，能够满足与适应用户的各种输入要求，是目前使用较广泛的中文输入法之一。

1. 认识输入法状态栏

切换到微软拼音输入法后，语言栏中将显示微软拼音输入法选项按钮，通过这些按钮可对输入法的状态和输入风格进行设定。

认识微软拼音输入法各按钮的用途

输入法指示按钮：表示当前输入法为微软拼音输入法，单击输入法指示按钮，可打开输入法列表选择其他输入法。

输入风格按钮：单击该按钮，可在弹出的列表中选择输入风格，包括微软拼音新体验、微软拼音经典以及 ABC 输入风格 3 种。

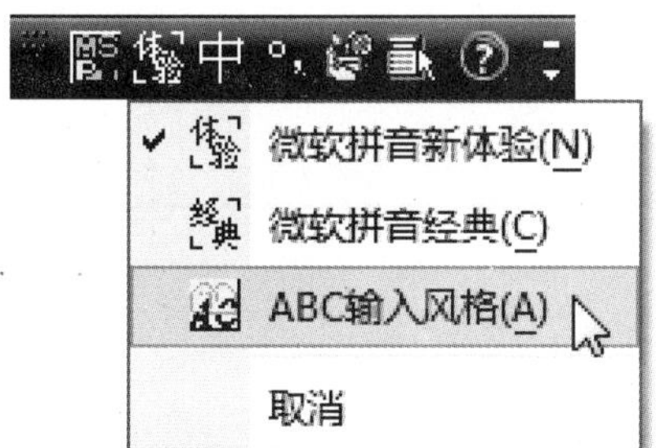

中英文切换按钮：单击该按钮，可在中文输入状态与英文输入状态之间进行切换，切换到英文输入状态后，按钮将变为英。

中英文标点切换按钮：单击该按钮，可在中文标点符号与英文标点符号输入状态之间进行切换，切换到英文标点符号输入状态后，按钮将变为，此时只能输入英文标点符号。

输入板按钮：单击该按钮，可打开输入法自带的输入板，用于输入一些偏旁、生僻字以及插入符号。

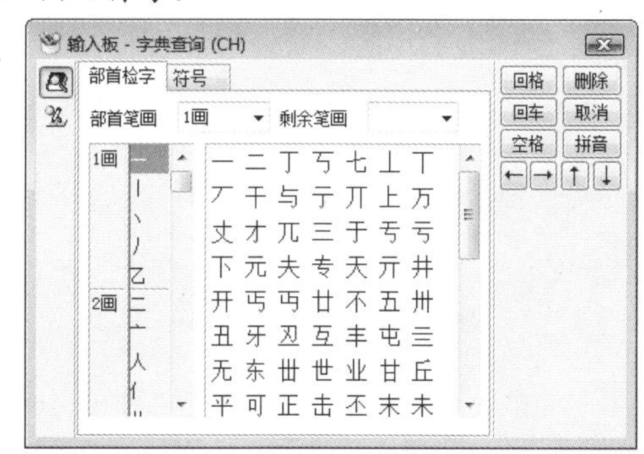

功能菜单按钮：单击该按钮，可打开微软拼音输入法的功能菜单，在菜单中选择相应的命令或子命令对微软拼音输入法的功能进行相应设置。

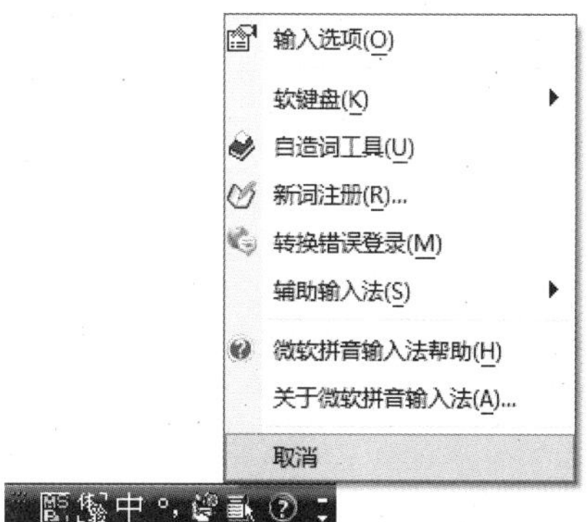

2. 使用微软拼音输入法

使用微软拼音输入法输入中文字符时，需要先打开要进行输入的程序或文件，然后切换到微软拼音输入法 2007，按照汉字拼音的编码规则输入单字、词组或者语句即可。输入过程中，按下空格键可输入空格，按下 Enter 键可换行输入。

在“记事本”中输入公司通知内容

Step 01 在“开始”菜单中的程序列表中选择“附件”选项下的“记事本”选项，打开记事本程序。

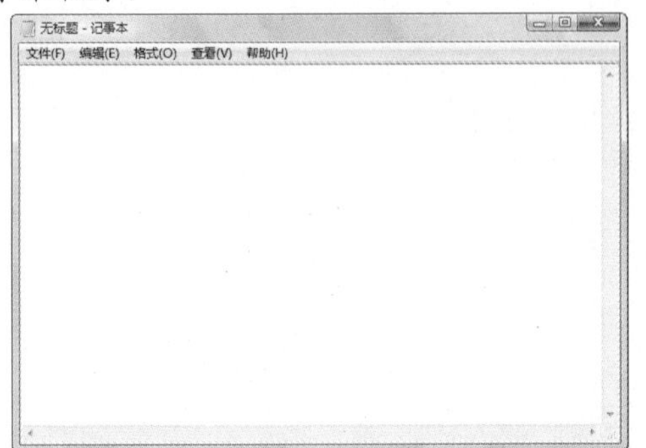

Step 02 单击语言栏中的输入法指示按钮，在打开的输入法列表中选择“微软拼音输入法2007”。

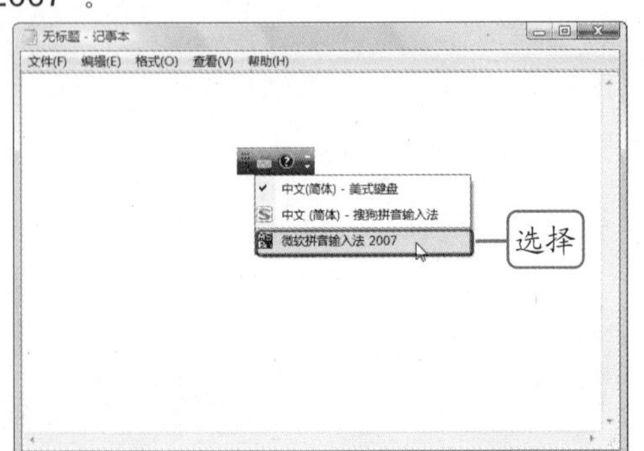

Step 03 按下键盘上对应的字母按键，输入要输入汉字的拼音，此时输入框中将根据输入的拼音自动显示匹配的汉字。

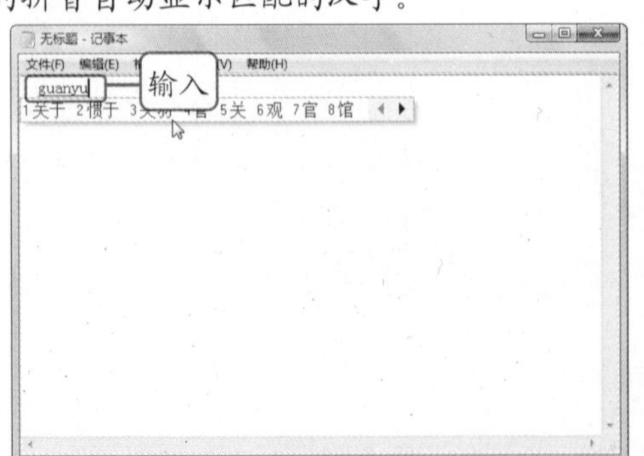

Step 04 继续输入其他汉字的拼音，此时输入法会自动识别前面的汉字并输入。

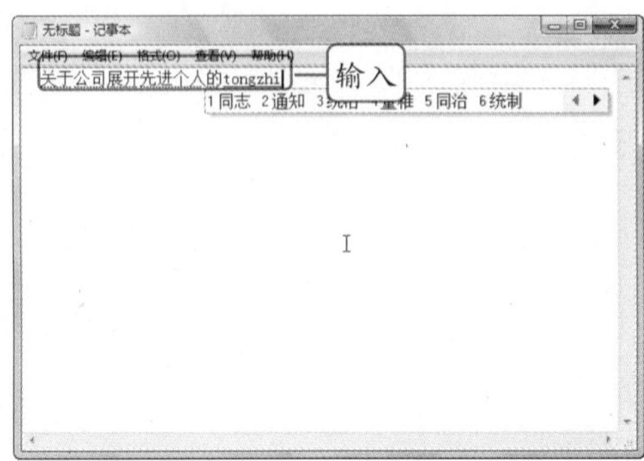

Step 05 如果出现重码的单字或词组，则在输入框中罗列显示，按下对应的数字按键选择输入即可。

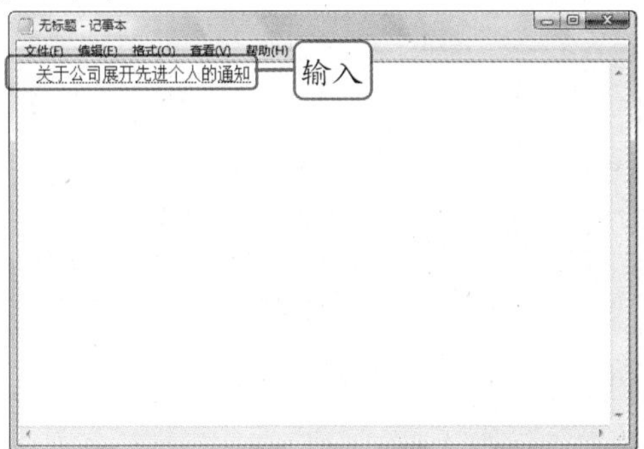

Step 06 一句话输入完毕后，文字下方会显示虚线，此时如果发现其中某个单字或词组输入错误，可按下左、右方向键移动到要修改的词组位置，输入框中会自动显示重码词组供用户选择，只要按下相应的数字按键选择即可。

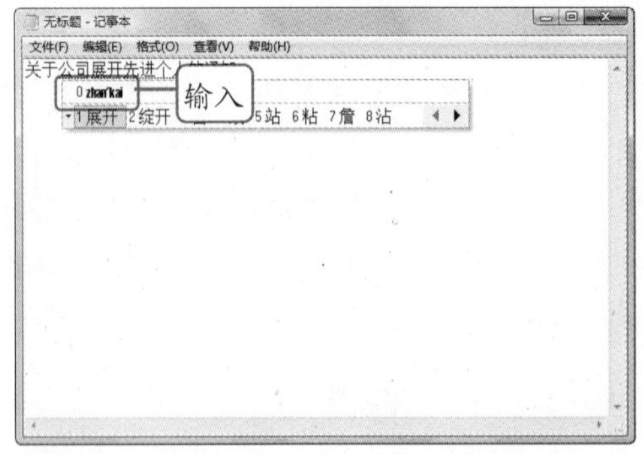

Step 07 一句话输入完毕后，如果确认无误，则按空格键或 Enter 键确认输入。然后按照同样的方法，继续输入其他内容即可。

5.3.2 搜狗拼音输入法

搜狗拼音输入法也是一款优秀的拼音输入法，它采用智能输入模式，支持全拼、简拼以及混拼等多种方式混合输入，有效简化了编码的输入并提高了汉字输入速度。搜狗拼音输入法会自动更新用户词库，即使最新出现的词汇，也能够让用户方便地输入。

切换到搜狗拼音输入法后，屏幕中将显示出输入法状态栏。状态栏中的主要功能按钮与微软拼音输入法基本相同。

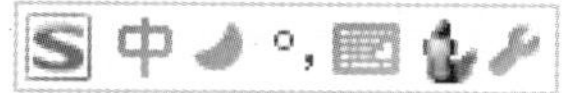

知识点拨 Knowledge **搜索拼音输入法不同的输入方式**

全拼输入：即输入单字或词组的完整编码，输入框中将显示所有匹配该编码的单字或词组，按下数字按键进行选择即可，如输入“教材”，数字 1 可直接按空格键输入。

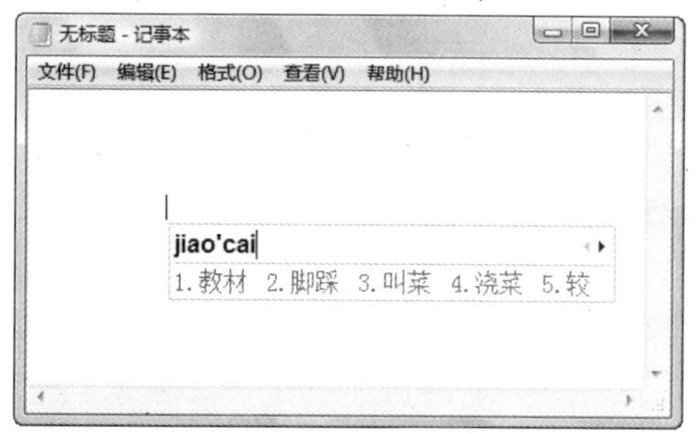

简拼输入：输入单字或词组中汉字拼音的第 1 个字母，如“教材”可输入“jc”，然后从输入框中选择配备的词组。

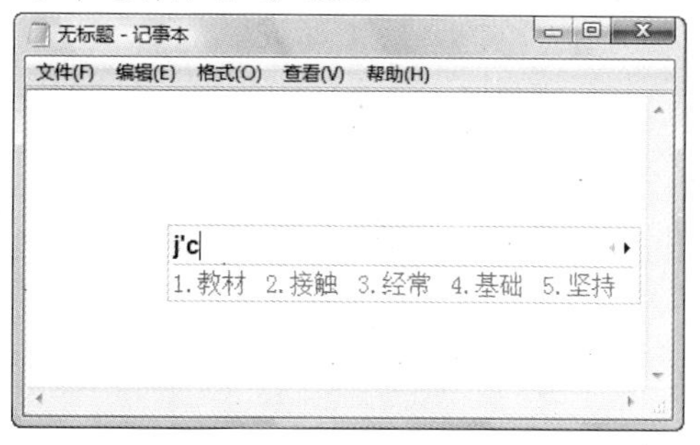

混拼输入：即词组部分汉字输入完整的拼音，部分汉字输入汉字拼音的部分字母，如“教材”可输入“jiaoc”、“jcai”，然后在输入框中选择即可。

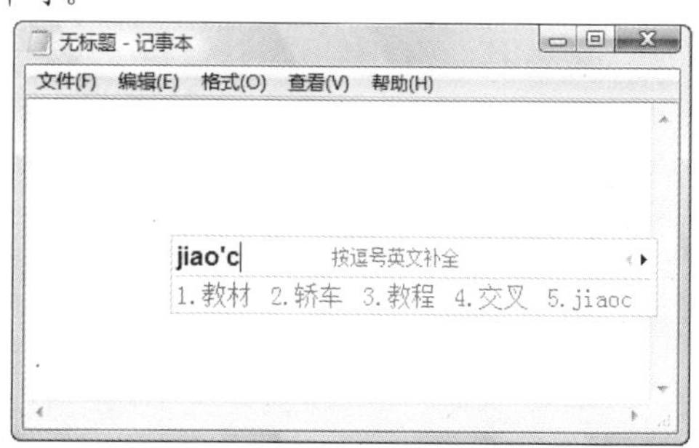

职场经验谈 Workplace Experience

搜狗拼音输入法还提供了繁体中文的输入支持。只要单击指示器中的“菜单”按钮，在弹出的菜单中选择【快速切换】/【繁体】命令，然后按照汉字的拼音编码进行输入，即可输入对应的中文繁体。

5.3.3 五笔输入法

五笔输入法是目前最优秀的汉字输入法，以汉字的字型作为编码，具有重码少，输入速度快的特点。目前基于五笔编码的输入法种类繁多，用户可根据自己的使用习惯来选择合适的五笔输入法。

要使用五笔输入法，首先需要了解五笔字型的相关基础知识，在本节将对五笔字型进行相应的介绍。

1. 五笔字型基础知识

五笔字型基础知识主要包括汉字的笔画、字根、字根在键盘的分布以及汉字的拆分原则 3 个方面。

五笔字型是根据汉字的笔画走向进行划分的，每个汉字都是由横、竖、撇、捺、折 5 种基本笔画组成，若干笔画连接而成的相对不变的结构就称为字根。笔画是组成汉字的最基本单位，而字根相对笔画而言更为直观，组成汉字时结构也更为紧凑，因此在五笔字型中将字根定义为汉字的最基本单位。

五笔字型输入法中定义的字根一共为 130 个，合理地分布在键盘上 A～Y 共计 25 个英文字母按键上，构成了五笔字型的字根键盘。

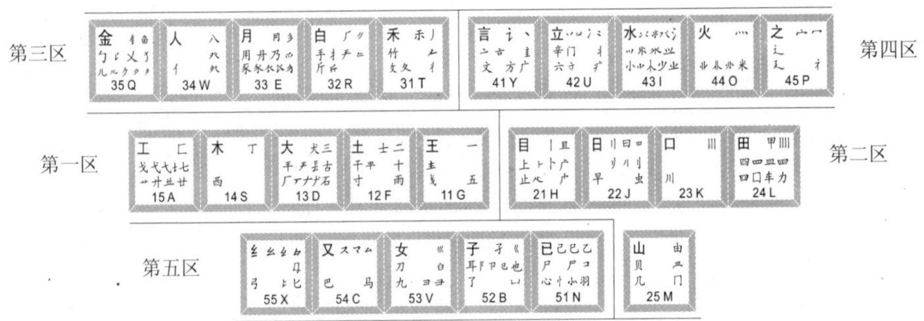

学习五笔输入法之前，首先要记住每个键位上分布的所有字根，为了方便字根记忆，可以通过下表所示的助记词来进行记忆。

键位	助记词	键位	助记词
G	王旁青头兼（戋）五一	W	人和八，三四里
F	土士二干十寸雨	Q	金勺缺点无尾鱼　犬旁留乂儿一点夕氏无七（妻）
D	大犬三羊古石厂	Y	言文方广在四一　高头一捺谁人去
S	木丁西	U	立辛两点六门病
A	工戈草头右框七	I	水旁兴头小倒立
H	目具上止卜虎皮	O	火业头，四点米
J	日早两竖与虫依	P	之字军盖建道底　摘礻（示）衤（衣）
K	口与川，字根稀	N	已半巳满不出己　左框折尸心和羽
L	田甲方框四车力	B	子耳了也框向上
M	山由贝，下框几	V	女刀九臼山朝西
T	禾竹一撇双人立　文条头共三一	C	又巴马，丢矢矣
R	白手看头三二斤	X	慈母无心弓和匕　幼无力

掌握五笔字型字根后，还需要了解汉字的拆分原则，也就是如何准确地把汉字拆分为几个单独的字根。拆分汉字时，应该遵循以下 5 个拆分原则。

知识点拨 Knowledge　汉字拆分的原则

按书写顺序：也就是按照汉字的书写顺序从左到右、从上到下、从外到内进行拆分，拆分出的字根应为键位上的基本字根。

取大优先：按照书写顺序尽可能拆分出大的字根，保证拆分出字根的笔画尽可能多，而字根数量要最少。

能连不交：拆分字根时，能拆分相互连接的字根，就不拆分为相互交叉的字根。

能散不连：拆分字根时，如果两个字根既可以拆分为散的结构，又可以拆分为连的结构，我们就把它统一拆分为散的结构。

兼顾直观：兼顾直观原则与取大优先原则是相同的，即拆分字根时，尽量保证笔画不重复或截断。

2. 输入单字

单字,顾名思义就是单个汉字。根据组成汉字字根数目的不同，可以将汉字划分为只有一码的单字、两码单字、三码单字、四码单字以及四码以上的单字。其中一码单字又可分为键名汉字与成字字根。不同类型的单字，其输入方法也不同。

知识点拨 Knowledge　不同类型单字的输入方法

键名汉字：五笔字型中共有 25 个键名汉字，分布在对应 25 个按键的第一位置，输入键名汉字时，只要将对应的按键连续敲击 4 次即可。下图所示为键名汉字在按键上分布。

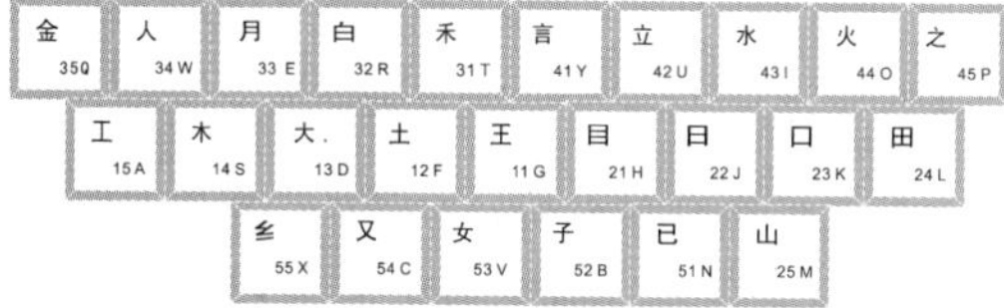

成字字根：在 25 个按键中，除了键名汉字外，还有一些完整的汉字，这些汉字就称为成字字根。成字字根的输入规则是，按键名 + 第 1 笔画 + 第 2 笔画 + 末笔画。

两码单字：即刚好可以拆分为两个字根的汉字，其输入规则为，第 1 字根 + 第 2 字根 + 识别码 + 空格。

三码单字：即刚好可以拆分为 3 个字根的汉字，其输入规则为，第 1 字根 + 第 2 字根 + 第 3 字根 + 识别码。

四码单字：即刚好可以拆分为 4 个字根的汉字，其输入规则为，第 1 字根 + 第 2 字根 + 第 3 字根 + 第 4 字根。

超过四码的单字：即可以拆分为 4 个以上字根的汉字，其输入规则为，第 1 字根 + 第 2 字根 + 第 3 字根 + 最末字根。

3. 输入词组

五笔输入法中同样可以输入词组。根据词组中包含的字数，可以将词组分为二字词组、三字词组、四字词组以及多字词组，其输入方法也不相同。

知识点拨 Knowledge　不同字数词组的输入方法

二字词组：二字词组是由两个汉字组成的词组。其输入规则为，第 1 汉字第 1 字根 + 第 1 汉字第 2 字根 + 第 2 汉字第 1 字根 + 第 2 汉字第 2 字根。

三字词组：三字词组是由 3 个汉字组成的词组。其输入规则为，第 1 汉字第 1 字根 + 第 2 汉字第 1 字根 + 第 3 汉字第 1 字根 + 第 3 汉字第 2 字根。

四字词组：四字词组是由 4 个汉字组成的词组。其输入规则为，第 1 汉字第 1 字根 + 第 2 汉字第 1 字根 + 第 3 汉字第 1 字根 + 第 4 汉字第 1 字根。

多字词组：多字词组是由 4 个以上汉字组成的词组。其输入规则为，第 1 汉字第 1 字根 + 第 2 汉字第 1 字根 + 第 3 汉字第 1 字根 + 最末汉字第 1 字根。

5.4 Windows Vista 语音识别

Windows Vista 中新增的语音识别功能，可以让用户通过语音即可实现在计算机中输入文本并对计算机进行控制，从而大大增强了计算机的易用性。使用语音识别功能时，用户需要为计算机配备音箱（耳机）与话筒。

5.4.1 启用语音识别

Windows Vista 默认没有启动语音识别功能，用户要使用语音识别进行输入并控制计算机时，首先需要启用该功能。

新手演练 Novice exercises　启用 Windows Vista 语音识别功能

Step 01 打开“控制面板”窗口，单击窗口左侧面板中的“经典视图”链接，切换到经典视图，双击窗口中的“语音识别选项”图标。

Step 02 此时将打开“语音识别选项”窗口，单击窗口中的“启动语音识别”链接。

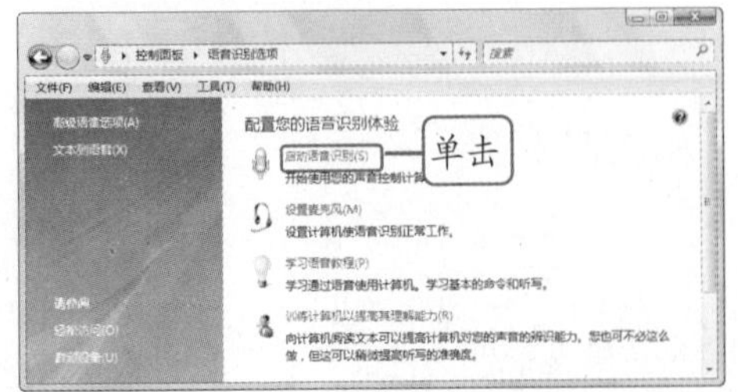

Step 03 在打开的“欢迎使用语音识别”对话框中单击 下一步(N) 按钮。

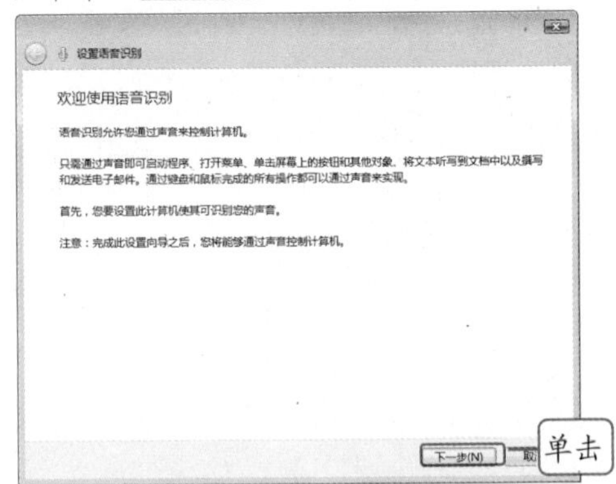

Step 04 在打开的“选择要使用的麦克风类型”对话框中根据自己所使用的话筒类型选择对应的单选按钮，然后单击 下一步(N) 按钮。

温馨提示牌 Warm and prompt licensing

要启动语音识别，必须先为计算机正确连接话筒和音箱，否则将无法启动。

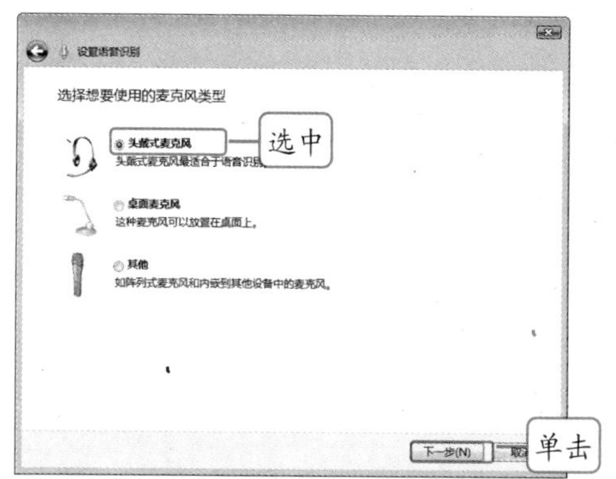

Step 05 接着按照打开对话框中的提示正确放置或佩戴麦克风，然后单击 下一步(N) 按钮。

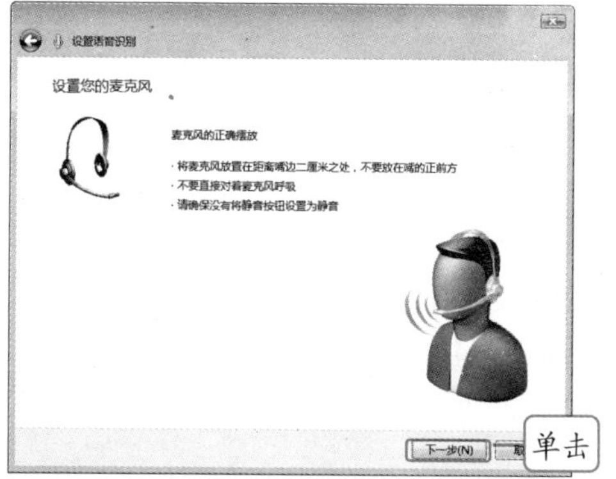

Step 06 在打开的“调整麦克风的音量”对话框中正确朗读示例语句，朗读完毕后单击 下一步(N) 按钮。

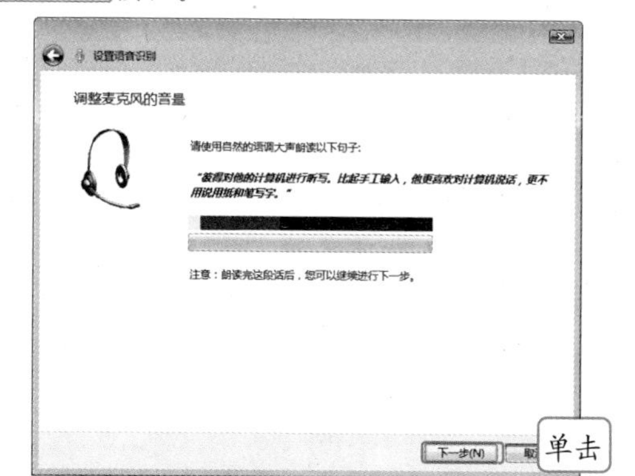

Step 07 如果话筒可以正常使用，则朗读完毕后会自动进入“您的麦克风已经设置完成”对话框，单击 下一步(N) 按钮。

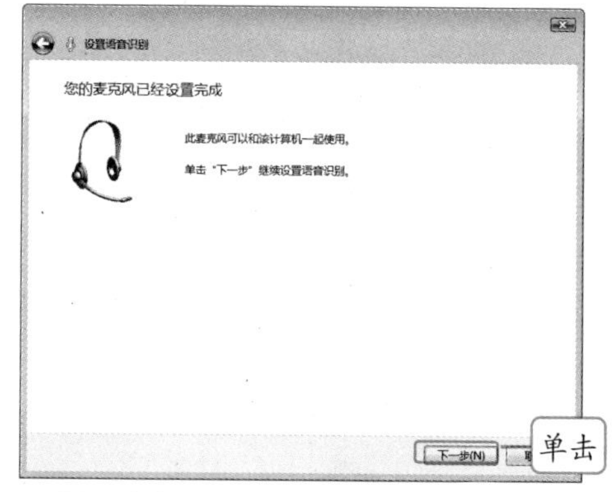

Step 08 在打开的“提高语音识别的准确度”对话框中选中“启用文档复查”单选按钮，单击 下一步(N) 按钮。

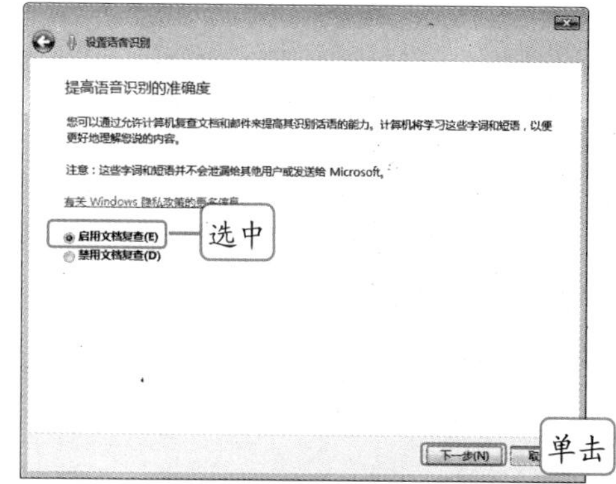

Step 09 在最后打开对话框中告知用户语音设置已经完成，可单击 开始教程(S) 按钮，开始语音设置教程。

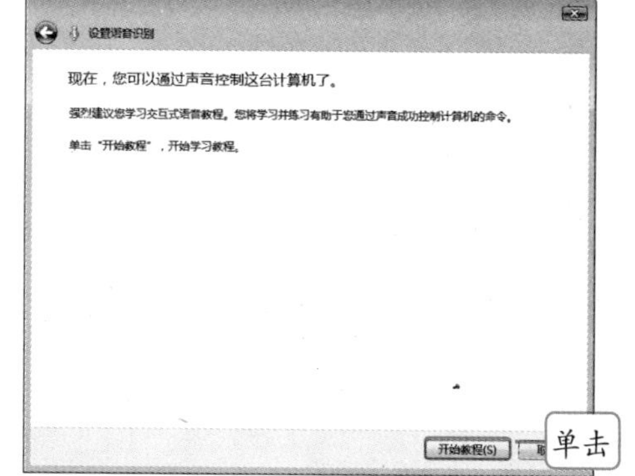

5.4.2 学习语音教程

不同地域的人群有着不同的语音习惯，当启用语音识别后，接下来就需要学习语音识别教程，从而让系统存储与记录用户发出的语音以便正确识别。

新手演练 Novice exercises　开始学习语音教程

Step 01　在“语音识别选项”窗口中单击“学习语音教程”链接，或在启用语音识别时最后打开的对话框中单击开始教程(S)按钮，将全屏幕进入到“语音识别教程”界面，单击下一步(N)按钮，或对着话筒朗读“下一步”。

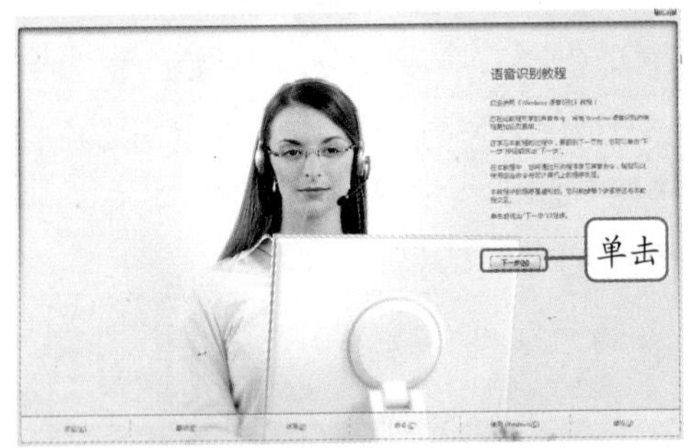

Step 02　接着进入到如下图所示的界面，阅读关于语音识别基础的文本内容后，朗读“下一步”，或单击下一步(N)按钮。

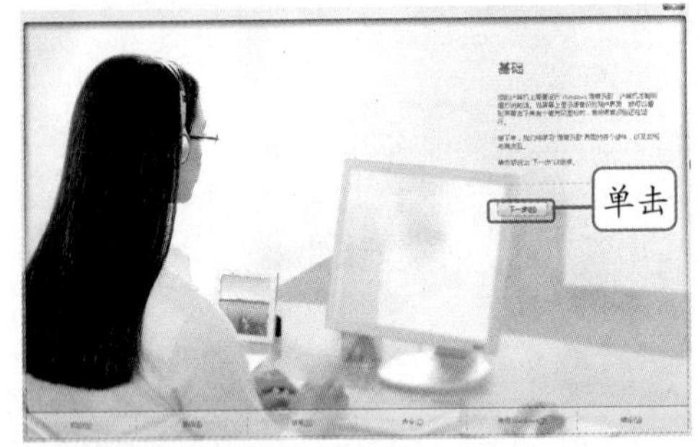

Step 03　在打开的“麦克风按钮”界面中，先朗读“开始聆听”，然后朗读“停止聆听”，单击下一步(N)按钮。

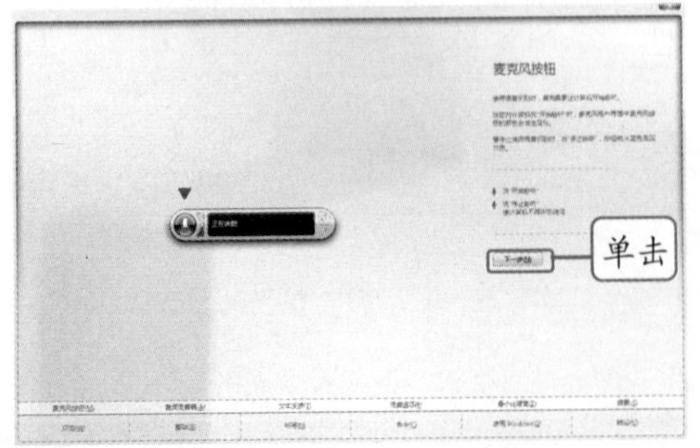

Step 04　在接着打开的“文本反馈”界面中，先朗读“开始聆听”，然后朗读例句“我周末玩得很开心”，通过后单击下一步(N)按钮。

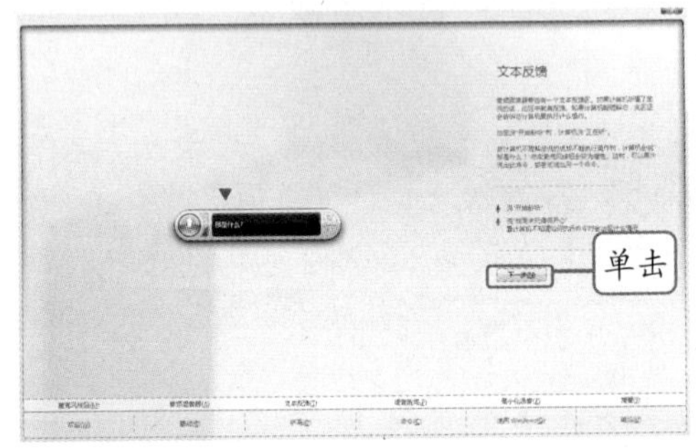

Step 05　在打开的“语音选项”界面中朗读“显示语音选项”，将打开语音选项菜单，同时提示用户朗读“开始语音教程”。

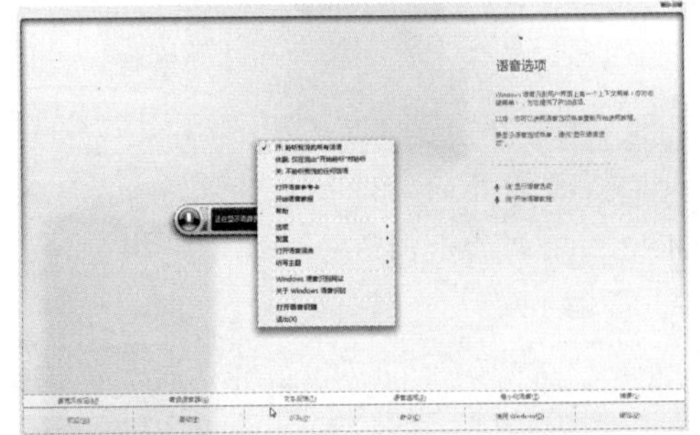

Step 06　单击显示出的下一步(N)按钮，在打开的“最小化语音”界面中朗读“隐藏语音识别”，可以将语音识别工具隐藏，隐藏后，朗读“显示语音识别”即可恢复显示。

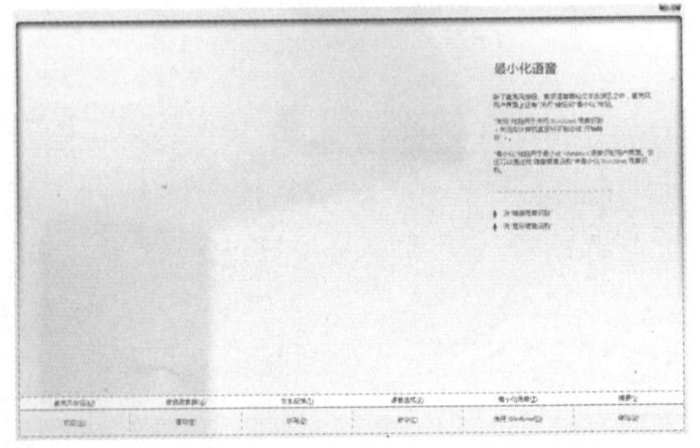

Step 07　在打开的“摘要”界面中朗读“我

能说什么”，将显示“Windows 帮助和支持”窗口，查看帮助信息后单击 下一步(N) 按钮。

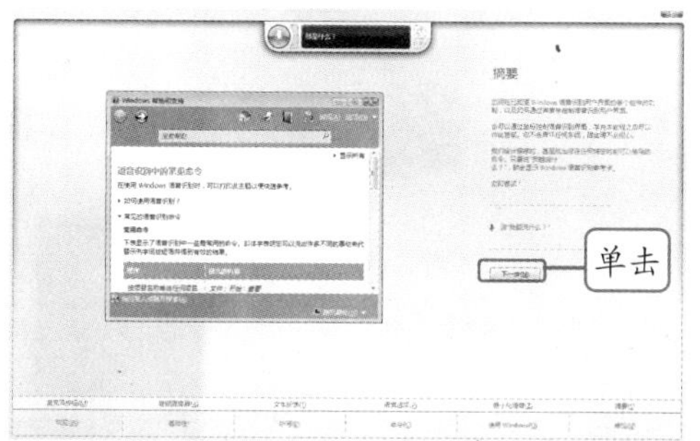

Step 08 在打开的“听写”界面中单击 下一步(N) 按钮或朗读“下一步”，开始听写训练。

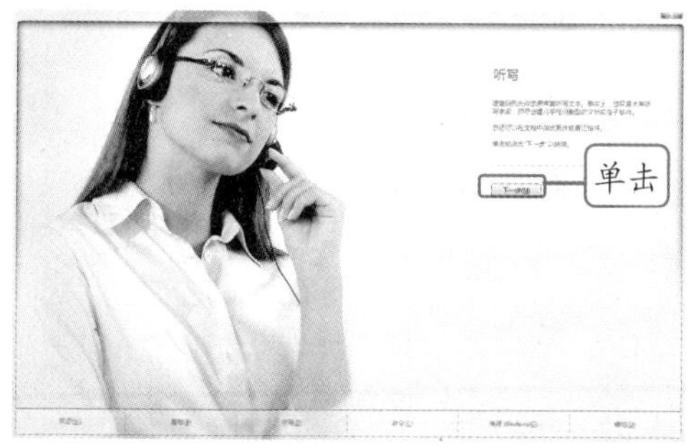

Step 09 在接着打开的“简介”界面中朗读一次提示文字，界面右侧的写字板窗口中将随着用户的正确朗读将文字全部显示出来，单击 下一步(N) 按钮。

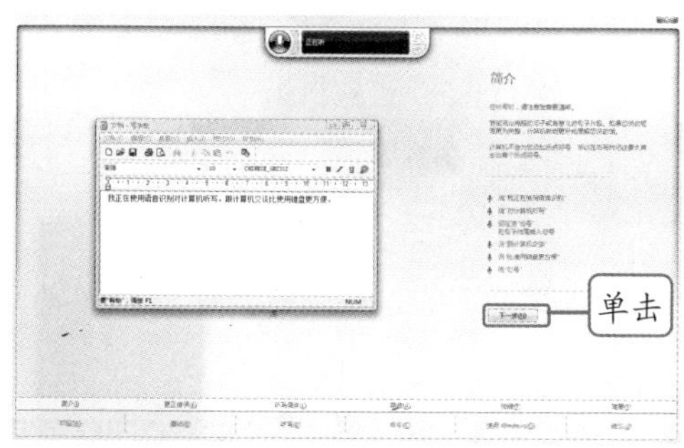

温馨提示牌 Warm and prompt licensing

在语音教程窗口中，需要单击“下一步”的地方，都可以通过朗读“下一步”实现。

Step 10 继续按照提示文本朗读更多内容，写字板窗口中会自动进行输入，然后单击 下一步(N) 按钮。

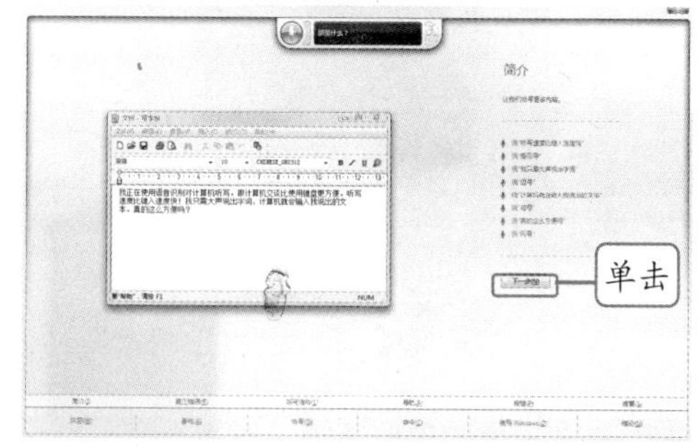

Step 11 在打开的“更正错误”界面中首先按照提示朗读输入一个语句，然后通过朗读实现对语句中词或短语的更正，更正后单击 下一步(N) 按钮。

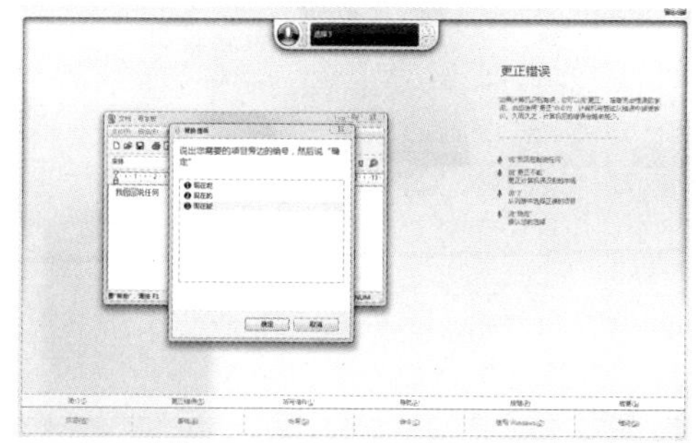

Step 12 在打开的“改变主意”界面中先朗读例句进行输入，再朗读“撤销”或“删除”，将前面输入的内容删除，单击 下一步(N) 按钮。

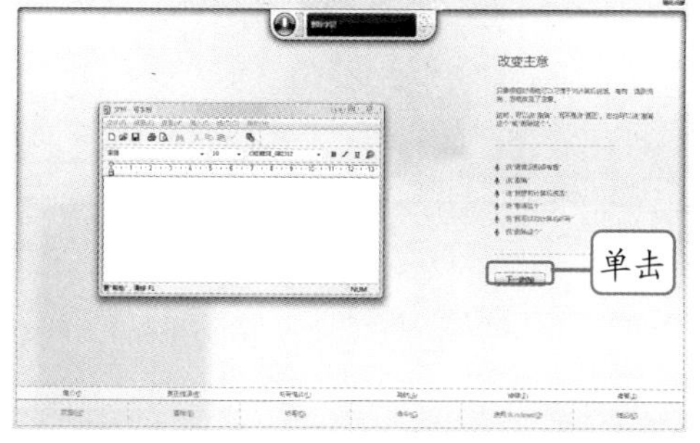

Step 13 接着将练习删除字词、删除文本、输入字母、控制命令以及窗口操作等，按照提示不断进行练习，训练完毕后，在最后打开的“谢谢”界面中单击 完成(F) 按钮。

5.4.3 配置训练文件

语音教程只是进行了基本的语音训练，这时如果通过语音识别输入文本或控制命令，准确率可能不会太高。因此用户还需要进行更多的训练，从而使系统能够更准确地识别用户的语音命令。

新手演练 Novice exercises　训练配置文件以提高用户语音识别率

Step 01　打开“语音识别选项”窗口，单击“训练计算机以提高其理解能力”链接。

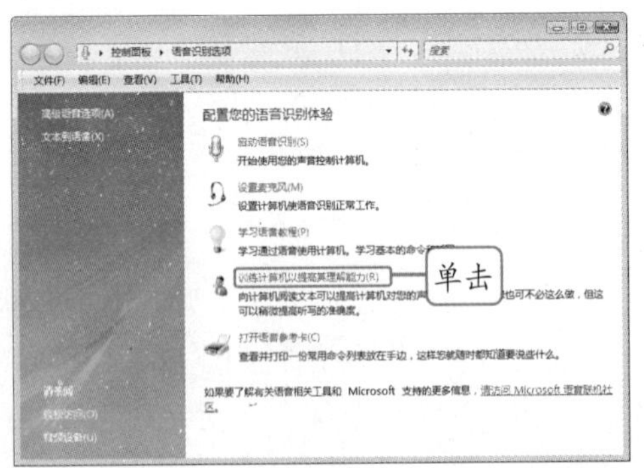

Step 02　在打开的“语音识别语音训练”对话框中，单击下一步(N)按钮。

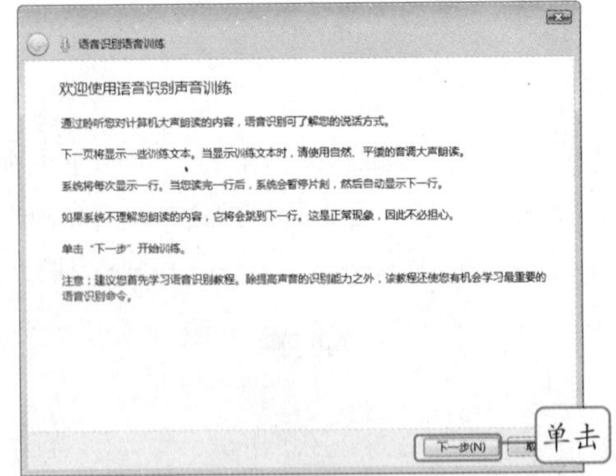

Step 03　在打开的“训练文本”对话框中逐句朗读列表框中显示的内容，下方的进度条将显示训练进度。

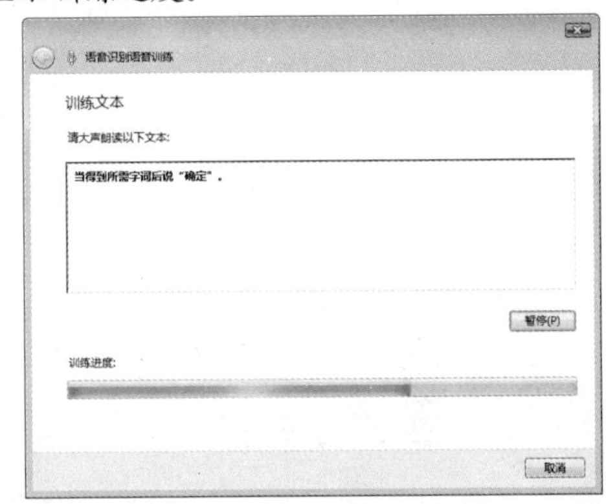

Step 04　完毕后，在打开的“语音识别训练已完成”对话框中单击更多训练(M)按钮，进行更多训练，完毕后单击完成(F)按钮。

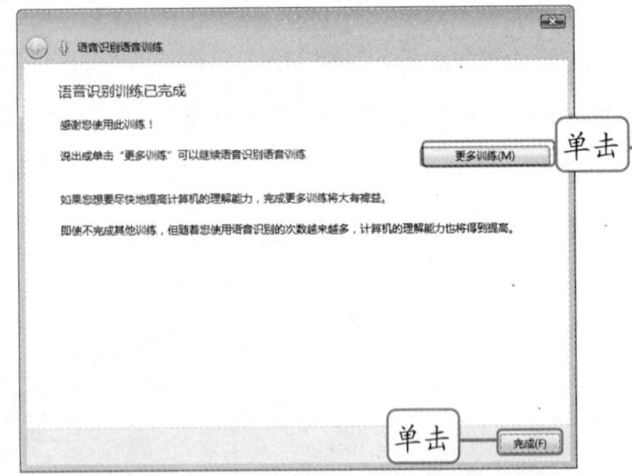

5.4.4 使用语音输入

完成语音识别教程及训练配置文件后，就可以使用 Windows Vista 语音识别功能输入文本与控制命令了。先在“语音识别选项”窗口中单击“启用语音识别”链接，在屏幕上方显示出“语音识别”界面，此时可以通过语音命令来输入文本或对计算机进行控制。

使用语音识别在记事本中输入文本

Step 01 启动语音识别后，朗读“开始聆听”，语音识别信息将显示为“正在听”，再朗读“启动记事本”，启动记事本程序。

Step 02 开始朗读需要输入的文本，此时语音识别功能会根据用户的朗读自动进行识别并在记事本窗口中输入对应的文本。

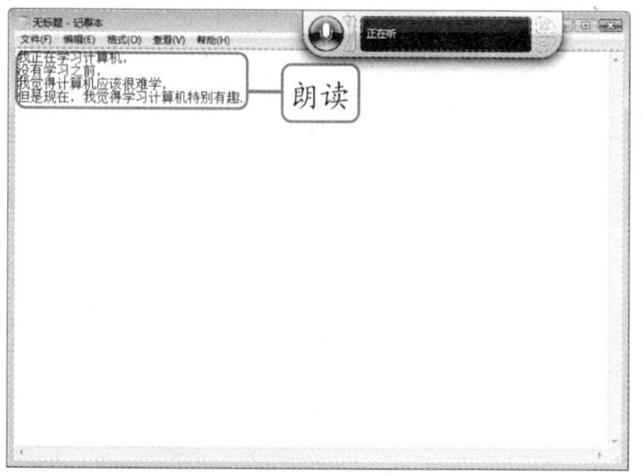

Step 03 输入完毕后，朗读“文件”，将打开“文件”菜单，然后再朗读“另存为”以选择“另存为”命令。

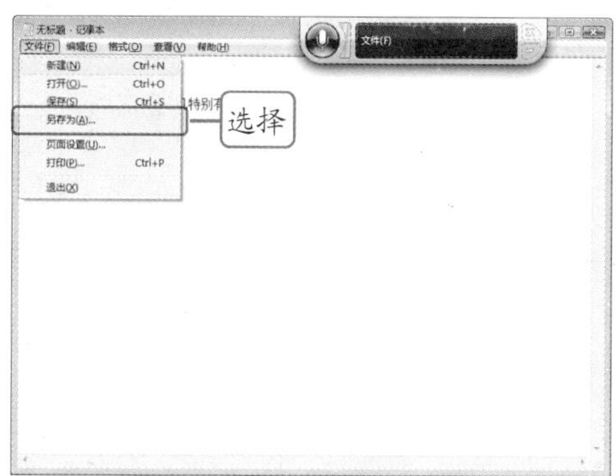

Step 04 打开“另存为”对话框后，朗读“浏览文件夹”，在展开的“位置”下拉列表中选择文件保存位置和文件名后，再朗读“保存”，即可对文本文档进行保存。

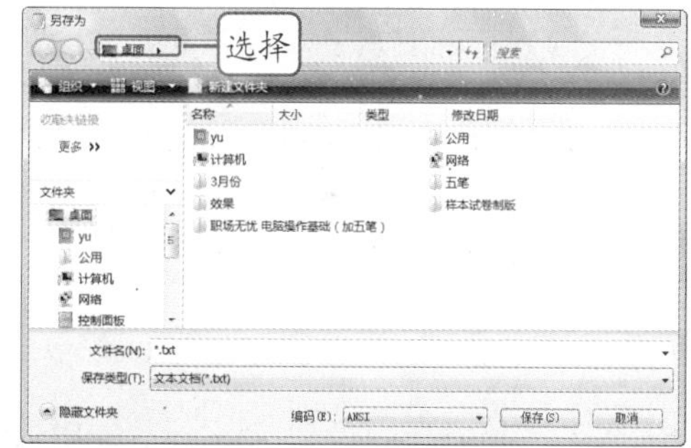

5.5 安装字体

字体是指系统中字符的外观样式，如常说的“楷体”、“宋体”等，Windows Vista 中自带了很多中英文字体，用户可以根据需要获取更多字体，然后在 Windows Vista 中安装。

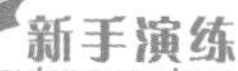

将字体安装到 Windows Vista 中

Step 01 打开“控制面板”窗口，双击窗口中的“字体”图标。

Step 02 打开“字体”窗口，用鼠标右击窗口空白处，在弹出的快捷菜单中选择“安装新字体”命令。

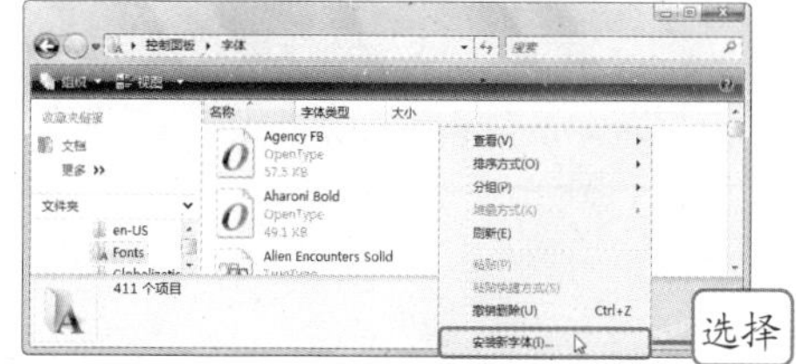

Step 03 在打开“添加字体”对话框中的“驱动器”下拉列表与“文件夹”列表框中选择字体文件的保存位置，“字体列表”列表框中即显示该位置的字体文件，单击 全选(S) 按钮将字体全部选中。

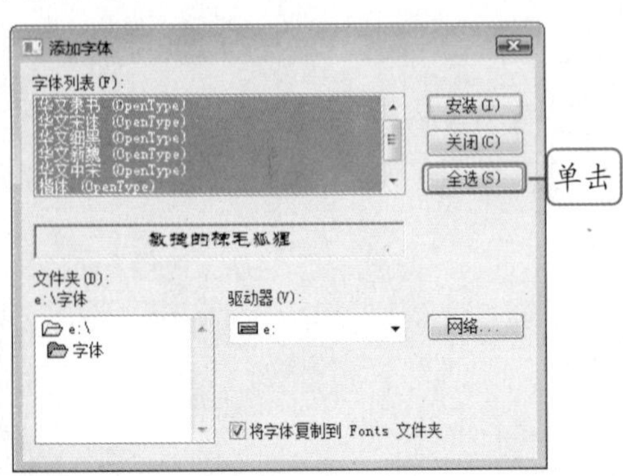

Step 04 单击 安装(I) 按钮，即可开始安装所选字体，并打开“Windows Fonts 文件夹”对话框显示安装进度。

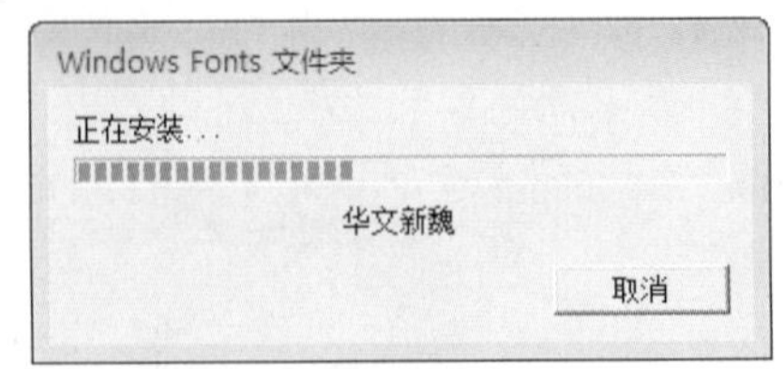

Step 05 安装完毕后，关闭“字体”窗口。

也可以选中要安装的字体文件，将其复制到“字体”窗口中。

5.6 职场特训

本章介绍了在 Windows Vista 中选择输入法，添加与删除输入法、安装输入法以及常用输入法的使用。读者在学习后，能够了解并掌握输入法的基本操作与使用方法。下面通过 1 个实例巩固本章知识并拓展所学知识的应用。

特训：根据自己的习惯调整输入法列表

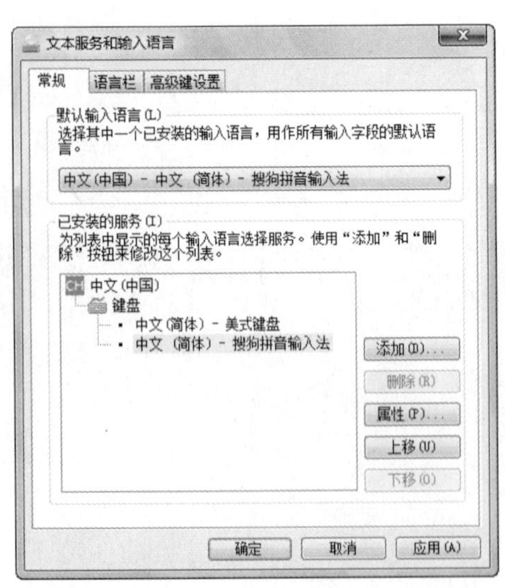

1. 在计算机中安装“搜狗拼音输入法”。
2. 打开“文字服务和输入语言”对话框，将默认输入语言设置为“搜狗拼音输入法”。
3. 在“已安装的服务”列表框中将不需要的输入法全部删除，仅保留“中文（简体）”输入法与“搜狗拼音输入法”。
4. 应用所做的设置，并通过输入法列表在中英文输入法之间进行切换。

第6章

设置 Windows Vista 使用环境

将显示器分辨率调整为 1280×1024 像素

将自己的照片设置为桌面背景

调整键盘字符重复与光标闪烁速度

在 Windows Vista 中新建一个标准账户

限制指定账户使用计算机的时间段

本章导读

在使用 Windows Vista 过程中，用户可以根据个人爱好来设置 Windows Vista 使用环境，以及根据个人使用习惯对系统进行调整。从而使 Windows Vista 更加适合自己的使用需求。

6.1 认识 Windows Vista 控制面板

在 Windows Vista 中，控制面板是系统各种功能的设置平台，对 Windows Vista 进行的设置几乎都可以通过控制面板来实现。因此在对 Windows Vista 进行设置之前，首先需要了解与认识 Windows Vista 控制面板。

6.1.1 控制面板介绍

在“开始”菜单中选择“控制面板”命令，即可打开“控制面板”窗口。窗口默认视图分类显示可以对 Windows Vista 进行的各种设置链接，包括“系统维护”、“用户帐户和家庭安全”、“安全”、“外观和个性化”、“网络和 Internet”、“时钟、语言和区域”、“硬件和声音”等，每个大类下包含若干链接，如下图所示。

温馨提示牌 Warm and prompt licensing

Windows Vista 控制面板视图，与 Windows XP 默认的视图方式比较接近，如果用户熟悉 Windows XP 的控制面板视图，那么可以很方便地熟悉并掌握 Windows Vista 控制面板的使用。

通过控制面板中的分类链接，用户可以直观地分辨并找到想要设置的功能，单击相应分类链接，进入到对应的链接窗口，窗口中再次分类显示出详尽的子链接，在其中再次单击子链接，可打开对应的设置窗口或对话框。

6.1.2 切换控制面板视图

在默认的“控制面板”窗口视图中，有些基本选项并没有显示出来，如键盘与鼠标设置、系统属性等。用户在设置这些功能时，可能无法很快找到对应的设置选项。这时可以单击左侧面板中的“经典视图”链接，切换到“经典视图”，该视图中将直观地罗列显示出关于 Windows Vista 中的所有功能图标，如右图所示。要对某个功能进行设置时，双击该图标即可。

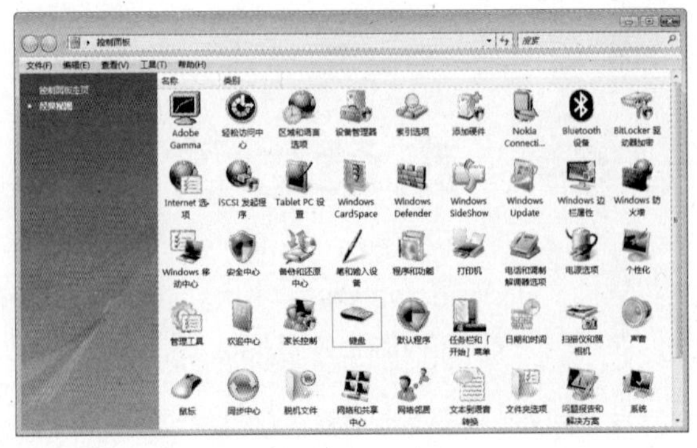

6.2 系统显示设置

系统显示设置主要是指 Windows Vista 显示效果的设置，包括显示器分辨率与刷新频率的调整、桌面背景、系统主题设置，屏幕保护方案等。Windows Vista 的显示设置是最基本的功能设置，用户可根据显示器情况和个人使用习惯来调整。

6.2.1 设置屏幕分辨率与刷新频率

显示器的分辨率与刷新频率是系统的基本设置，当安装 Windows Vista 后，系统将采用预设的分辨率。但由于用户所采用的显示器规格不同，因此可自定义将显示器的分辨率与刷新频率调整到最合适。

将显示器分辨率调整为 1280×1024 像素

Step 01 用鼠标右击桌面空白处，在弹出的快捷菜单中选择“个性化”命令。

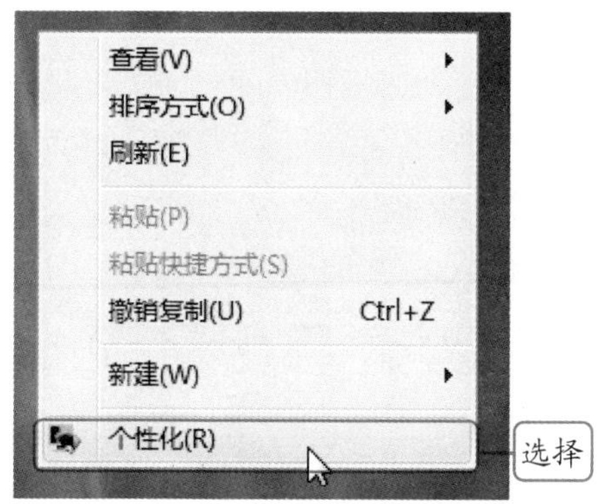

Step 02 此时将打开“个性化”窗口，单击下方的“显示设置”链接。

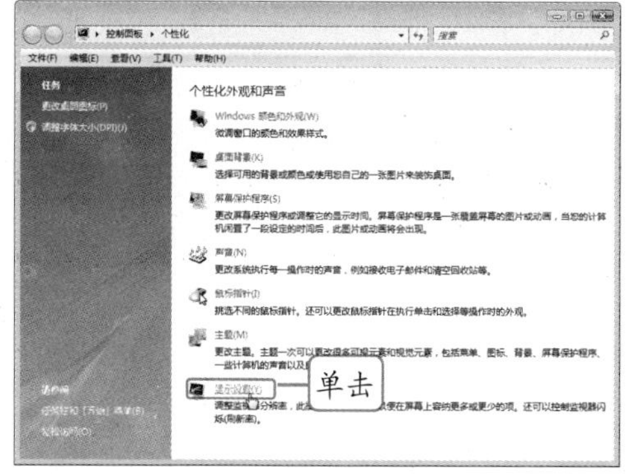

Step 03 此时将打开“显示设置”对话框，拖动“分辨率”滑块到“1208×1024 像素”位置。

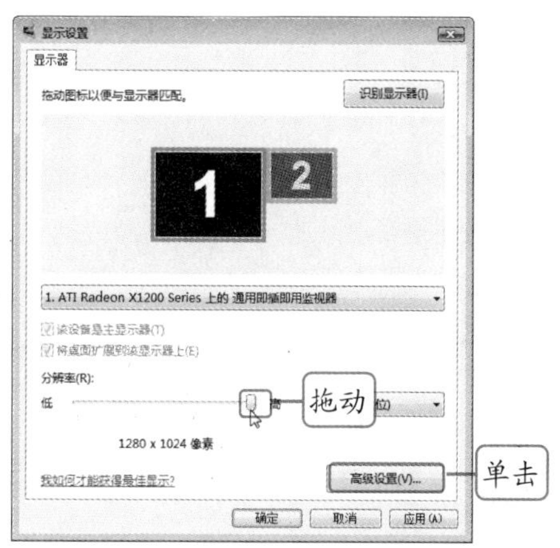

Step 04 单击下方的 高级设置(V)... 按钮，打开监视器对话框并切换到“监视器”选项卡，在“屏幕刷新频率”下拉列表中选择合适的刷新频率，这里选择“85 赫兹”。

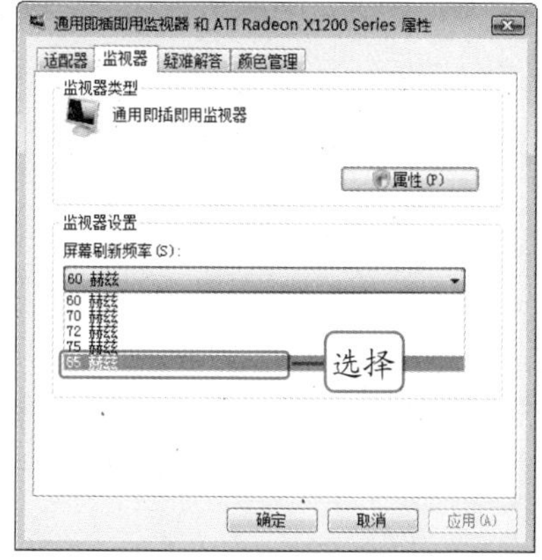

Step 05 设置完毕后，依次单击 确定 按钮，将弹出提示框询问用户是否保留设置，单击 是(Y) 按钮确认调整。

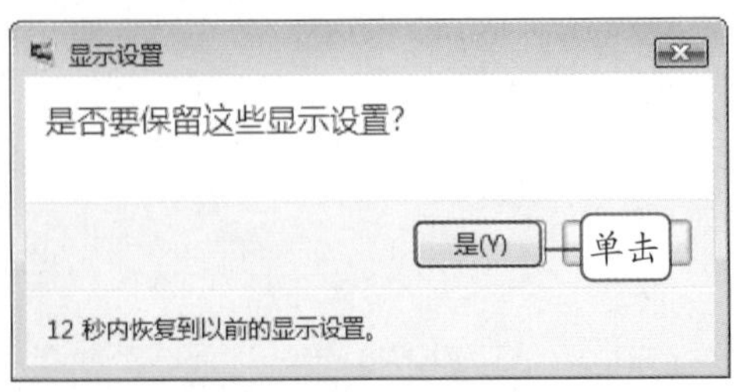

分辨率和刷新频率须根据用户自己显示器的规格进行调整，如 19 寸 LCD 宽屏显示器的最佳分辨率为 1400 × 900 像素，最佳刷新频率为 60 赫兹。

6.2.2 设置系统主题

系统主题定义了系统桌面、菜单、图标、屏幕保护、系统声音以及指针样式等系统视觉效果的外观。Windows Vista 提供了“Windows Vista”与“Windows 经典”两种主题。其默认主题为“Windows Vista”，用户可根据自身喜好切换到“Windows 经典”主题。

新手演练 Novice exercises 将系统主题更改为“Windows 经典”

Step 01 打开“个性化”窗口，单击窗口下方的“主题”链接。

Step 02 在打开的“主题设置”对话框中单击“主题”下拉按钮，在弹出的列表中选择“Windows 经典”选项。

如果“主题”下拉列表中还包含一项“更改的主题”选项，这是因为用户对桌面背景、屏幕保护等主题中定义的外观进行过自定义修改，所以会出现该选项。

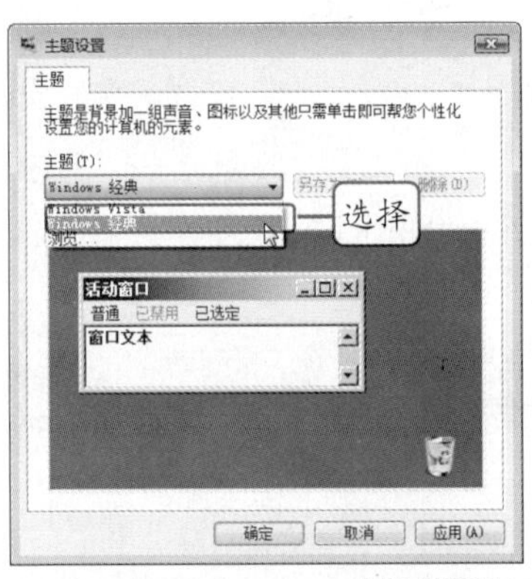

Step 03 单击对话框下方的 确定 按钮，将弹出“请稍后”提示框。稍等后，即可将系统主题更改为“Windows 经典”样式。

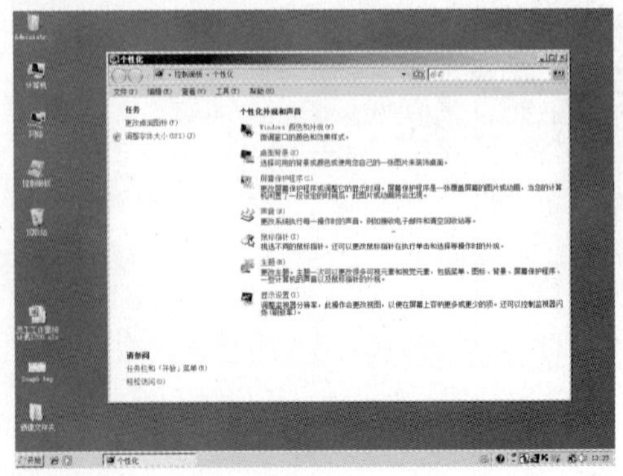

6.2.3 设置桌面背景

Windows Vista 提供了更多的桌面背景，用户可根据喜好自由进行选择，也可以将计算机中保存的图片或个人照片设置为桌面背景，从而让自己的计算机更加个性化。

新手演练 Novice exercises 将自己的照片设置为桌面背景

Step 01 在“个性化”窗口中单击“桌面背景”链接，打开“桌面背景”窗口。

Step 02 单击“图片位置”下拉列表后的 浏览(B)... 按钮，在打开的“浏览”对话框中选择要设置为背景的图片，单击 打开(O) 按钮。

Step 03 此时将返回到“桌面背景”窗口，并在列表框中显示所选图片的缩略图。

Step 04 在列表框下方选择图片在屏幕中的排列方式后，单击 确定(O) 按钮，此时“桌面设置”窗口会自动关闭，并将所选图片设置为桌面背景。

6.2.4 设置屏幕保护

屏幕保护程序是 Windows 操作系统保护显示器屏幕、美化计算机以及保护个人隐私的一项综合措施。Windows Vista 中提供了多种屏幕保护程序，用户可以直接选择并应用。当选择不同的屏幕保护程序时，还可以对屏幕保护程序的选项进行相应的设置。

新手演练 Novice exercises 将屏幕保护设置为 Windows Vista 独特的“水晶泡泡”

Step 01 在“个性化”窗口中单击“屏幕保护程序”链接，打开“屏幕保护程序设置”对话框。

Step 02 单击“屏幕保护程序”下拉按钮，在打开的下拉列表中选择“气泡”选项。

Step 03 此时预览区域中将显示出“气泡”屏幕保护的效果，在下方的“等待”数值框中输入“5”分钟。

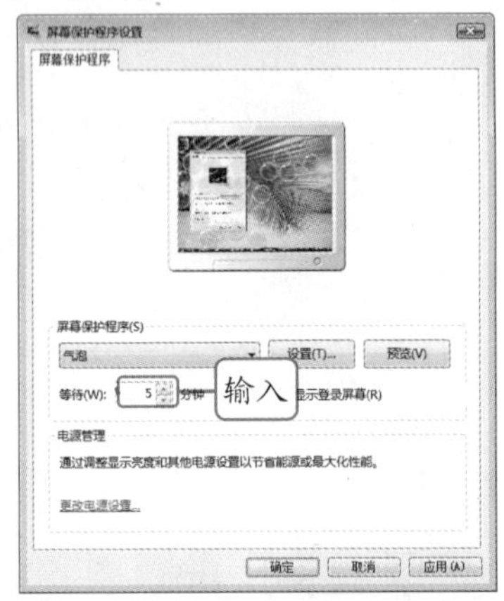

Step 04 设置完毕后，单击 确定 按钮。然后保持 5 分钟不对计算机进行任何操作，就启动“气泡”屏幕保护程序了。

6.2.5 设置系统声音

系统声音是指使用 Windows Vista 过程中，进行相应操作时系统所发出的对应声音提示。如登录系统、关闭系统、打开窗口以及错误操作等。用户可自定义系统提示声音。

Windows Vista 中的声音方案为系统默认，用户可以更改 Windows Vista 中每种事件的声音提示。更改时，除了可以选择 Windows Vista 自带的音频文件外，还可以将计算机中任意的 wav 音频文件设置为系统声音。

更改系统声音也是通过“个性化”窗口进行的，可以将指定事件的默认声音提示更改为其他自定义声音。这样当以后进行这类事件时，计算机就能发出与众不同的声音了。

新手演练 更改 Windows Vista 的启动声音

Step 01 在“个性化”窗口中单击“声音”链接，打开“声音”对话框。

Step 02 在“程序事件”列表框中找到并选中“Windows 登录”选项，然后在下方的“声音”下拉列表选择要采用的声音。

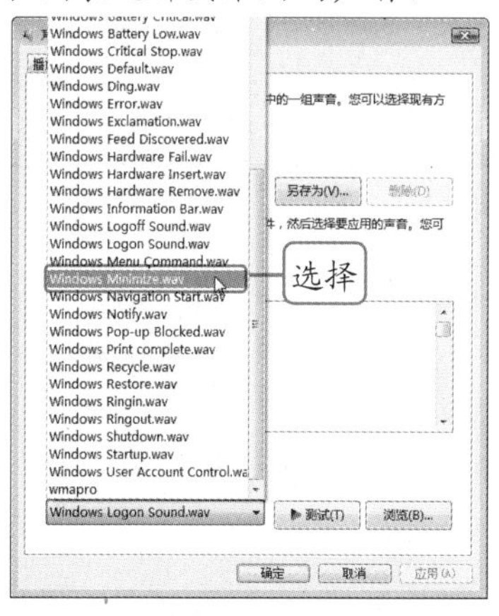

Step 03 如果要自定义声音，则单击右侧 浏览(B)... 按钮，在打开的“浏览新的声音”对话框中选择要自定义设置的声音文件，单击 打开(O) 按钮。

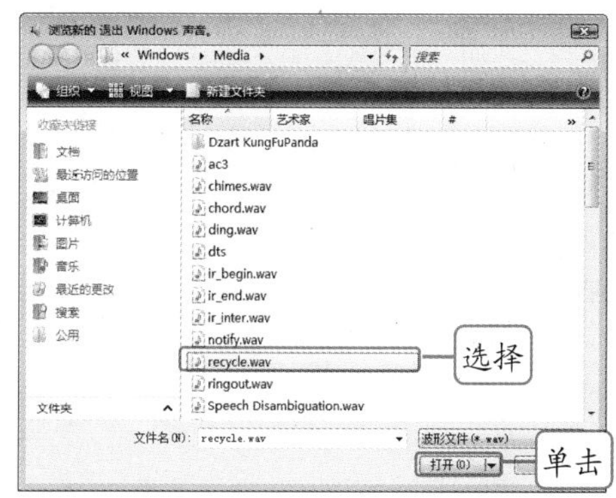

Step 04 选择声音后，可单击下拉列表框右侧的 测试(T) 按钮播放声音预览，确认后单击 确定(O) 按钮完成设置。

温馨提示牌 Warm and prompt licensing

Windows Vista 中的事件声音是保存在“Windows”目录下的“Media”文件夹中的，用户可以将自定义的事件文件统一放置到该目录中以便于选择和更换声音。

6.3 日期和时间设置

登录到 Windows Vista 后，在任务栏右侧的时间区域中，可以查看到当前系统时间。将鼠标指针移动到时间区域，将弹出浮动框显示当前系统日期与星期；如果双击时间区域，还可以在显示出的“日期和时间”浮动框查看详细的日历。

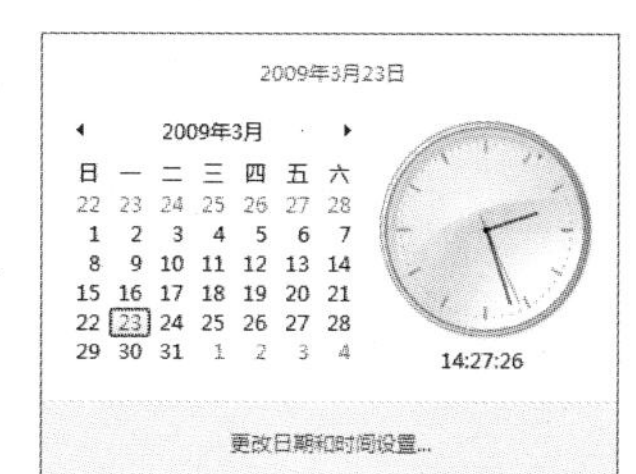

6.3.1 更改系统日期与时间

如果当前系统时间与日期不准确，用户就可以重新将系统日期和时间进行调整。调整时需要注意 Windows Vista 中的时间是 24 小时制。

新手演练 Novice exercises 将错误的系统日期和时间更改准确

Step 01 打开“控制面板”窗口，单击“时钟、语言和区域”链接。

Step 02 打开“时钟、语言和区域”窗口，单击“设置时间和日期”链接。

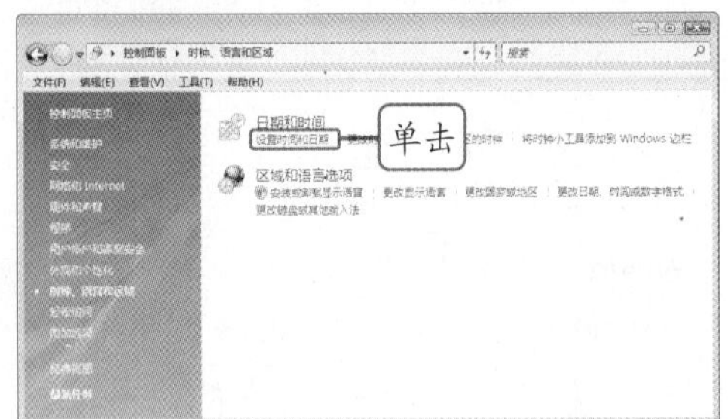

温馨提示牌 Warm and prompt licensing

单击任务栏中的时间区域，在显示出的浮动框中单击“更改日期和时间设置”链接，也可打开“日期和时间”对话框。

Step 03 打开“日期和时间”对话框，在“日期和时间”选项卡中单击“更改日期和时间(D)...”按钮，在打开的“用户帐户控制”对话框中单击“继续(C)”按钮确认操作。

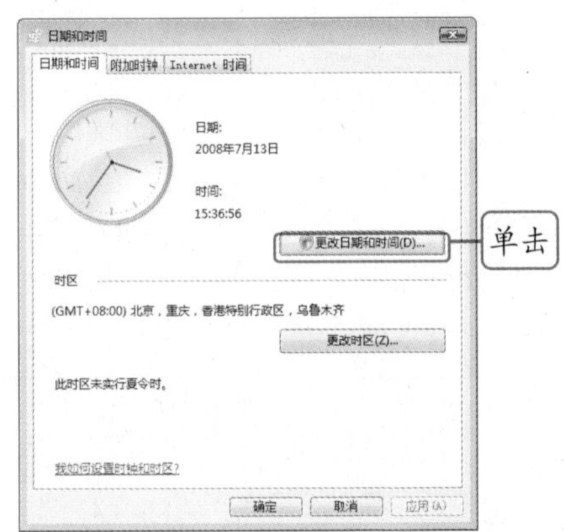

Step 04 打开“日期和时间设置”对话框，在“日期”列表框中选择年份、月份以及日期，在“时间”数值框中设定当前时间，设置后单击“确定”按钮。

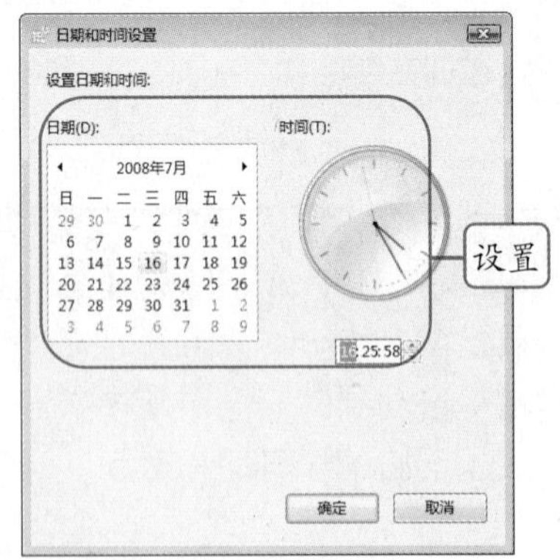

6.3.2 显示附加时钟

在 Windows Vista 中，除了可以显示默认时区的时钟外，还可以同时显示 1～2 个其他时区的附加时钟，从而使得用户在使用计算机过程中能够方便地查看多个时区的时间。

显示出“仰光”时区的附加时钟

Step 01 打开“日期和时间”对话框并切换到“附加时钟”选项卡，勾选选项卡中上方的“显示此时钟”复选框。

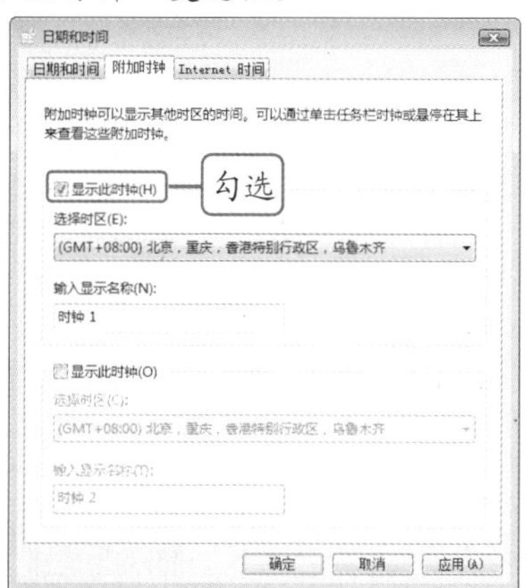

Step 02 单击下方的“选择时区”下拉按钮，在弹出的下拉列表中找到并选择“仰光”选项。

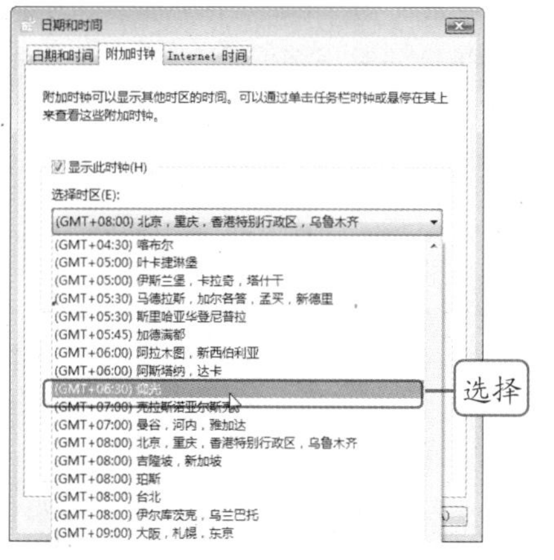

Step 03 在下方的“输入显示名称”文本框中输入该时钟的名称。

Step 04 设置完毕后，单击对话框下方的 确定 按钮。然后用鼠标单击任务栏右侧的时间区域，在弹出的浮动框中即同时显示出附加时钟。

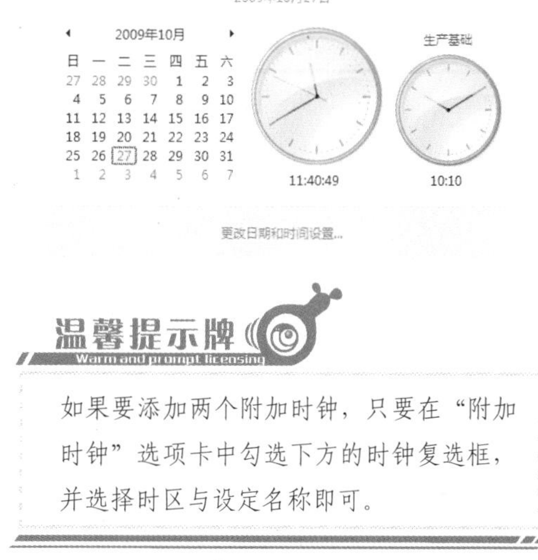

如果要添加两个附加时钟，只要在“附加时钟”选项卡中勾选下方的时钟复选框，并选择时区与设定名称即可。

6.3.3 设置日期和时间格式

Windows Vista 中提供了多种日期和时间格式，如果用户不习惯采用默认的时间和日期格式，那么就可以根据个人习惯来自定义设置。

自定义设置系统日期和时间格式

Step 01 在“时钟、语言和区域”窗口中单击“区域和语言选项”项目下的“更改日期、时间或数字格式”链接。

Step 02 在打开的“区域和语言选项”对话框中默认显示“格式”选项卡，单击选项卡中的 自定义此格式(U)... 按钮。

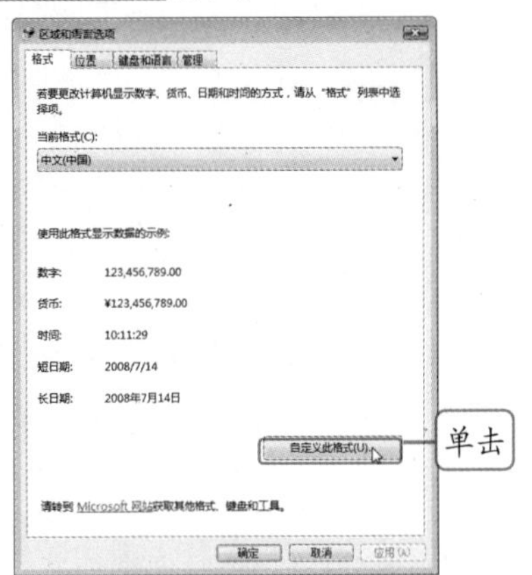

Step 03 在打开的“自定义区域选项”对话框中选择“时间”选项卡，在“时间格式”下拉列表中选择要采用的时间格式。

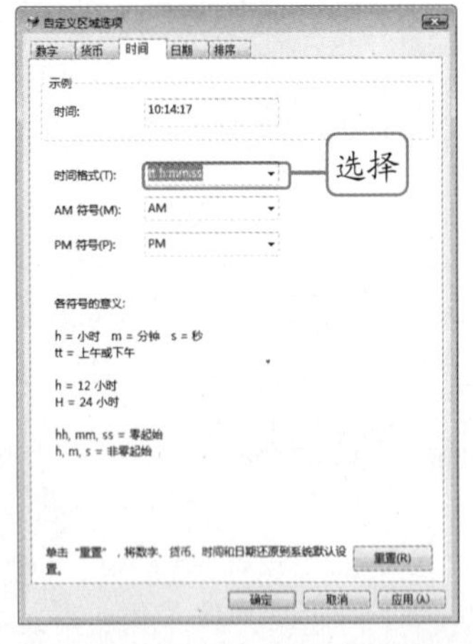

Step 04 切换到“日期”选项卡，在“长日期”和“短日期”下拉列表中分别选择长日期的显示格式与短日期的显示格式。

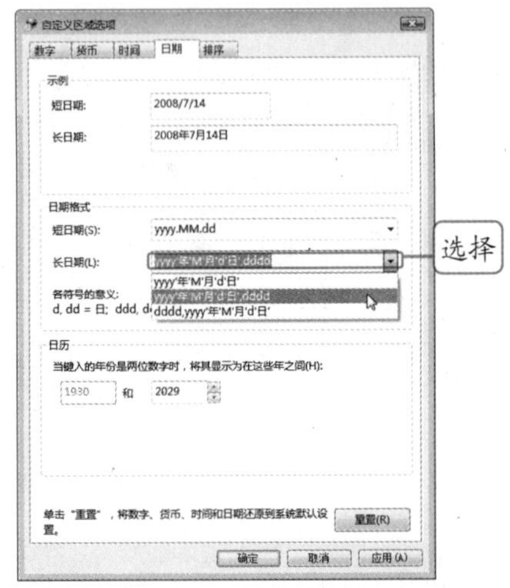

Step 05 单击对话框中的 确定 按钮完成设置。此时可以看到任务栏右侧的时间显示格式发生相应变化。单击时间区域，在弹出的浮动框中显示的时间与日期同样采用多设置的格式。

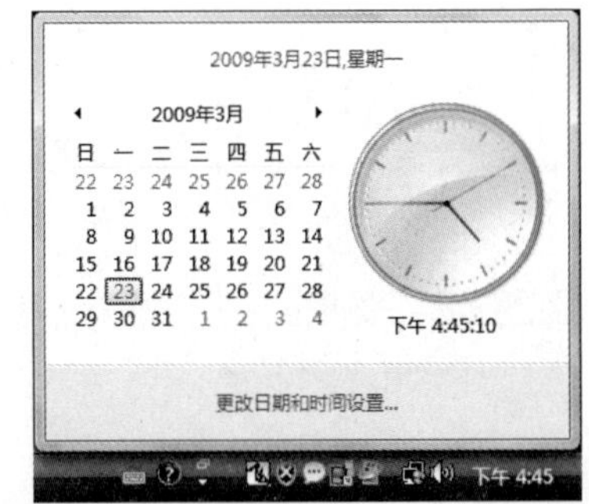

6.4 鼠标和键盘设置

用户对计算机所进行的各种操作与控制基本上是通过鼠标和键盘来完成的。由于用户使用鼠标的习惯不一定相同，因此 Windows Vista 允许用户根据自己的使用习惯对鼠标和键盘进行相应设置，从而让鼠标和键盘更好地为用户所用。

6.4.1 鼠标设置

鼠标是计算机最主要的控制设备。鼠标的设置主要包括其按键功能设置、移动速度设置以及滚轮设置 3 个方面。用户可根据自己的使用习惯来综合进行调整。在控制面板中单击“硬件和声音”项目下的“鼠标”链接，即可打开“鼠标 属性”对话框，在对话框中即可对鼠标相关选项进行调整。

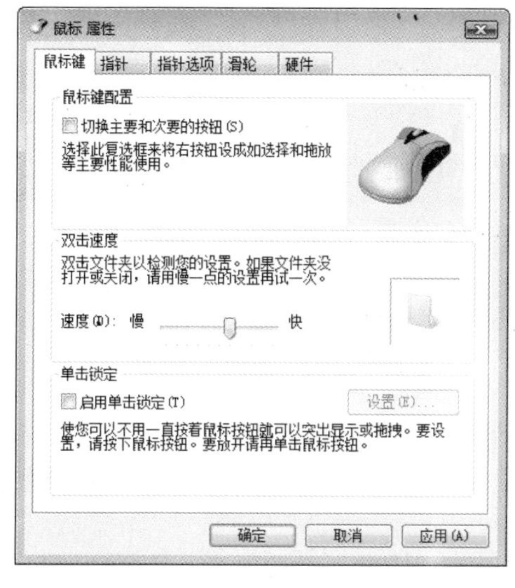

一些特殊的鼠标或多媒体鼠标，可以通过自带的程序来对按键功能进行调整。

1. 鼠标按键设置

鼠标按键功能设置主要包括鼠标左右键功能以及鼠标的双击速度。打开“鼠标 属性”对话框默认显示“鼠标键”选项卡，在该选项卡中即可对鼠标按键功能进行设置，设置完毕后，单击应用(A)按钮。

知识点拨 Knowledge 鼠标按键设置选项的功能

鼠标键配置：用于切换鼠标按键功能，如果用户习惯左手使用鼠标，则可勾选“切换主要和次要的按钮”复选框将鼠标按键的功能切换过来，即鼠标右键为主要键，而鼠标左键为次要键，这样就正好和默认的按键功能相反。

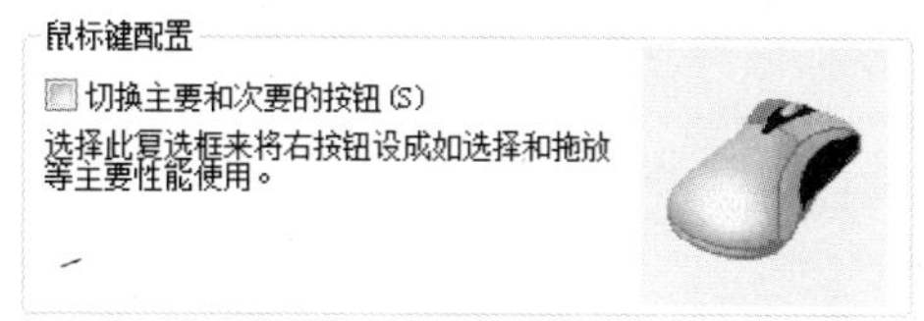

双击速度：在 Windows 中打开文件、程序等项目都是通过鼠标双击来实现。拖动“双击速度”滑块可以调整打开项目时鼠标的双击速度，可以根据自己的使用习惯进行调整，调整后，可双击右侧的文件夹图标进行测试。

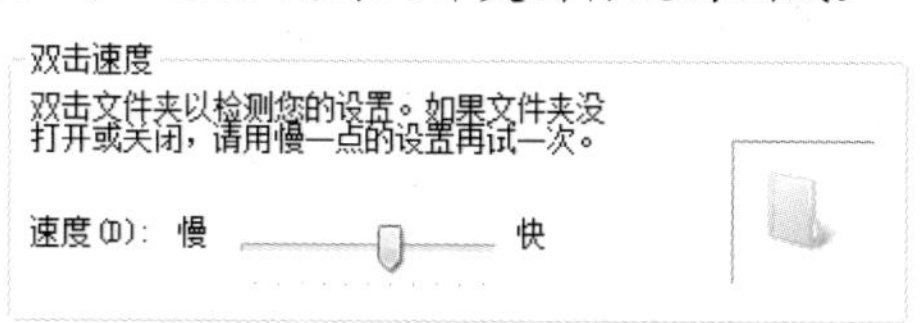

2. 指针选项设置

鼠标指针选项主要用于调整鼠标指针的移动速度，其他设置选项均为辅助功能，包括自动对齐按钮、指针轨迹、打字时隐藏指针以及提示指针位置等。在“鼠标 属性”对话框中切换到“指针选项”选项卡，即可对鼠标指针选项进行设置。

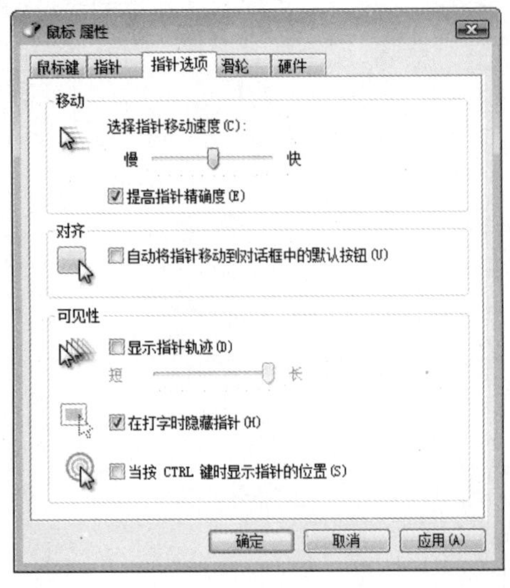

职场经验谈 Workplace Experience

鼠标指针选项的设置，对鼠标外的一些其他设备同样有效，主要包括笔记本的触摸板、定位杆，以及其他触摸式设备，如带控制功能的手写板等。

知识点拨 Knowledge　**对鼠标指针选项的设置方法**

调整指针移动速度：拖动“移动”区域中的滑块，可以调整移动鼠标时指针在屏幕中的移动速度。

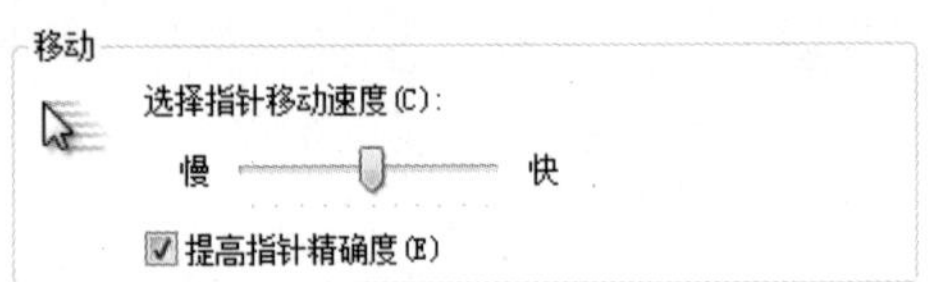

指针自动对齐：选中“自动将指针移动到对话框中的默认按钮”选项，则当打开对话框后，鼠标指针会自动移动到对话框中的默认按钮上，一般为确定按钮。

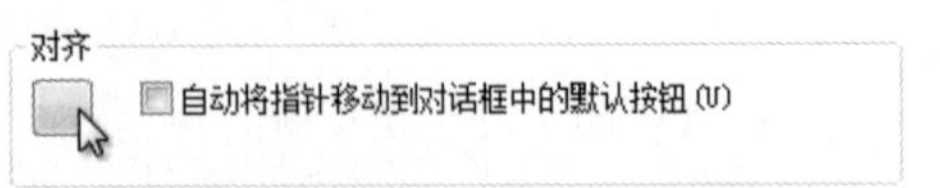

显示指针轨迹：选中“显示指针轨迹”选项，则移动鼠标时，屏幕中会显示指针的移动轨迹，拖动下方的滑块可调整轨迹的长短。

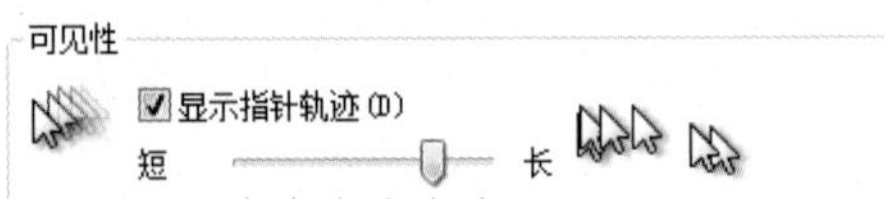

输入文本时隐藏指针：选中“打字时隐藏指针”选项，则用户在指定位置或程序中输入文本时，鼠标指针就会自动隐藏。

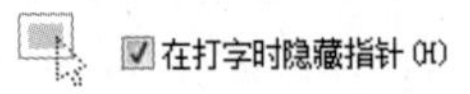

提示指针位置：该功能主要针对刚接触计算机的用户，选中“当按 Ctrl 键时显示指针的位置”选项，则使用鼠标过程中以后找不到指针时，只要按下 Ctrl 键，系统就会提示指针所在位置了。

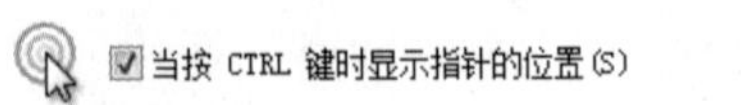

3. 鼠标滚轮设置

鼠标左右按键中间的滚轮即称为鼠标滚轮，主要为用户滚动显示屏幕中的内容。鼠标滚轮设置主要用于滚动鼠标滚轮时，屏幕显示内容随之滚动的幅度。在“鼠标 属性”对话框中切换到“滑轮”选项卡，在“垂直滚动”区域中选中“依次滚动一个屏幕”单选按钮，则滚轮每滚动一次，即可显示下一屏幕的内容；选中“一次滚动下列行数” 单选按钮，可在下方的数值框中设置滚轮滚动一次所滚动的行数，设置完毕后，单击应用(A)按钮。

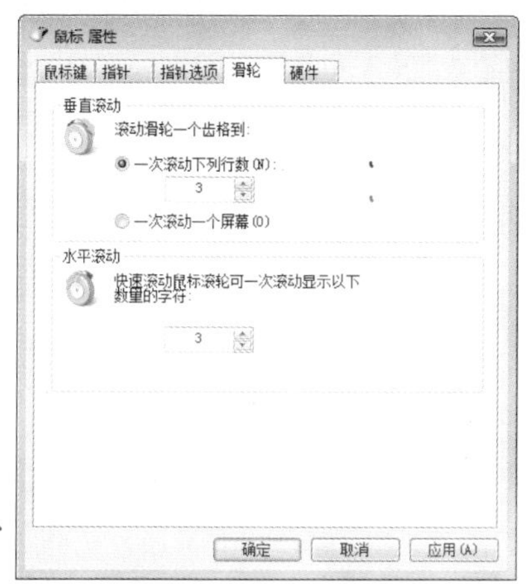

鼠标滚轮的用途很多，如浏览网页、编排文档时可以滚动屏幕；绘制图形时可以调整缩放比例等。目前基本上所有的鼠标滚轮都具有按键功能，按下鼠标滚轮后，会自动切换到滚动状态，此时向上或向下移动鼠标，即可实现屏幕滚动显示。

6.4.2 键盘设置

键盘是计算机最主要的输入设备，其功能设置主要包括字符重复以及光标闪烁速度两个方面，用户可根据自己的使用习惯进行相应的设置与调整。

新手演练 Novice exercises　调整键盘字符重复与光标闪烁速度

Step 01　单击控制面板中的“硬件和声音”链接，在打开的“硬件和声音”窗口中单击“键盘”链接。

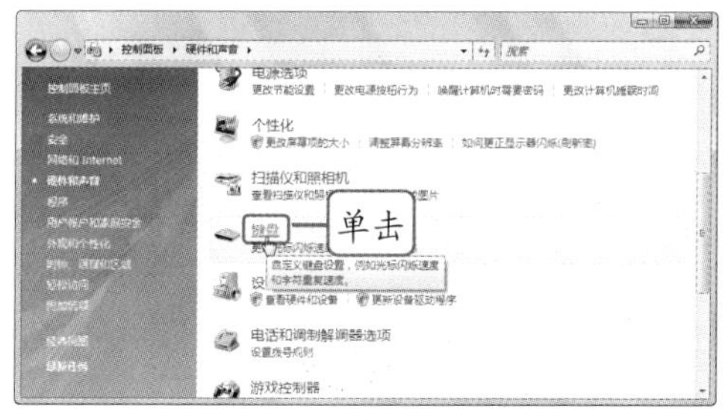

温馨提示牌 Warm and prompt licensing

调整光标闪烁频率时，不宜调整得太快或太慢。光标闪烁频率太慢，则输入字符时会让用户无法找到光标位置；闪烁频率太快，则容易让用户视觉疲劳。

Step 02　打开“键盘 属性”对话框，在“速度”选项卡中拖动“重复延迟”与“重复速度”滑块进行调整，然后在下方的文本框中输入内容以测试。

Step 03　拖动下方的“光标闪烁速度”滑块，调整在输入字符时光标的闪烁速度。

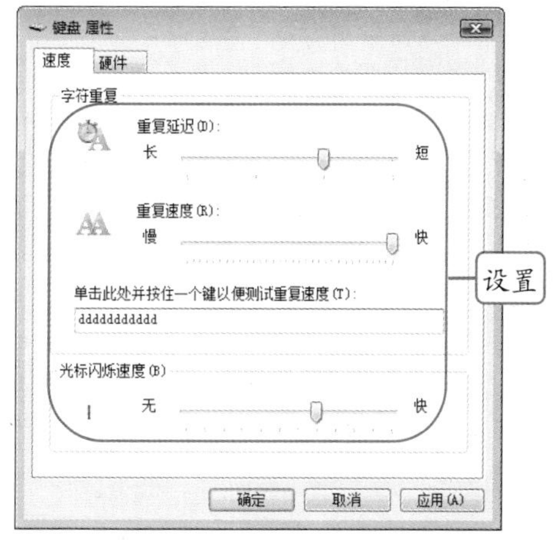

Step 04　调整完毕后，单击确定按钮应用设置即可。

6.5 电源设置

Windows Vista 中提供了多种高效的电源计划方案，使用户方便地控制与设置计算机电源使用计划，从而在节能的同时也延长了计算机的使用寿命。随着笔记本的广泛使用，广大用户更加应该了解并掌握电源的设置与管理，从而有效利用笔记本的电池并延长电池寿命。

6.5.1 使用电源计划

Windows Vista 中提供了“已平衡”、“节能程序”以及“高性能”3 种电源计划，分别定义了计算机设备的用电状态，以及适用于何种供电状态。其中默认计划为“已平衡”，用户可根据适用情况更改为其他电源计划。

新手演练 Novice exercises　将系统电源计划更改为“高性能”

Step 01 单击控制面板中的“硬件和声音”链接，在打开的“硬件和声音”窗口中单击“电源选项”链接。

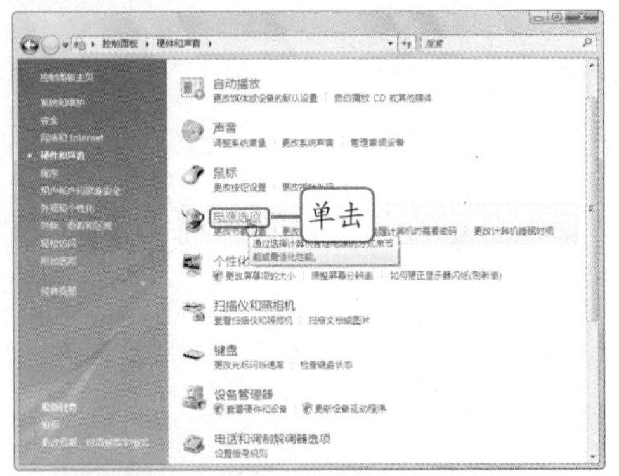

Step 02 在打开的“电源选项”窗口中选中“高性能”单选按钮，即可将电源计划更改为“高性能”。

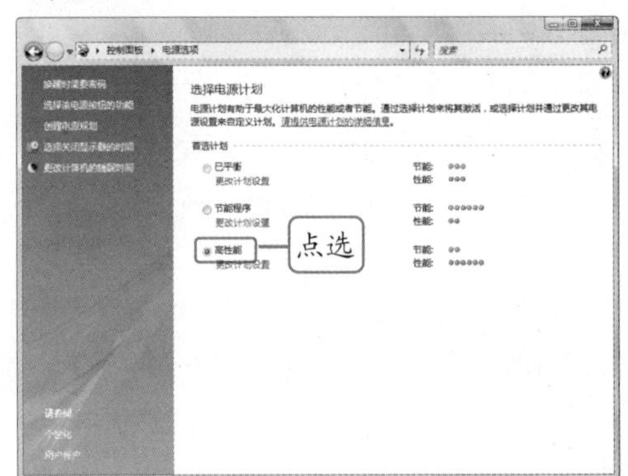

6.5.2 更改电源计划

选择某种电源计划后，还可以对所选电源计划中的方案进行更改，从而让 Windows Vista 电源计划更加符合用户的使用需求。

以更改“高性能”电源计划为例，在“电源选项”窗口中单击“高性能”选项下的“更改计划设置”链接，打开“编辑计划设置”对话框，在下拉列表中分别选择使用电源状态下“关闭显示器”以及“使计算机进入睡眠”的等待时间，设置完毕后，单击下方的 保存修改 按钮即可。

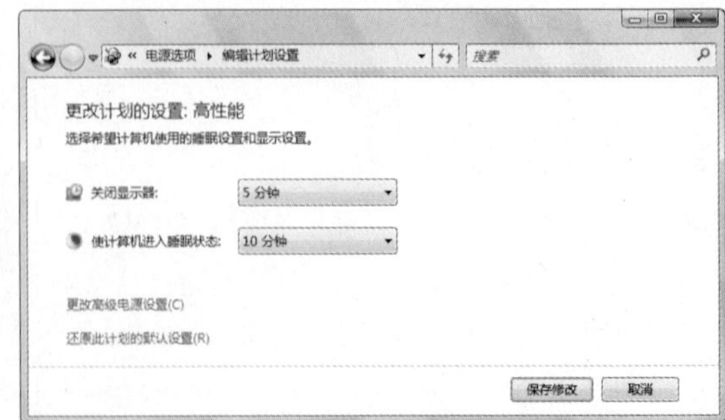

6.6 用户账户设置

如果多个用户共用一台计算机，那么在 Windows Vista 中可根据需要为计算机建立多个账户，并且每个账户都可以拥有自己的操作界面与个性设置。而且通过 Windows Vista 中新增的家长控制功能，还可以对不同账户使用计算机的时间、权限等进行限制。

6.6.1 建立用户账户

安装 Windows Vista 过程中，会要求用户创建一个或多个用户账户，并在安装成功后默认使用该账户登录系统。在使用计算机过程中，也可以根据计算机的使用情况建立一个或多个用户账户，以方便不同用户使用各自的账户登录到系统。

新手演练 Novice exercises　在 Windows Vista 中新建一个标准账户

Step 01 打开“控制面板”窗口，单击“用户帐户和家庭安全”链接。

Step 02 在打开的“用户帐户和家庭安全”窗口中单击“添加或删除帐户”链接。

Step 03 单击窗口中的“添加或删除用户帐户”链接后，在打开的“管理帐户”窗口中单击列表框下方的“创建一个新帐户”链接。

Step 04 在打开的“创建新帐户”窗口中输入要创建账户的名称，然后选中下方的“标准用户”单选按钮，单击 创建帐户 按钮。

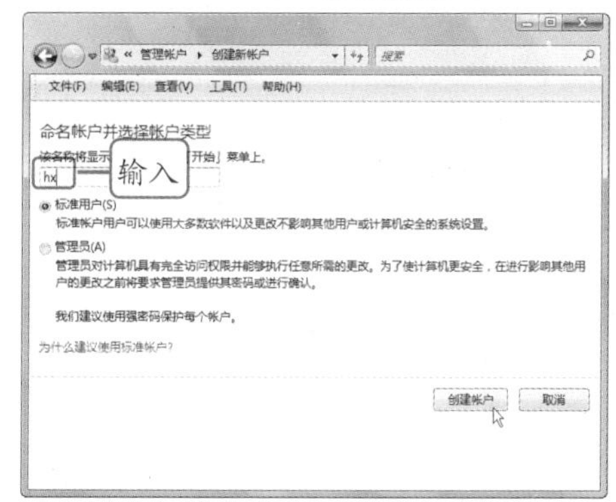

Step 05 此时将返回到“管理帐户”窗口，同时列表中即显示出建立后的账户。一个新账户创建完成。

6.6.2 管理用戶账戶

在系统中创建多个用户账户后，可以对用户账户进行一系列的管理操作，包括更改账户名称、添加账户密码、更改账户图片、更改账户类型以及删除不需要的账户等。

在“管理帐户”窗口中的列表框中单击某个账户进入到“更改帐户”窗口，通过窗口左侧的链接，即可对所选账户进行相应的更改。

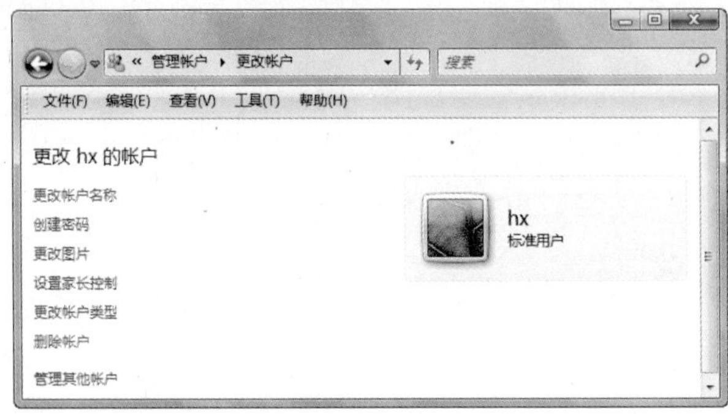

1. 更改账户名称

创建用户账户时，需要设定账户的名称，创建完成后，还可以根据需要更改账户的名称。

新手演练 Novice exercises 更改已有账户的名称

Step 01 在“更改帐户”窗口中单击“更改帐户名称”链接，在打开的“重命名帐户”窗口中的“新帐户名”文本框中输入新的名称。

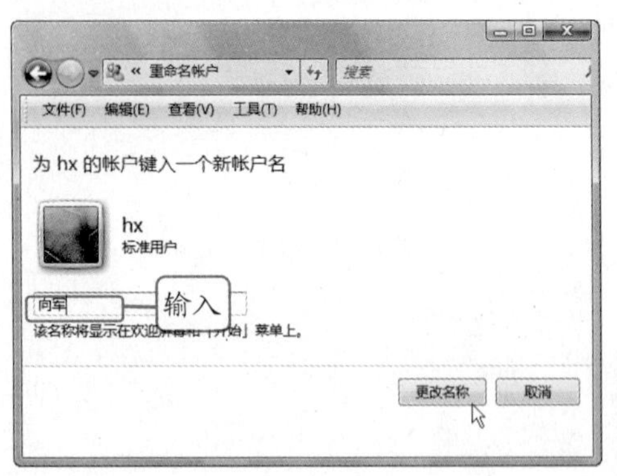

Step 02 单击 更改名称 按钮，在返回的“更改帐户”窗口中即可看到账户名称已经进行了对应更改。

2. 创建账户密码

当多个用户共用一台计算机时，为了保证各个账户的信息安全，可以为各个账户添加密码以防止其他人通过该账户登录。创建账户密码后，使用该账户就必须输入正确的密码才能够登录。

为账户“向军”添加密码

Step 01 在“更改帐户”窗口中单击“创建密码”链接，打开“创建密码”窗口，在“新密码”文本框中输入要创建的密码，在“确认新密码”文本框中重复输入密码。

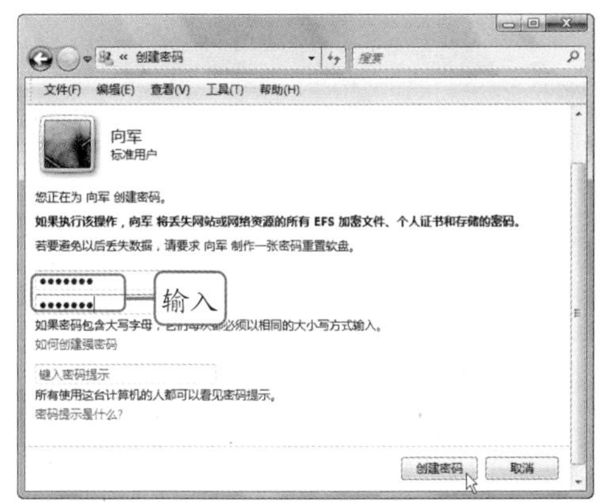

Step 02 输入完毕后，单击下方的 创建密码 按钮，即可为账户添加密码并返回“管理帐户”窗口，窗口右侧的账户图标将显示“密码保护”提示，表示该账户已有密码保护。

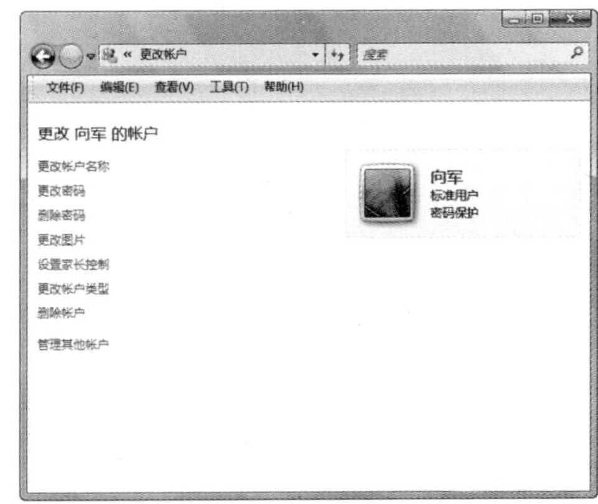

为账户创建密码后，在“更改帐户”窗口中将显示“更改密码”链接，单击该链接，在打开的“更改密码”窗口中可以对已有密码进行修改，方法与创建密码的方法完全相同。

3. 更改账户图片

账户图片是用户账户的个性化标识。Windows Vista 中提供了多种不同的账户图片，用户也可以将计算机中保存的任意图片设置为账户图片。

新手演练 Novice exercises

将个人照片设置为账户图片

Step 01 在“更改帐户”窗口中单击“更改图片”链接，打开“选择图片”窗口，单击列表框下方的“浏览更多图片”链接。

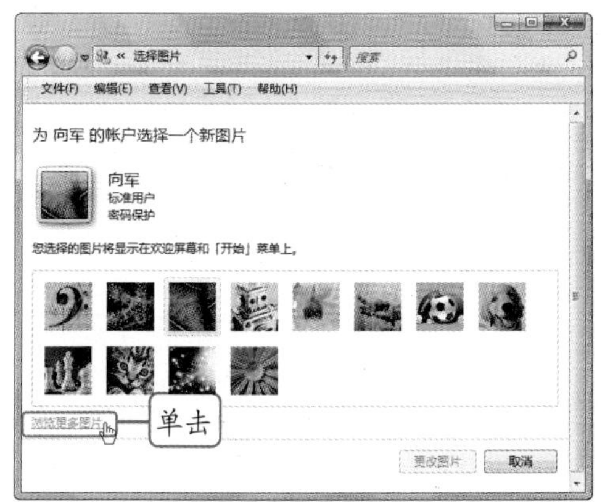

Step 02 在打开的“打开”对话框中选择照片的保存路径，然后选中要设置为账户图片的照片，单击 打开(O) 按钮。

Step 03 此时将自动返回到“更改帐户”窗口，同时账户图标也变更为所选图片。

如果要使用 Windows Vista 提供的账户图片，只需在“选择图片”窗口中的列表框中选择图片，单击 更改图片 按钮即可。

4. 更改账户类型

Windows Vista 中的账户类型分为系统管理员与标准用户两种。其中管理员账户拥有对系统的最高权限，系统很多高级管理操作都需要使用该账户进行；标准账户只能进行基本的使用操作与个人设置。

当创建用户账户后，可以根据需要对账户的类型进行更改，从而实现对不同账户权限的管理。

新手演练 Novice exercises 将系统管理员账户更改为标准账户

Step 01 在“更改帐户”窗口中单击“更改帐户类型”链接，在打开的“更改类型”窗口中选中“标准用户”单选按钮。

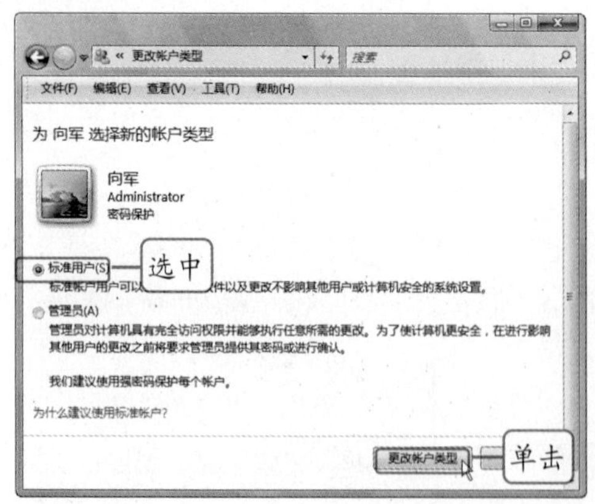

Step 02 单击下方的 更改帐户类型 按钮，即可将账户类型更改为标准账户，返回“更改帐户”窗口后，可以看到账户类型已经更改。

5. 删除账户

创建多个账户后，如果某个账户不再需要使用，可以将其从系统中删除。首先使用管理员账户登录系统，在“管理帐户”窗口中单击要删除的账户，进入到“更改帐户”窗口，单击左侧的“删除帐户”链接，将打开如下图所示的“删除帐户”窗口，单击 删除文件 按钮，将连同账户文件一起删除；单击 保留文件 按钮，将删除账户而将账户文件整理到同名文件夹中。

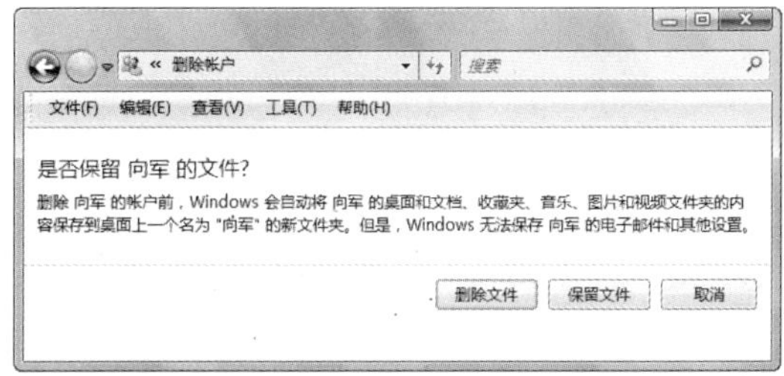

6.6.3 家长控制

家长控制是 Windows Vista 中新增的账户控制功能，可以帮助系统管理员控制其他用户账户使用计算机。当建立了多个账户后，可以根据各个用户的使用情况，分别对不同账户进行不同的使用限制。其中主要包括限制使用时间、Web 限制，以及应用程序限制等几个方面。

1. 启用家长控制

Windows Vista 默认是没有启用家长控制的，要使用该功能，必须先以管理员身份登录到系统后，启用对指定账户家长控制功能。

新手演练 Novice exercises　启动对指定账户的家长控制

Step 01　在“控制面板”窗口中单击“用户帐户和家庭安全”项目下的“为所有用户设置家长控制”链接。

Step 02　在打开的“用户帐户控制”对话框中单击 继续(C) 按钮确认操作，打开“家长控制”窗口，在窗口中选择要设置家长控制的账户图标。

Step 03　在打开的“用户控制”窗口中选中“家长控制”项目下的“启用，强制当前设置”单选按钮，单击 确定 按钮，即可启用对该账户的家长控制。

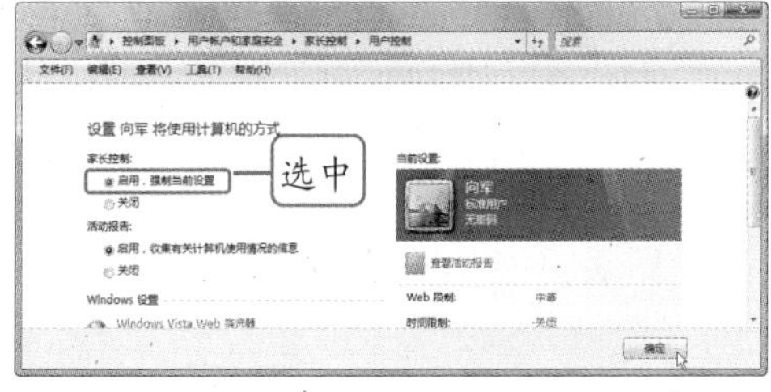

2. Web 限制

通过家长控制功能，可以对指定账户访问 Web 网络时进行限制，包括允许访问的网站、是否允许下载等。

新手演练 Novice exercises 自定义限制指定账户访问网络的权限

Step 01 进入到“家长控制”窗口并启用家长控制后，单击“Windows 设置”栏中的“Windows Vista Web 筛选器”链接。

Step 02 在打开的“Web 限制”窗口中选中“阻止部分网站或内容”单选按钮，然后单击“编辑允许和阻止列表”链接。

Step 03 打开“允许或阻止特定网站”对话框，在“网站地址”一栏中输入网站的网址，单击 允许 按钮将其添加到允许访问列表；单击 阻止 按钮添加到阻止列表，单击 确定 按钮。

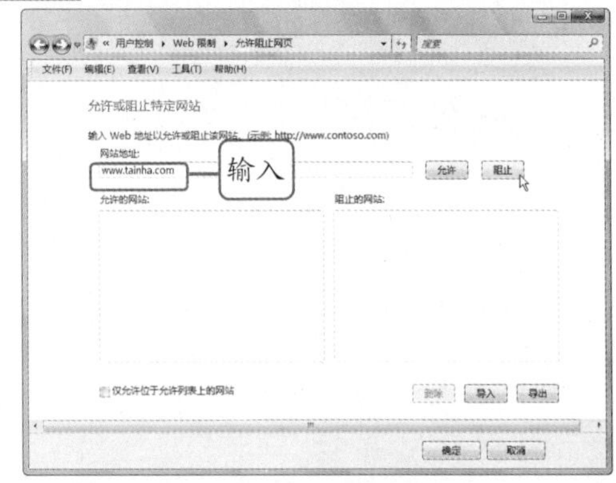

Step 04 返回“Web 限制”窗口，在“自动阻止 Web 内容”区域中选择阻止级别；如勾选下方的“阻止文件下载”复选框，则可禁止该用户下载。

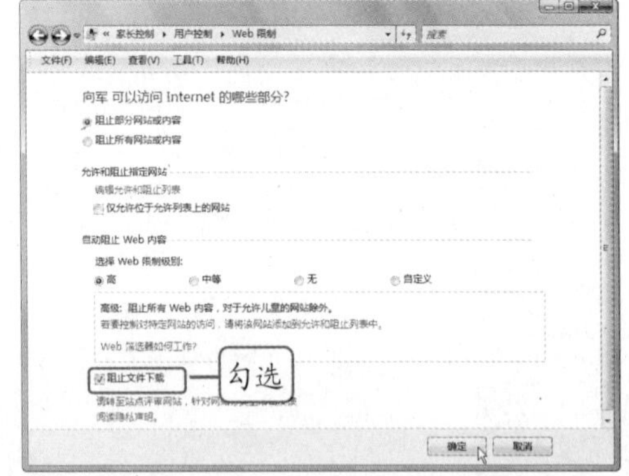

Step 05 设置完毕后，单击 确定 按钮返回“用户控制”窗口。

3. 时间限制

通过时间限制功能，可以对指定账户使用计算机的时间进行限制，包括允许指定用户在哪些时间段内使用计算机，而禁止其他时间段使用。该功能不仅可以用于家长对孩子使用计算机的时间进行限制，还可以用于各种办公场所。

限制指定账户使用计算机的时间段

Step 01 进入到要限制账户的“用户控制”窗口中，单击“Windows 设置”组中的“时间限制”链接，打开“时间限制”窗口。

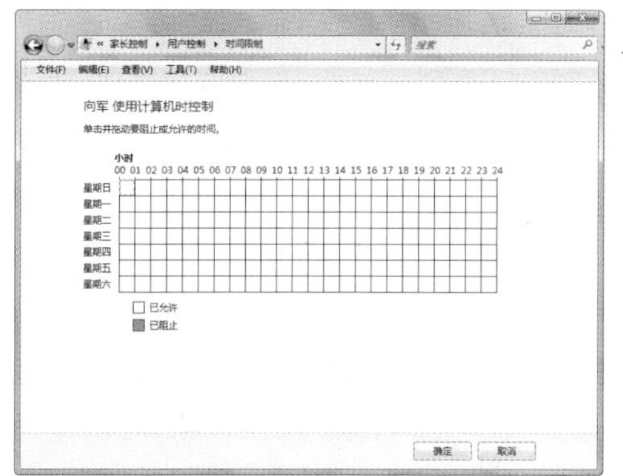

Step 02 在窗口中的方格区域中按下鼠标左键拖动选取禁止使用计算机的时间范围，被选取范围将变为蓝色。

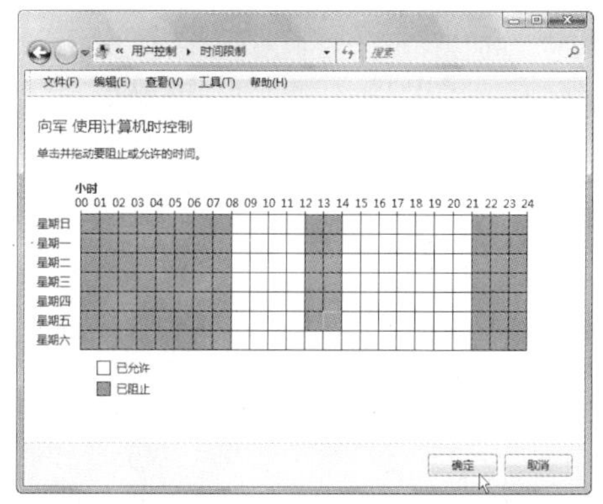

Step 03 单击窗口下方的 确定 按钮，即可应用对该账户进行的时间限制。设置完毕后，该账户在非允许时间就无法登录系统并使用计算机了。

4. 应用程序限制

家长控制中的应用程序限制功能，可以限制指定账户使用计算机中已安装的程序，如允许指定账户使用特定程序，而不允许使用其他程序。

新手演练 Novice exercises

禁止指定账户使用 QQ 聊天工具

Step 01 在限制账户的“用户控制”窗口中，单击“Windows 设置”组中的“允许和阻止特定程序”链接，打开“应用程序限制”窗口。

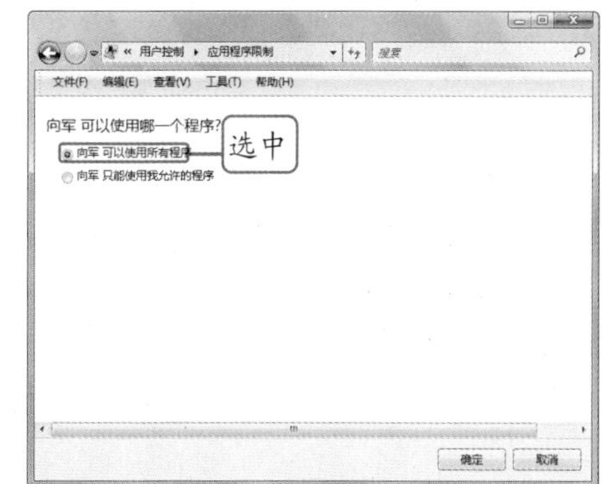

Step 02 选中“只能使用我允许的程序”单选按钮，稍等窗口中显示出当前安装的程序列表，在列表中勾选允许使用程序前的复选框。

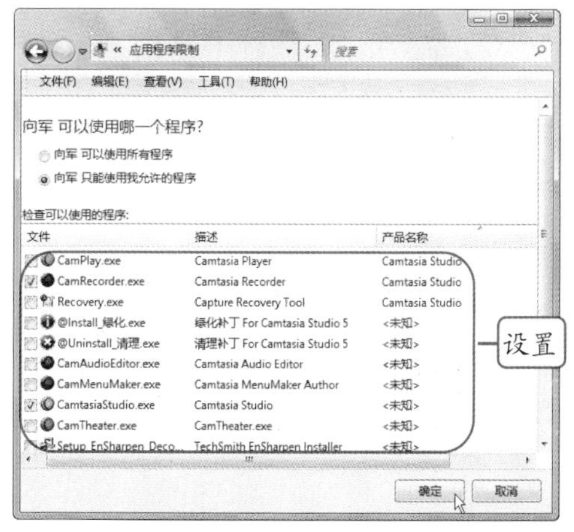

Step 03 如果要指定的程序没有在列表中显示出来，则单击列表框下方的 浏览... 按钮，在“打开”对话框中进入到该程序的路径并选取程序文件，单击 打开(O) 按钮。

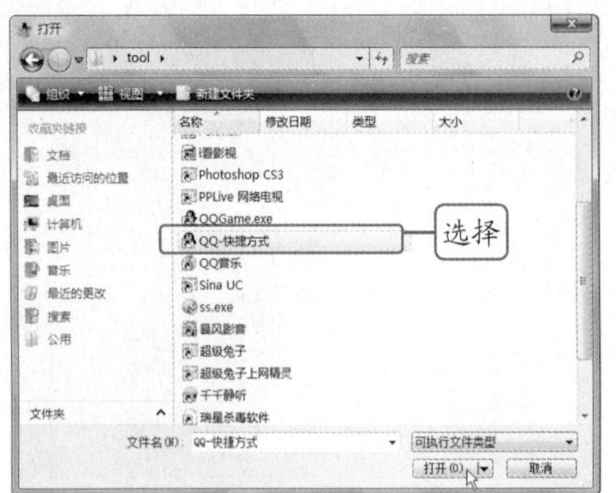

Step 04 设置完毕后，单击 确定 按钮返回“用户控制”窗口，在窗口右侧的“当前设置”区域中可以查看到各个功能的启用情况。

6.7 职场特训

本章介绍了 Windows Vista 控制面板，以及对系统进行的基本设置内容。读者在学习后，能够了解并掌握如何对系统进行合理设置，并让计算机更符合自己的使用习惯。下面通过 2 个实例巩固本章知识并拓展所学知识的应用。

特训 1：打造自己的系统界面

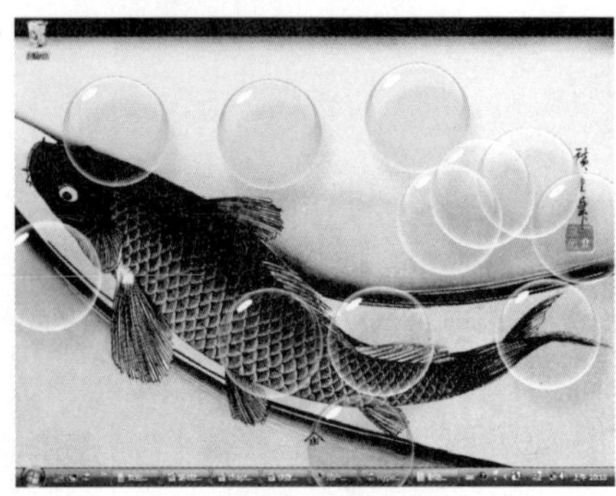

1. 进入 Windows Vista 系统后，根据显示器类型调整合理的分辨率与刷新频率。
2. 将个人照片或家人照片设置为桌面背景。
3. 在“屏幕保护程序”中选择自己喜欢的屏幕保护程序，并将等待时间设置为“15 分钟”。
4. 将自己喜欢的声音或音乐，分别设置为系统的启动与退出声音。

特训 2：建立多个用户账户

1. 以管理员身份登录到 Windows Vista，进入到“帐户管理”窗口。
2. 分别建立两个用户账户，其中一个为管理员身份，而另一个为标准用户。
3. 为每个账户添加各自的密码，以及设置不同的账户图片。
4. 重新启动计算机，并采用不同的账户登录系统，设置各自的使用环境。

第7章

管理软件与硬件

精彩案例

在计算机中安装 Office 2007

在计算机中安装 WinRAR 压缩工具

自动安装新添加硬件的驱动程序

更新显卡的驱动程序

在 Windows Vista 中安装打印机驱动程序

查看计算机主要硬件相关规格信息

本章导读

在使用计算机过程中，不同需求的用户，在系统中安装的应用软件也有所不同；如果要获取更优越的性能以及更广泛地应用，还需要对计算机硬件进行升级或添加新的硬件。在 Windows Vista 中，可以非常方便地添加软件与硬件并进行管理。

7.1 安装与卸载软件

Windows Vista 操作系统仅仅是使用计算机的平台，不同需求的用户在使用计算机时还需要安装自己所需的软件，对于不需要继续使用的软件，可以将其从计算机中卸载。本节以办公套件 Office 2007 和压缩工具 WinRAR 为例，来介绍在 Windows Vista 中安装与卸载软件的方法。

7.1.1 安装 Office 2007

Office 2007 是微软公司推出的办公软件套件，其中包含了 Word、Excel、PowerPoint 等日常办公软件，是广大用户办公时必备的软件。下面介绍 Office 2007 的安装方法。

在计算机中安装 Office 2007

Step 01 将 Office 2007 安装光盘放入到光驱中，光盘将自动运行并打开“安装”对话框。

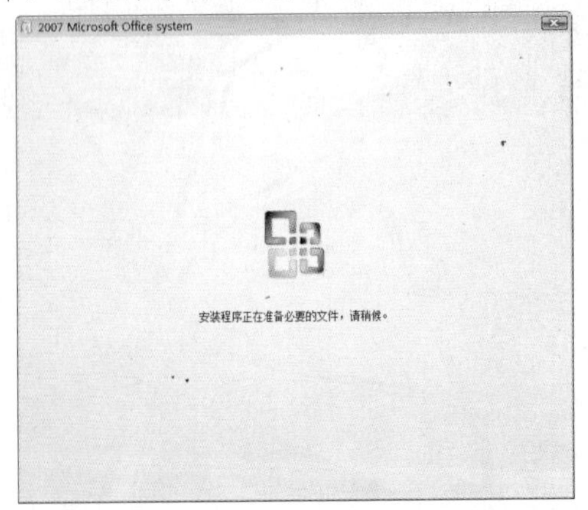

Step 02 在打开的“输入您的产品密钥”对话框中输入 Office 2007 的安装序列号，单击 继续(C) 按钮。

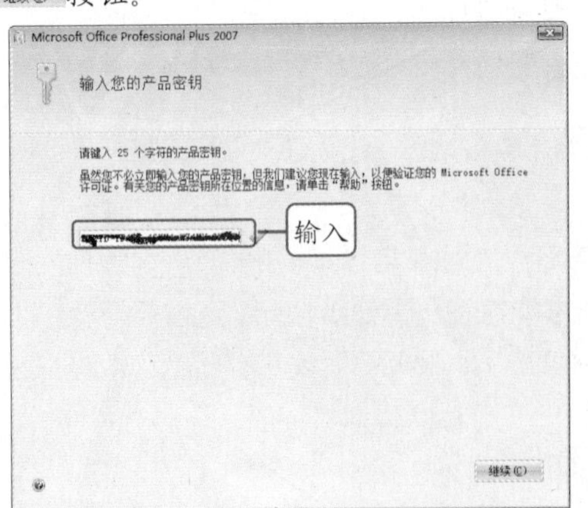

Step 03 在打开的“选择所需的安装”对话框中单击 自定义(C) 按钮。

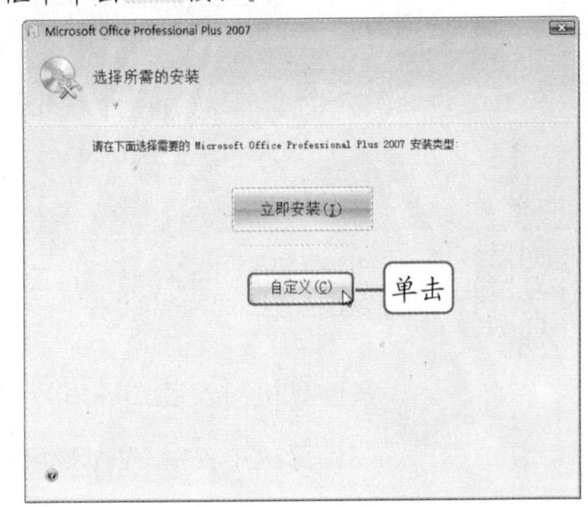

Step 04 在接着打开的对话框中选择“安装选项”选项卡，在“自定义程序的运行方式”列表框中选择要安装 Office 2007 的组件。

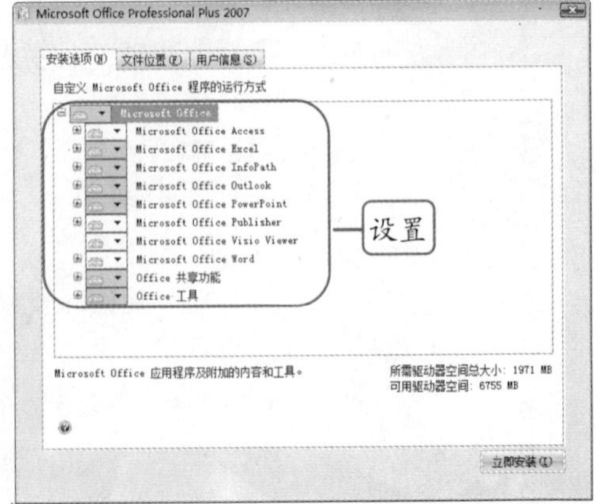

Step 05 切换到“文件位置”选项卡，单击“文件位置”右侧的 浏览(B)... 按钮，在打开的“浏览”对话框中选择文件的安装位置。

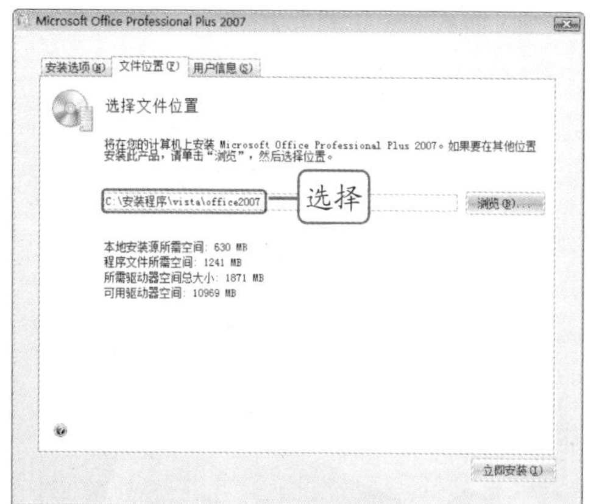

Step 06 切换到“用户信息”选项卡，在其中输入用户个人与公司信息。

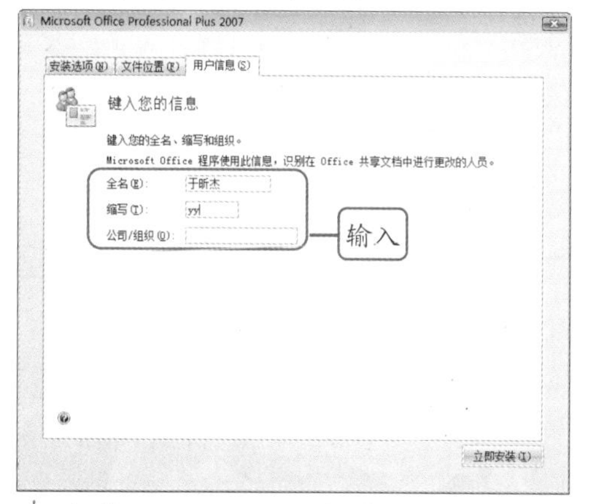

Step 07 设置完毕后，单击对话框右下角的 立即安装(I) 按钮，即可开始安装 Office 2007，同时显示安装进度。

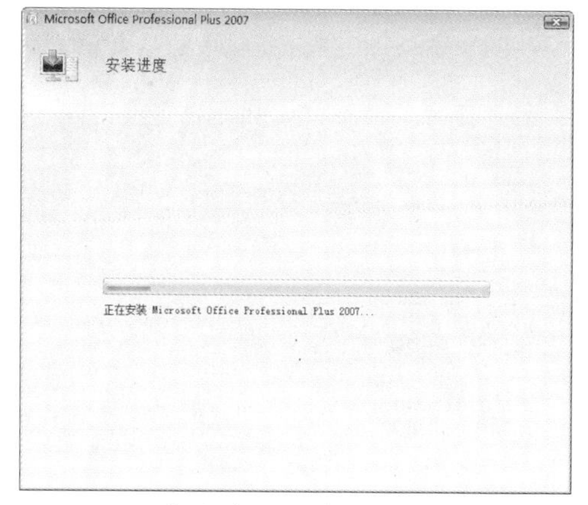

Step 08 安装完毕后，在最后打开的“安装完成”对话框中单击 关闭(C) 按钮即可。

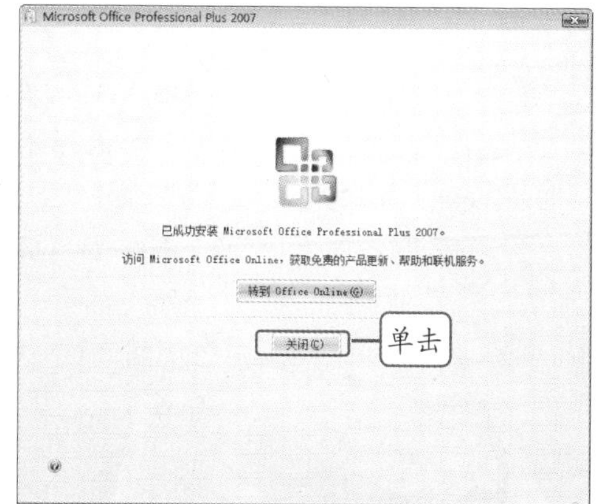

安装 Office 2007 后，在“开始”菜单中的“所有程序”列表中就会显示“Microsoft Office”选项，单击该选项，在展开的列表中可查看所有 Office 组件，单击某个组件项目，即可运行对应的程序。

很多程序在安装后，除了在“开始”菜单中创建项目外，也会在桌面上创建快捷方式图标。

7.1.2 安装 WinRAR

WinRAR 是计算机中必不可少的工具软件，用于对文件进行压缩和解压缩。当获取 WinRAR 安装文件后，就可以在 Windows Vista 中安装 WinRAR 了。

新手演练 Novice exercises 在计算机中安装 WinRAR 压缩工具

Step 01 用鼠标双击 WinRAR 安装文件图标，打开 WinRAR 安装对话框。

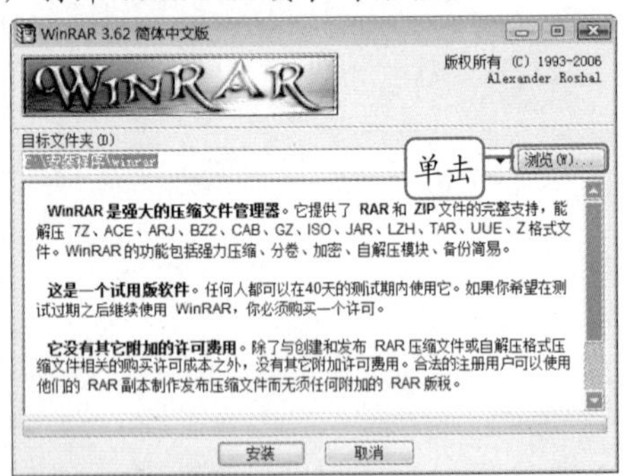

Step 02 单击对话框中的 浏览(W)... 按钮，在打开的“浏览文件夹”对话框中选择程序的安装位置，单击 确定 按钮。

温馨提示牌 Warm and prompt licensing

在设置安装路径时，可以打开“浏览文件夹”对话框选择安装路径，也可以直接在“目标文件夹”栏中直接输入路径。

Step 03 单击对话框中的 安装 按钮，即可开始安装 WinRAR，同时在下方显示安装进程与安装进度。

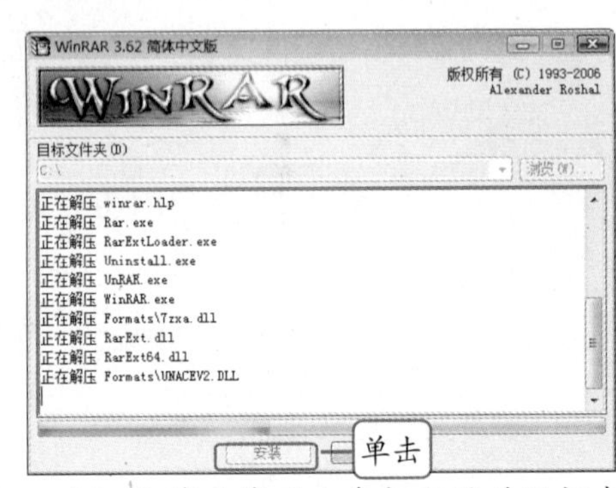

Step 04 安装完毕后，在打开的对话框中设置 WinRAR 关联的文件以及界面和外壳，一般保持默认设置，单击 确定 按钮。

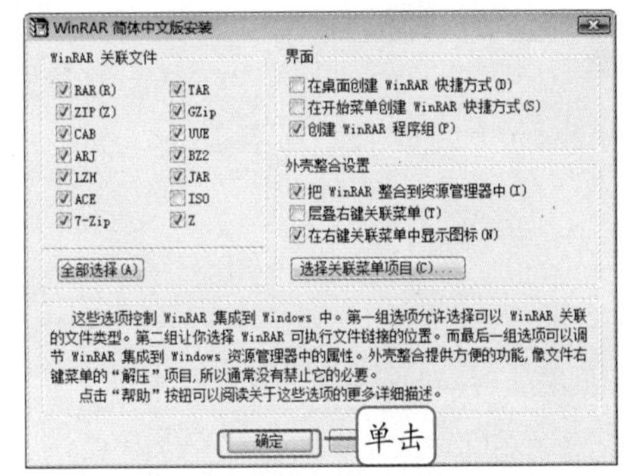

Step 05 在最后打开的提示安装完成对话框中单击 完成 按钮。

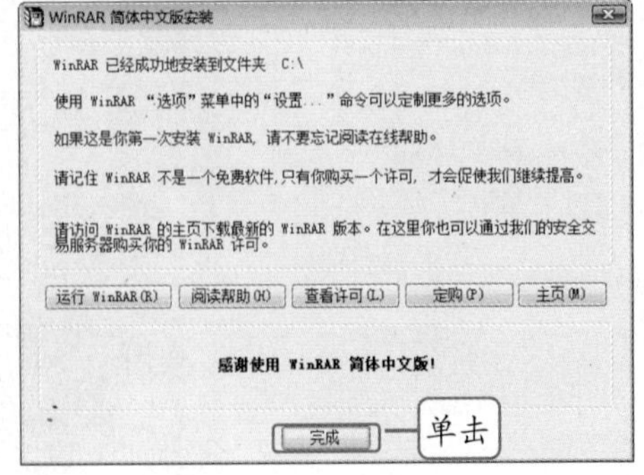

7.1.3 卸载程序

当计算机中安装的某些程序不再需要用到时，就可以将其从计算机中卸载以释放磁盘空间。卸载程序的方法有多种，可以通过 Windows Vista 提供的“程序和功能”卸载、软件自带的卸载程序卸载以及通过软件安装程序卸载。其中通过“程序和功能”进行卸载的方法比较常用，也适合所有安装的程序。

卸载已安装的 Office 2007

Step 01 打开控制面板，在窗口中单击“程序”项目下的“卸载程序”链接。

Step 02 打开“程序和功能”窗口，窗口列表框中显示了当前安装的所有程序，在列表中选择“MicroSoft Office Professional Plus 2007”选项，单击上方的 卸载 按钮。

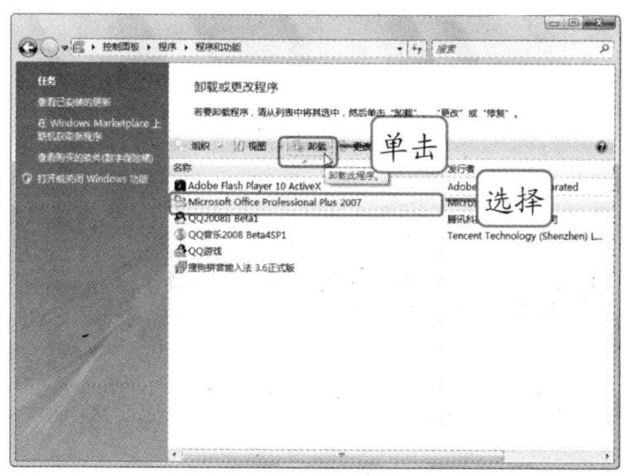

Step 03 在“用户帐户控制”对话框中单击 继续(C) 按钮确认操作，打开 Office 2007 卸载程序，单击“安装”对话框中的 是(Y) 按钮。

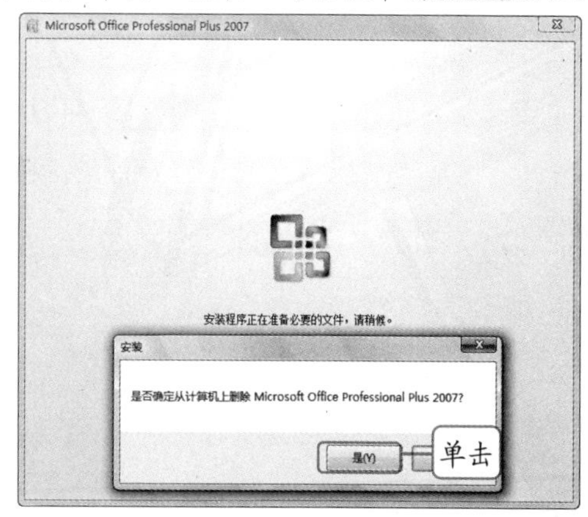

Step 04 此时将开始卸载 Office 2007，并在对话框中显示卸载进度。卸载完毕后，关闭对话框即可。

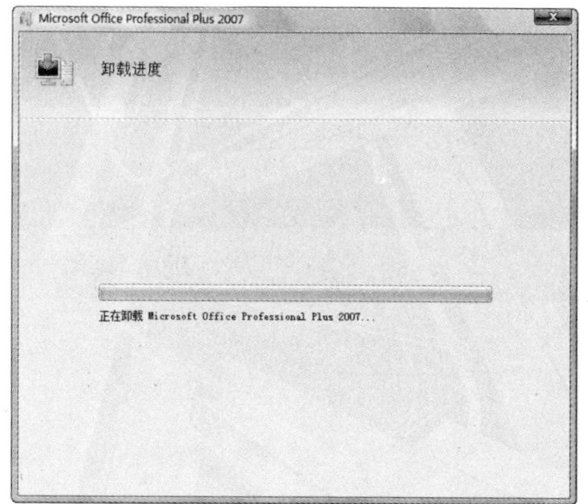

7.2 打开 Windows 功能

Windows Vista 中的 Windows 功能相当于 Windows XP 中的 Windows 组件。当安装 Windows Vista 后，一些 Windows 功能是没有开启的，用户可根据需求开启所需的功能。

新手演练 Novice exercises　在 Windows Vista 中打开“FTP 发布服务”功能

Step 01　打开“程序和功能”窗口，单击右侧的“打开或关闭 Windows 功能”链接。

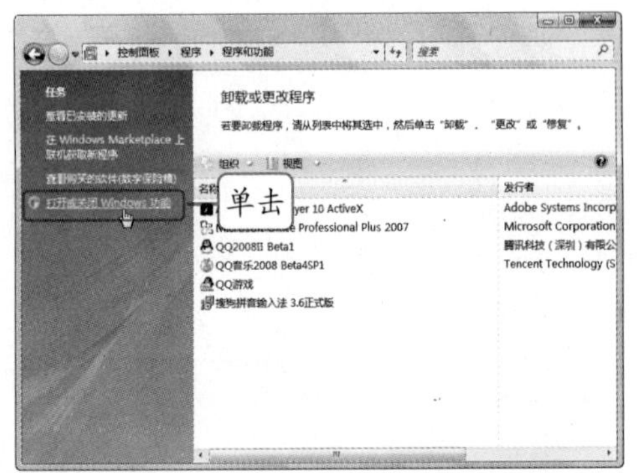

Step 02　打开“Windows 功能”对话框，列表框中显示了所有 Windows 功能。

Step 03　单击“Internet 信息服务”功能前的⊞标记，展开显示所有子功能，在列表中选择“FTP 发布服务”选项。

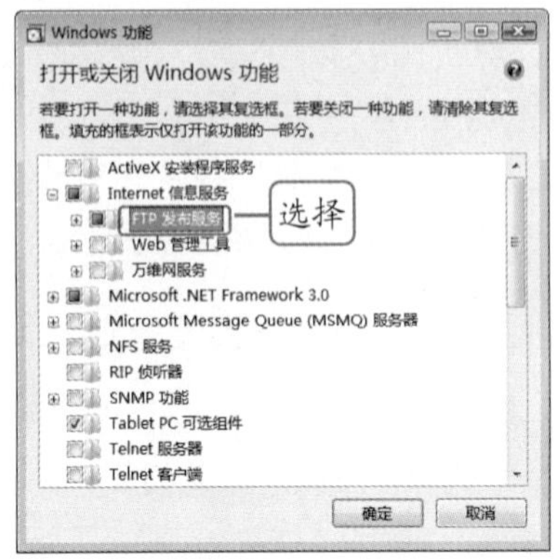

Step 04　单击确定按钮，打开“Microsoft Windows”对话框开始配置所选功能，配置完毕后，“Windows 功能”对话框将自动关闭。

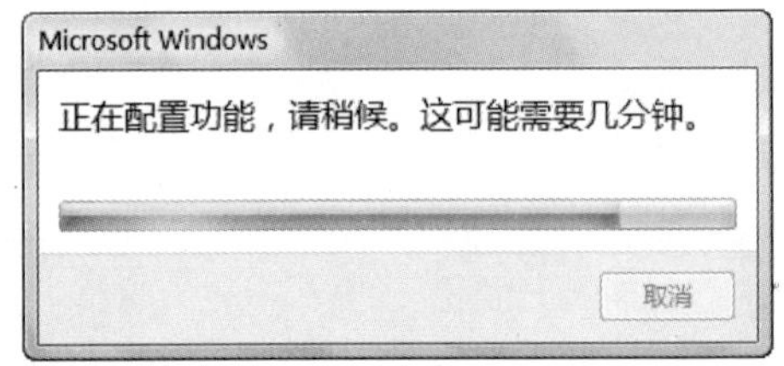

如果要关闭某个 Windows 功能，只要在列表框中取消对该功能或子功能的选中，然后单击对话框中的确定按钮即可。

7.3　默认程序

默认程序是 Windows Vista 新增的概念，主要是指特定的程序可以打开哪些类型的文件，或者指定类型的文件默认由哪个程序打开，前者称之为设置默认程序，后者则称之为将文件与程序关联。

7.3.1　设置默认程序

在 Windows Vista 中可以将系统自带的一些程序，如 Internet Explorer、Windows Mail 等设置为其所能打开所有文件类型的默认程序，便于用户对文件进行操作。

设置 Internet Explorer 浏览器默认打开成的类型

Step 01 单击控制面板中的“程序”链接，在打开的“程序”窗口中单击“默认程序”链接。

Step 02 打开“默认程序”窗口，单击窗口中的“设置默认程序”链接。

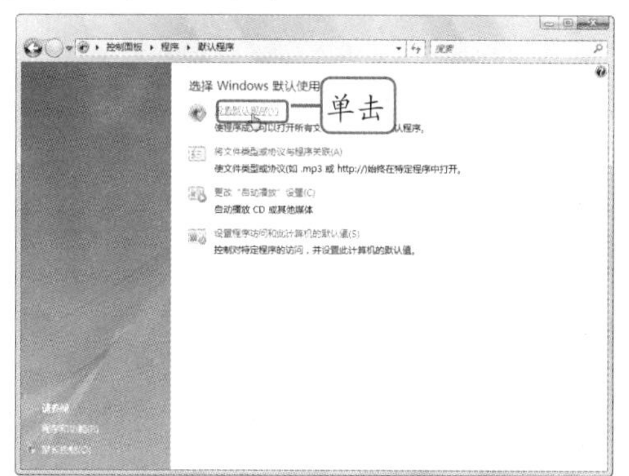

Step 03 打开“设置默认程序”窗口，在左侧列表框中选择“Internet Explorer”选项，然后单击右侧显示出的“将此程序设置为默认值”选项，即可将 Internet Explorer 设置为其可以打开的所有文件的默认打开程序。

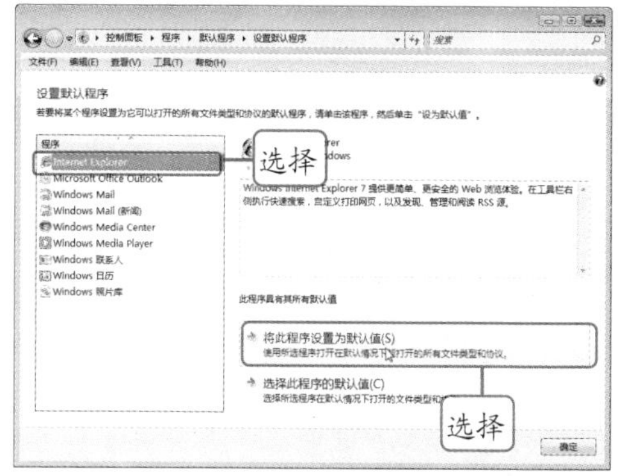

Step 04 如果要自定义设置程序的默认值，可单击“选择此程序的默认值”选项，在打开的窗口中选择或取消选择程序关联文件的扩展名，单击 保存 按钮即可。

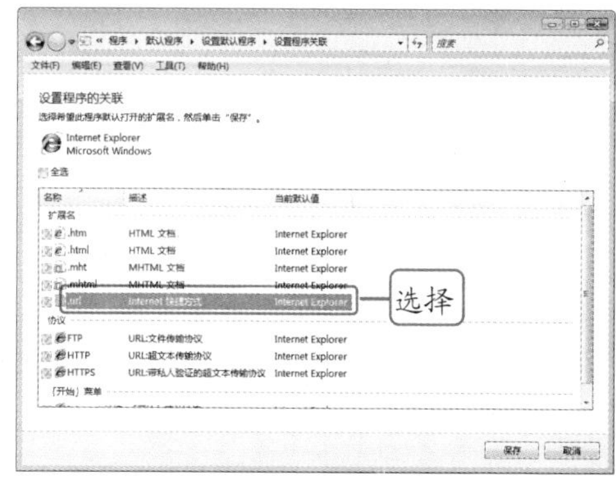

7.3.2 将程序与文件关联

在 Windows Vista 中如果安装了很多同类程序，那么同一类型的文件就可以被多个程序所打开，这时用户可以为这种类型的文件设置默认打开程序。设置后，当双击这类文件图标时，就会启动默认的打开程序并将文件打开。

将 Windows Media Player 设置为 MP3 文件的默认打开程序

Step 01 在“默认程序”窗口中单击“将文件类型或协议与特定程序关联”链接，打开“设置关联”窗口，系统将加载文件类型列表。

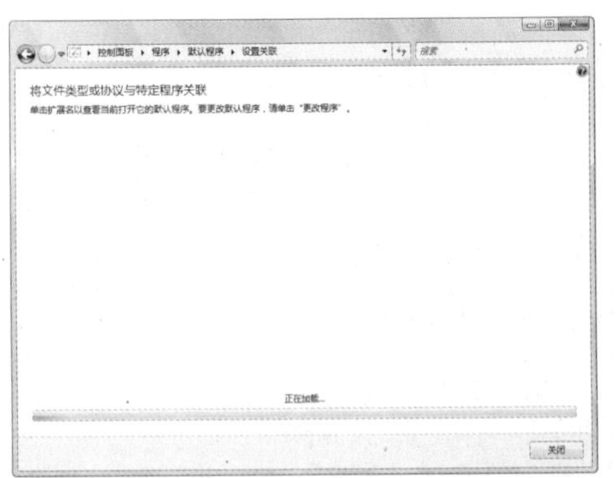

Step 02 显示文件列表后，拖动滚动条显示出“MP3”选项，选择该选项后，单击列表框上方的 更改程序... 按钮。

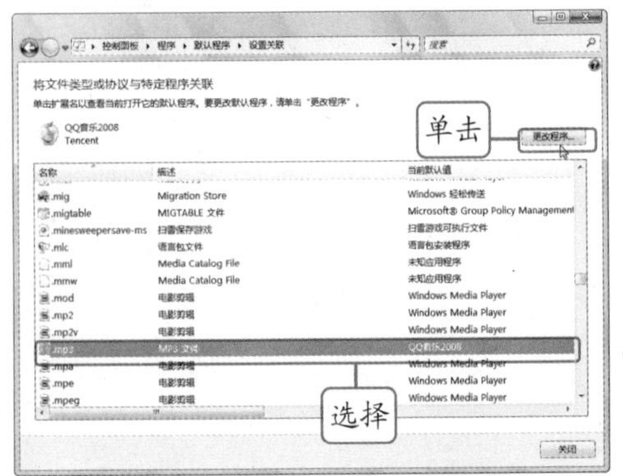

Step 03 打开“打开方式”对话框，在列表框中选择“Windows Media Player”选项，单击 确定 按钮。

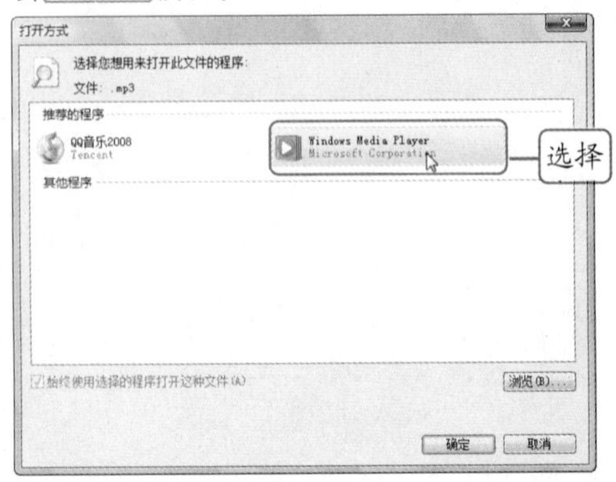

Step 04 返回“设置关联”窗口，在列表框中可以看到“.MP3”格式文件的默认打开方式变为了“Windows Media Player”，单击 关闭 按钮完成设置。

7.4 安装与卸载硬件驱动程序

安装 Windows Vista 后，为了能够使计算机的各个部件正常运行，还需要安装相应的硬件驱动程序。另外在使用计算机时，如果为计算机安装了硬件，那么也需要安装相应的驱动程序。同样，如果不再需要使用某个硬件，也需要卸载驱动程序后将硬件移除。

7.4.1 自动安装硬件

为计算机安装硬件设备后，Windows Vista 会自动发现新硬件并引导用户进行安装。安装前，需要提供硬件的驱动程序光盘或文件。

新手演练 Novice exercises 自动安装新添加硬件的驱动程序

Step 01 将硬件与计算机正确连接后，开启计算机并登录到 Windows Vista，系统会打开“发现新硬件”对话框，单击对话框中的“查找并安装驱动程序软件”选项。

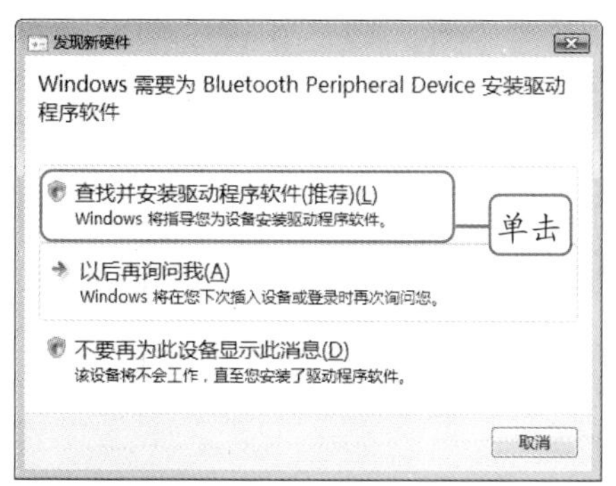

Step 02 在打开的“找到新的硬件”对话框中单击“是，始终联机搜索”选项，将开始联机搜索硬件的驱动程序，如果找到驱动程序，就会自动安装。

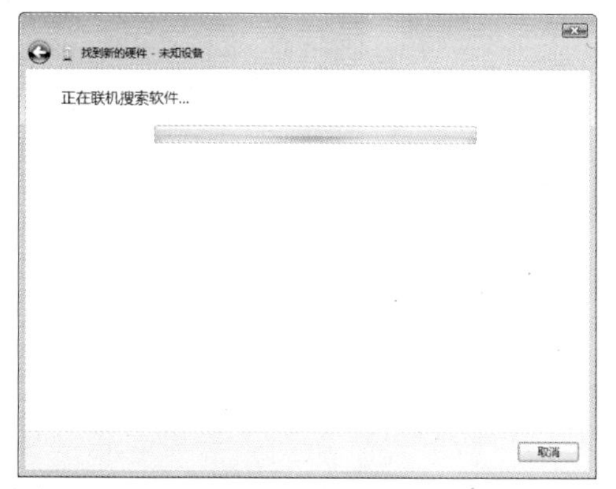

Step 03 当无法自动安装硬件时，将打开“您想如何搜索驱动程序软件？”对话框，单击“浏览计算机以查找驱动程序软件”选项。

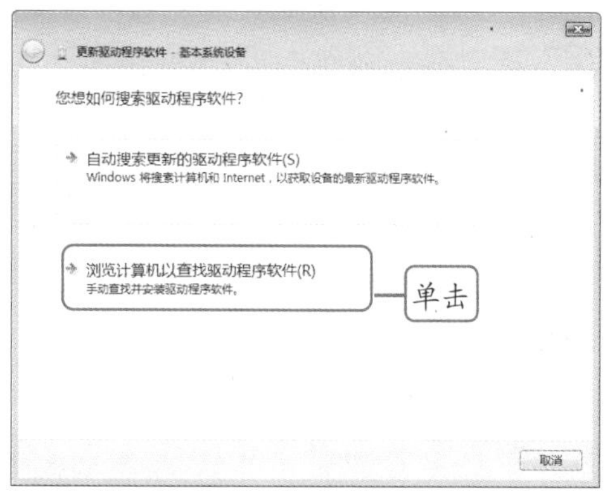

Step 04 在打开的“浏览计算机上的驱动程序文件”对话框中单击 浏览(R)... 按钮选择驱动程序的保存路径，如果是从光盘安装，则将路径设置为光盘，单击 下一步(N) 按钮，即可安装驱动程序。

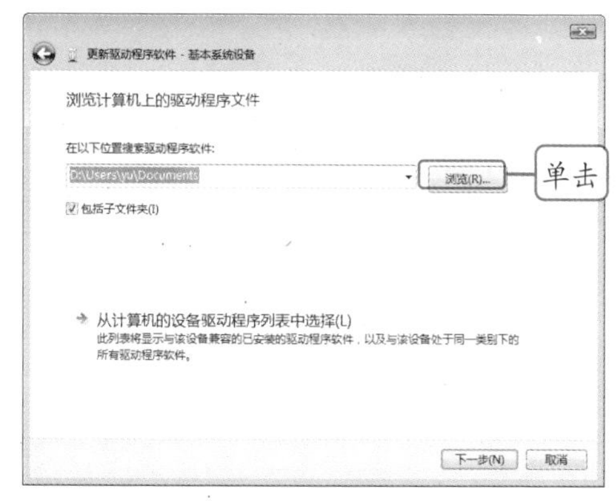

7.4.2 手动安装硬件

如果在安装硬件后，Windows Vista 没有提示发现新硬件；或者用户在提示时没有安装，而是获取到驱动程序后进行安装时，就需要手动添加新硬件。

新手演练 Novice exercises 手动安装新添加硬件的驱动程序

Step 01 打开控制面板，单击左侧面板中的“经典视图”链接，切换到经典视图，然后在窗口中双击“添加硬件”图标。

Step 02 打开“用户账户控制”对话框，单击 继续(C) 按钮确认操作。

Step 03 打开“欢迎使用添加硬件向导”对话框，单击下一步(N) >按钮。

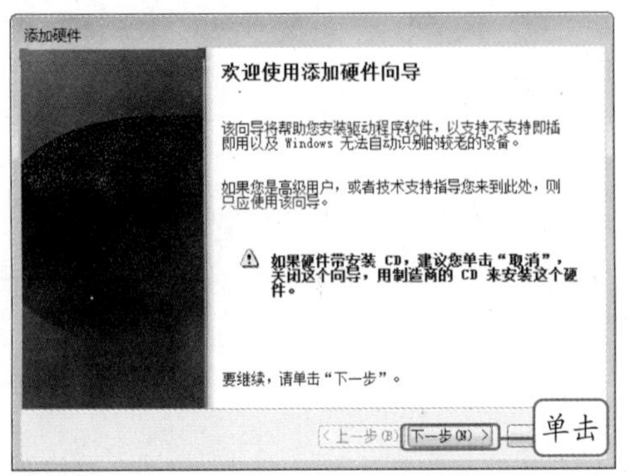

Step 04 在接着打开的对话框中选中“安装我手动从列表选择的硬件”单选按钮，单击下一步(N) >按钮。

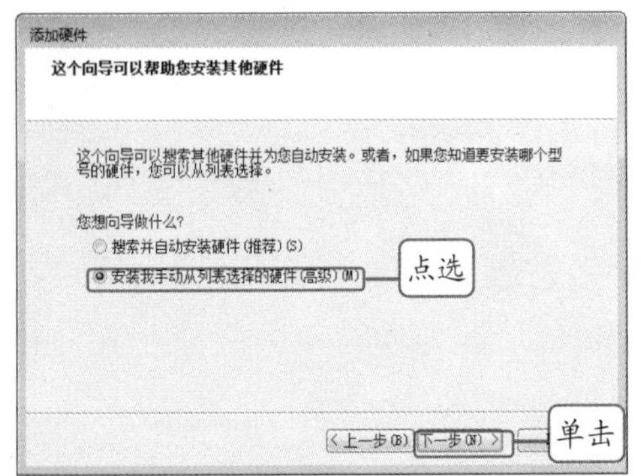

Step 05 在打开的对话框列表框中选择要安装的硬件类型，这里选择“网络适配器”选项，单击下一步(N) >按钮。

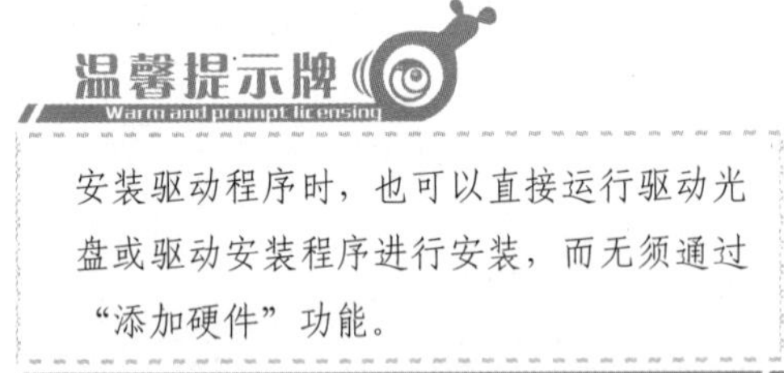

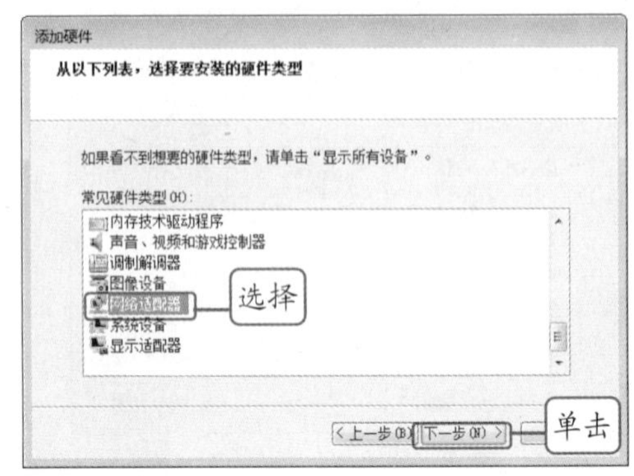

Step 06 此时将打开“选择网络适配器”对话框，在左侧列表框中选择设备品牌，右侧列表框中选择设备型号，单击下一步(N) >按钮即可安装对应的驱动程序。

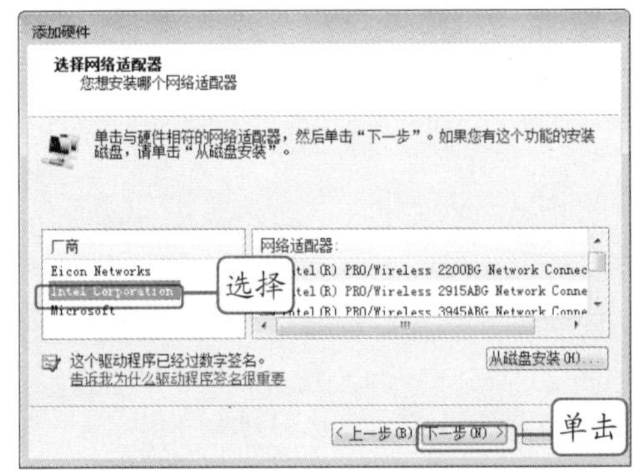

Step 07 如果要从光盘安装驱动程序，则单击对话框中的从磁盘安装(H)...按钮，在打开的“从磁盘安装”对话框中选择光盘路径，单击确定按钮进行安装即可。

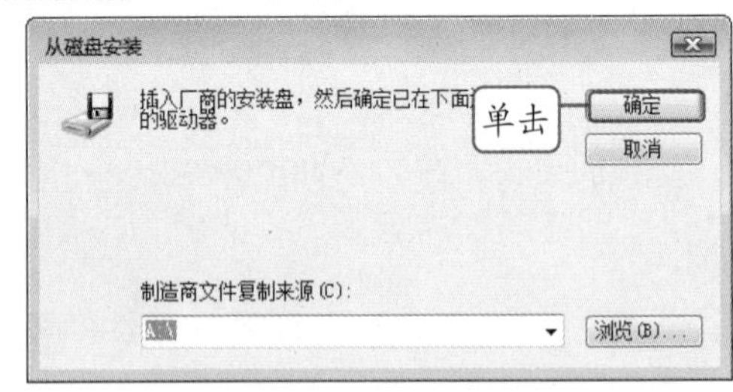

7.4.3 更新驱动程序

为计算机中的硬件安装驱动程序后，如果硬件厂商发布了新的驱动程序，就可以获取并进行更新。一般来说，新的驱动程序解决了原有驱动程序的一些问题，并且会提升硬件的性能。

更新显卡的驱动程序

Step 01 在控制面板中单击“系统与维护”链接，进入到“系统与维护”窗口。

Step 02 在窗口中单击“系统”链接，打开“系统”窗口，单击左侧面板中的“设备管理器”链接。

Step 03 在设备管理器中展开硬件列表，用鼠标右击要更新驱动程序的硬件，在弹出的快捷菜单中选择“更新驱动程序软件”命令。

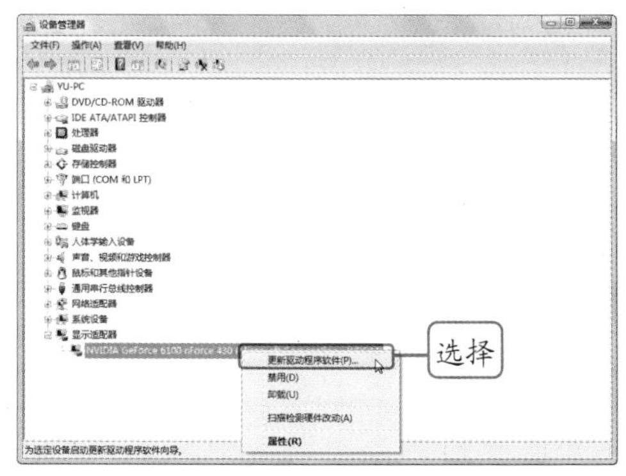

Step 04 此时将打开“更新驱动程序软件”对话框，单击对话框中的“浏览计算机以查找驱动程序软件”选项。

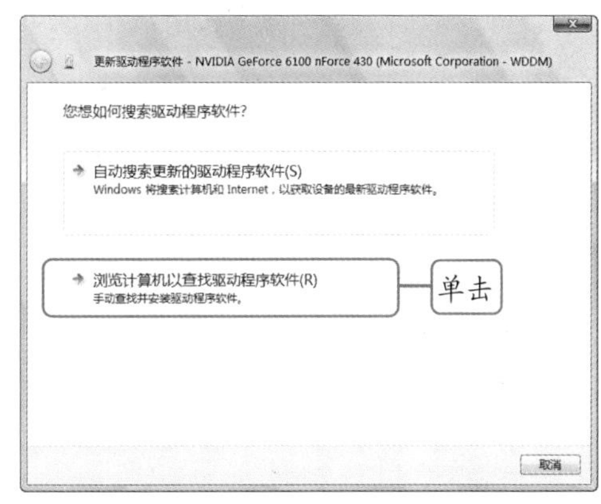

Step 05 在接着打开的对话框中选择新的驱动程序安装文件的保存路径，单击 下一步(N) 按钮开始安装即可。其操作方法与全新安装驱动程序的方法完全相同。

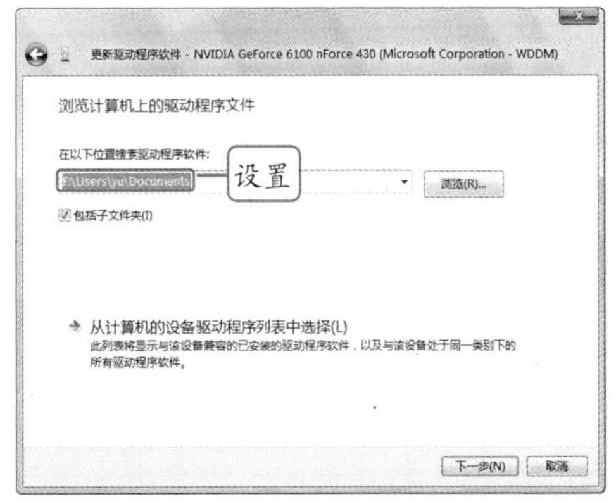

更新驱动程序前，首先需要获取驱动程序安装文件。一般可以通过网络获取，如硬件的官方站点，或驱动之家等网站。

7.4.4 卸载硬件驱动程序

对于不需要的硬件，可以从计算机中移除。移除时首先需要卸载硬件的驱动程序，否则移除硬件后，系统依旧会加载驱动程序而影响到运行速度。

卸载计算机中的网卡驱动程序

Step 01 在设备管理器窗口中，单击“网络适配器”选项前的+标记，展开网卡设备。

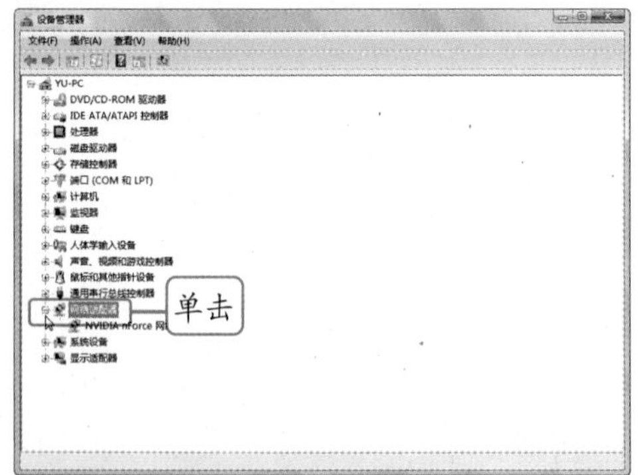

Step 02 用鼠标右击要删除的网卡设备，在弹出的快捷菜单中选择“卸载”命令。

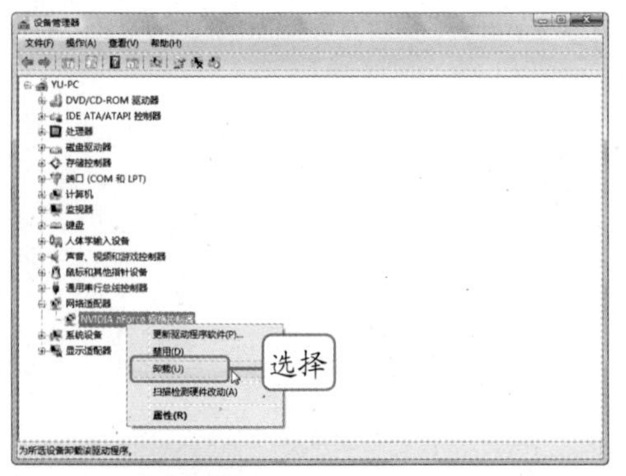

Step 03 打开“确认设备卸载”对话框提示用户确认操作，单击 确定 按钮，确定对设备的卸载操作。

Step 04 此时即可开始卸载设备并显示卸载进度，卸载完毕后，设备管理器中将不再显示网卡设备。

7.4.5 添加打印机

打印机是使用率较高的计算机的外部设备。将打印机连接计算机后，需要安装相应的驱动程序。打印机驱动程序的安装方法与其他硬件略有不同。

在 Windows Vista 中安装打印机驱动程序

Step 01 将打印机与计算机连接。然后打开控制面板，在窗口中单击“硬件和声音”项目下的“打印机”链接。

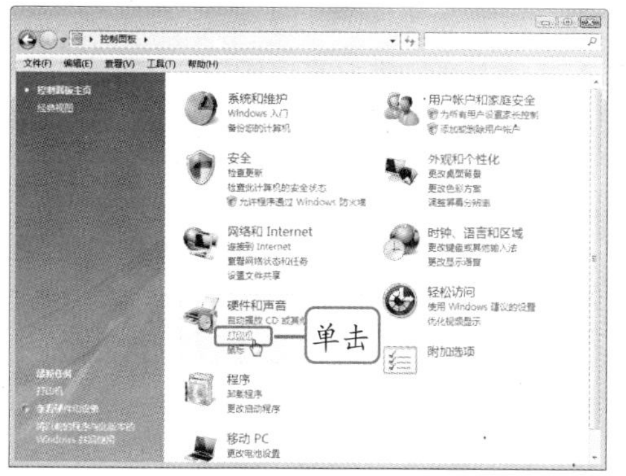

Step 02 打开“打印机”窗口，单击窗口工具栏中的 添加打印机 按钮。

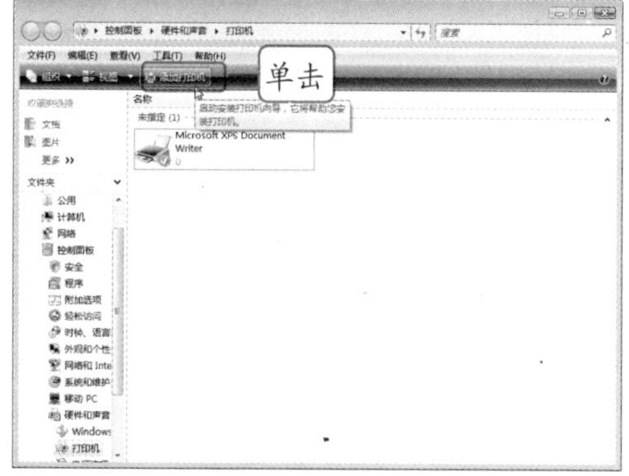

Step 03 在打开的“添加打印机”对话框中单击“添加本地打印机”选项。

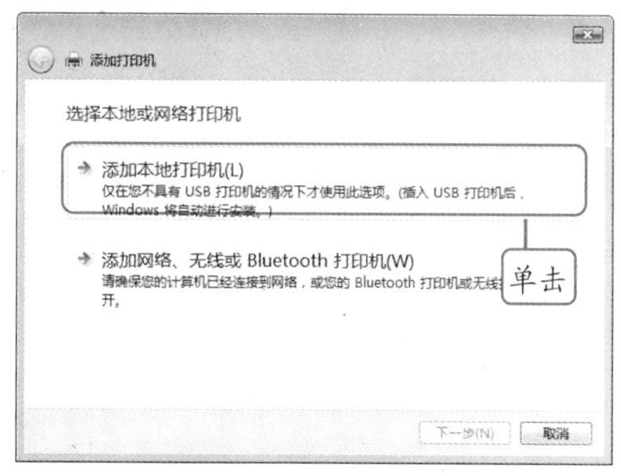

如果要添加局域网中的打印机，则单击“添加网络、无线或 Bluetooth 打印机”选项，然后按照提示进行添加。

Step 04 在接着打开的“选择打印机端口”对话框中选择“使用现有端口”，并在下拉列表中选择打印机端口，一般保持默认端口，单击 下一步(N) 按钮。

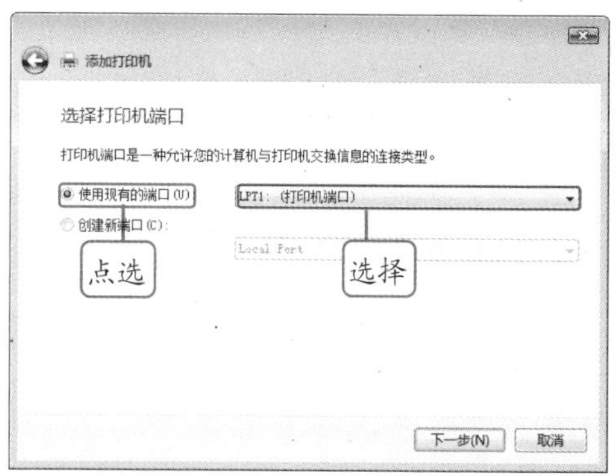

Step 05 在打开“安装打印机驱动程序”对话框中，如果所使用的打印机在列表框中，则选择正确的打印机厂商和型号，单击 下一步(N) 按钮。

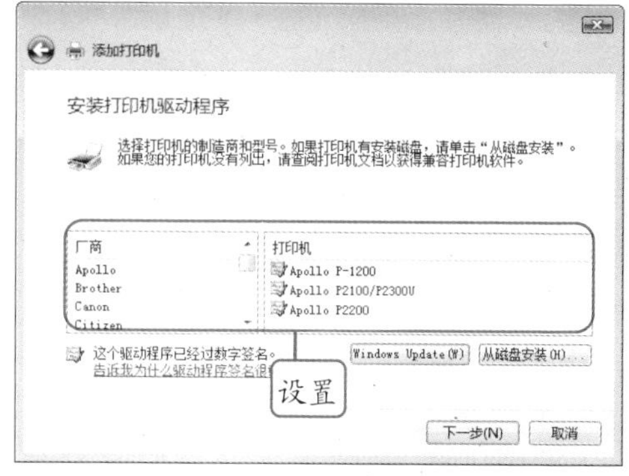

Step 06 如果列表框中没有用户所使用的打印机，则单击 从磁盘安装(H)... 按钮，在打开“从磁盘安装”的对话框中选择打印机驱动程序的路径，单击 确定 按钮。

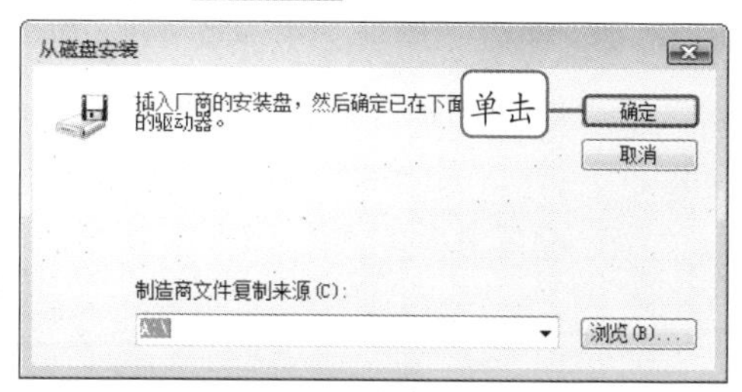

Step 07 在打开的对话框中输入打印机要采用的名称，单击 下一步(N) 按钮。

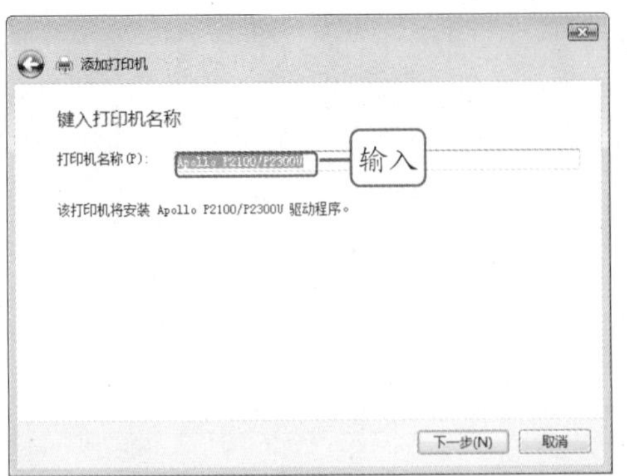

Step 08 此时即开始安装打印机驱动程序，同时在对话框中显示安装进度。

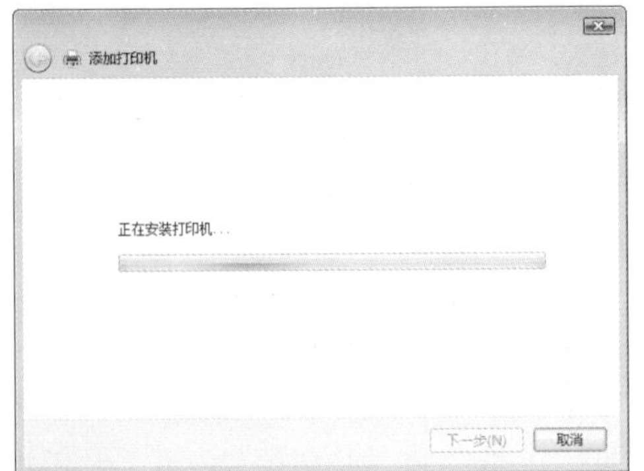

Step 09 安装完毕后，在打开的对话框中可以单击 打印测试页(P) 按钮，可打印测试页，或单击 完成(F) 按钮结束安装。

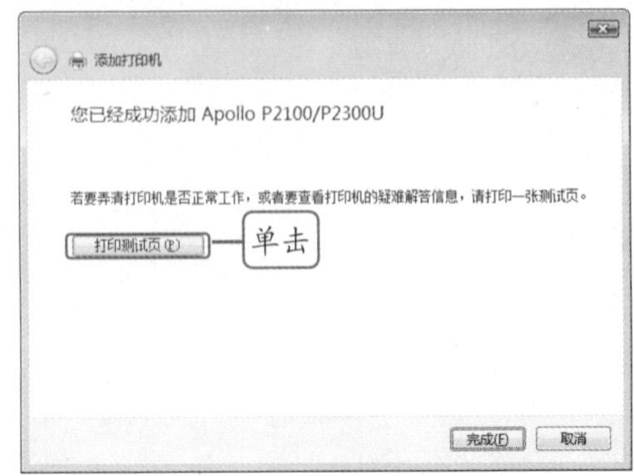

Step 10 返回到“打印机”窗口，在窗口中即可看到添加后的打印机了。

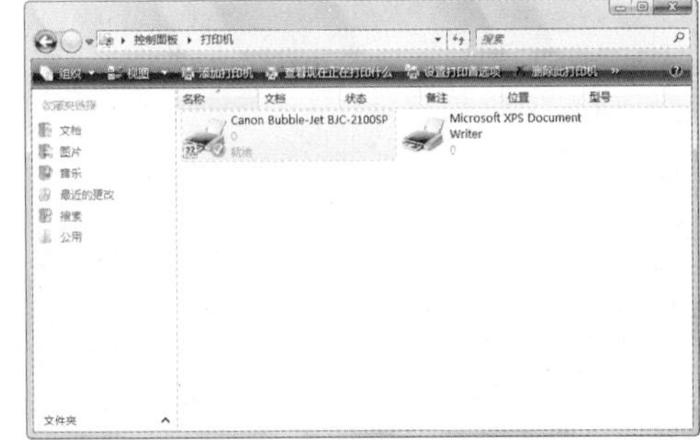

7.5 查看与管理硬件

在 Windows Vista 中，可以直观方便地查看计算机各硬件设备的规格，从而了解计算机的性能。并且根据使用需要，可以暂时禁用指定的硬件设备。

7.5.1 查看 CPU 与内存信息

CPU 速度与内存容量是衡量一台计算机性能的重要指标。在 Windows Vista 中，用户可以很方便地查看计算机 CPU 的规格以及内存的容量。用鼠标右击“计算机”图标，在弹出的快捷菜单中选择“属性”命令，将打开“系统”窗口，在“系统”区域中即可查看 CPU 型号、速度以及内存容量，如右图所示。

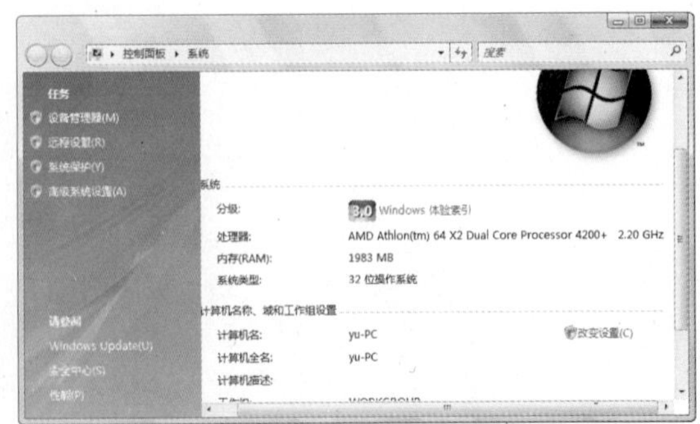

7.5.2 查看硬件设备信息

通过 Windows Vista 提供的设备管理器，可以详尽地查看到计算机所有硬件设备的信息，并对硬件设备进行管理。

新手演练 Novice exercises　查看计算机主要硬件相关规格信息

Step 01 打开“系统”窗口，单击左侧面板中的“设备管理器”链接。

Step 02 打开“设备管理器”窗口，在列表中显示了所有设备的类型。

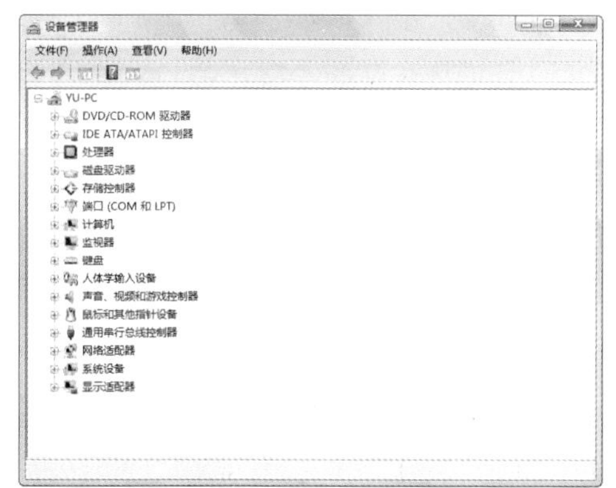

Step 03 要查看某个类型的设备信息，只要单击类型选项前的+标记，即可展开查看

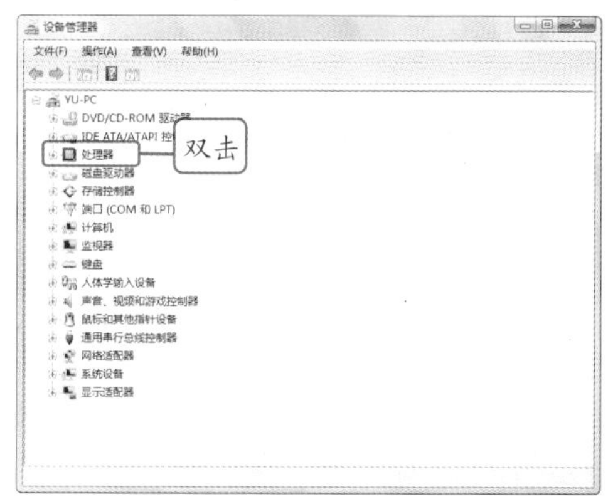

Step 04 如果要查看详细属性，则双击展开后的设备名称，在打开的“属性”对话框即可查看。

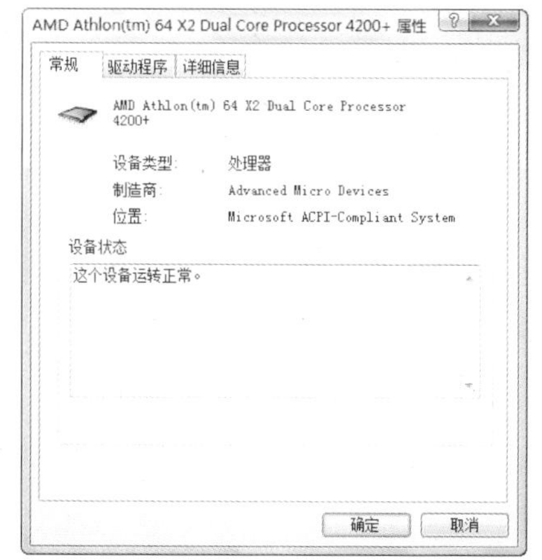

7.5.3 停用与启用设备

对于一些暂时不需要使用的设备，可以从设备管理器中将其禁用，这样系统在启动时就不会加载该设备，从而提高系统的启动与运行速度。需要注意的是，一些系统主设备是无法禁用的，包括 CPU、内存、硬盘以及显卡等。

新手演练 Novice exercises 禁用计算机的网卡设备

Step 01 在控制面板中展开“网络设备”选项，右击“网络控制器”选项，在弹出的快捷菜单中选择“禁用”命令。

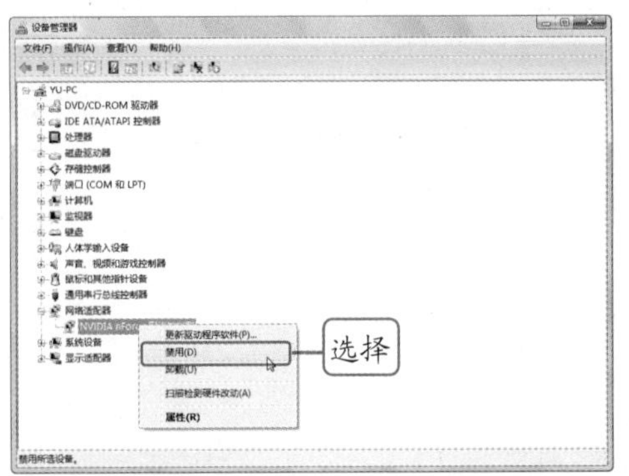

Step 02 弹出提示框询问用户是否确认禁用设备，单击 是(Y) 按钮，即可将设备禁用。

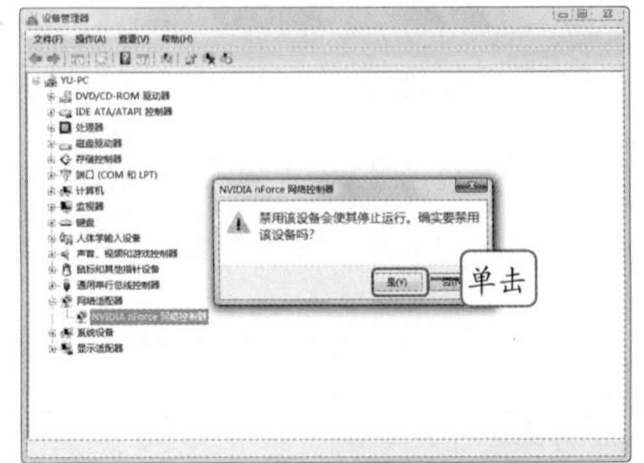

Step 03 禁用设备后，设备图标中将显示“已禁用”标记，表示该设备已经禁用，如果要恢复启用，只要再次选中该设备，单击工具栏中“启用”按钮即可。

NVIDIA nForce 网络控制器

7.6 职场特训

本章介绍了在 Windows Vista 中安装与卸载软件、设置 Windows 功能，以及安装硬件驱动程序与查看、管理硬件的方法。读者在学习后，能够了解并掌握如何在 Windows Vista 中对软硬件进行管理。下面通过 1 个实例巩固本章知识并拓展所学知识的应用。

特训：安装 ACDSee 看图工具

1. 通过网络下载方式获取 ACDSee 的安装文件，并运行安装程序。
2. 设置安装路径以及“开始”菜单中的显示名称。
3. 开始安装，安装完成后，通过“开始”菜单启动 ACDSee。

第8章

Windows Vista 媒体与娱乐

精彩案例

启动 Windows 照片库并浏览计算机中的图片

使用 Windows Media Player 播放电影

将计算机中的音乐刻录到 CD 光盘

使用 Windows DVD Maker 制作 DVD 光盘

使用 Windows Media Center 播放音乐

使用 Windows Media Center 播放浏览图片

本章导读

Windows Vista 提供了更加强大的媒体与娱乐功能，用户在使用计算机办公之余，可以在 Windows Vista 中通过各种娱乐工具听歌、看电影、浏览照片、制作个人电影以及刻录媒体光盘等，通过全新的 Windows 媒体中心，还可以享受到一体化的娱乐服务。

8.1 Windows 照片库

Windows 照片库是 Windows Vista 中新增的一个图片浏览与管理工具，可以对计算机中的图片进行查看、标记、分级管理，同时还能够对照片进行智能修复。

8.1.1 浏览图片

使用 Windows 照片库可以方便地浏览计算机中的图片文件，只须启动 Windows 照片库，然后选择要浏览的目录即可。

启动 Windows 照片库并浏览计算机中的图片

Step 01 从“开始”菜单中进入到“所有程序”列表，选择“Windows 照片库”命令。

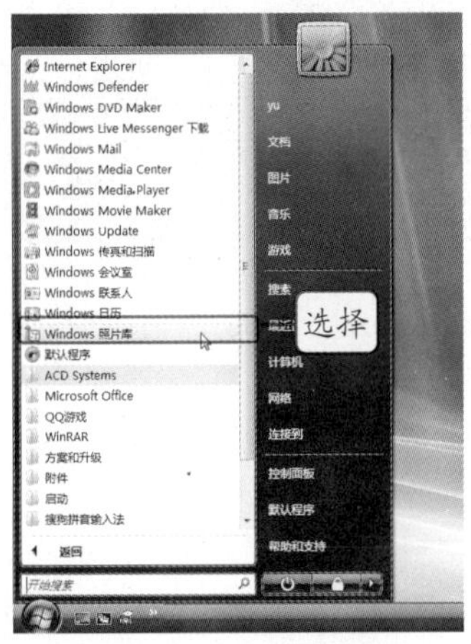

Step 02 此时即可启动 Windows 照片库，窗口左侧窗格中显示目录以及标记、分级选项等，中间窗格中显示“图片”目录下的所有图片，右侧的“信息”窗格中显示当前位置的图片数量。

Step 03 选择【文件】/【将文件夹添加到图库】中命令。

Step 04 打开“将文件夹添加到图库中”对话框，在其中选择要浏览图片所在的文件夹，单击 确定 按钮。

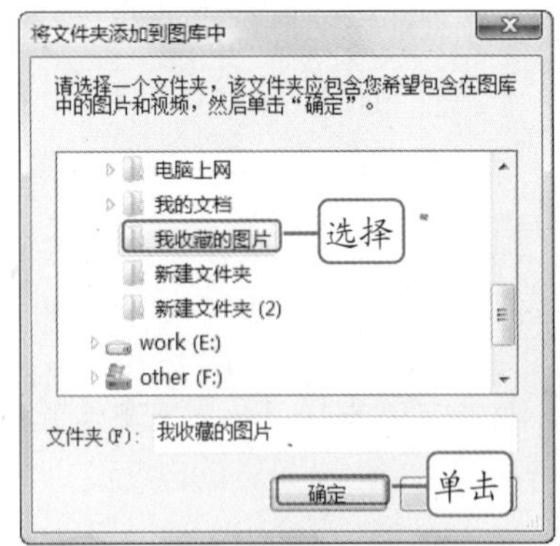

Step 05 稍等之后，即可将所选文件夹中的图片导入到 Windows 照片库中，导入之后，将鼠标指向某个图片稍做停留，将弹出浮动框显示图片的大缩略图和相关信息。

温馨提示牌 Warm and prompt licensing

在 Windows 照片库中，还可以直接导入数码相机中的照片。首先将数码相机和计算机连接，然后在 Windows 照片库中选择【文件】/【从照相机或扫描仪导入】命令，然后按照提示进行导入即可。

8.1.2 查看图片

在 Windows 照片库中浏览图片时，如果需要查看完整大小的图片，只要用鼠标双击任意一张图片，便可在照片库中打开该图片。

图片查看窗口界面下方显示一排控制按钮，通过控制按钮能够对当前查看图片进行一系列的调整与控制。

图片查看窗口中各控制按钮的用途

缩放图片：单击“更改显示大小”按钮，拖动显示出的滑块调整当前图片的显示比例。

显示图片实际大小：当默认打开图片后，图片将自动调整显示大小以适应窗口。单击控制栏中的“实际大小”按钮，可在窗口中显示图片的实际大小。

温馨提示牌 Warm and prompt licensing

放大显示图片后，将指针移动到图片中，指针形状将变为状，拖动鼠标可调整图片在窗口中的显示范围。

跳转查看图片：单击“上一张”按钮或“下一张”按钮，可按顺序查看当前图片的上一张图片或下一张图片。

放映图片幻灯片：单击该按钮，可以以幻灯片形式从当前打开的图片开始，全屏放映 Windows 照片库中的所有图片。退出放映时，只要单击退出按钮，或按“Esc”按钮即可。

旋转图片：单击“顺时针旋转”按钮或“逆时针旋转”按钮，可以按照顺时针或逆时针方向 90° 旋转图片。

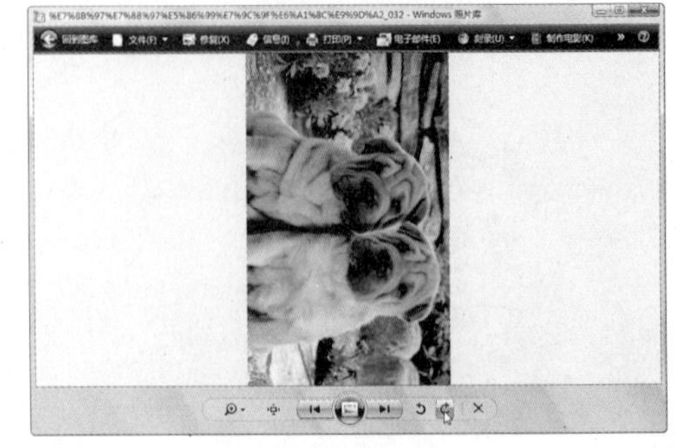

删除图片：在单击“删除”按钮，可以将当前图片从计算机中删除。

8.1.3 修复与编辑图片

Windows 照片库中提供了比较多的图片编辑与修复功能，通过这些功能可以对计算机中的图片进行各种修复，包括修复照片，而且 Windows 照片库的修复功能基本上能够满足普通用户对照片的修复需求。

对图片进行修复或调整时，只要在照片库中选中或打开图片，然后单击窗口上方的修复(X)按钮，进入到图片修复界面。

在图片修复窗口右侧窗格中显示了对应的图片调整选项，通过这些选项，即可对图片进行各种调整。

知识点拨 Knowledge Widnows 照片库提供的各种图片修复功能

自动调整：“自动调整”具有高度智能性，能自动判断照片的亮度、对比度以及颜色等并自动进行调整。其调整效果一般都会令用户满意。要对照片进行自动调整，只要单击自动调整(D)按钮即可。自动调整后，如果下方的其他调整选项后显示✓标记，即表示对应的选项已进行了自动调整。

调整曝光：调整曝光包括调整亮度与对比度，单击 调整曝光(J) 按钮，将展开显示“亮度”与“对比度”滑块，拖动对应的滑块进行调整即可。

调整颜色：调整颜色包括调整图片的色温、色彩以及饱和度，单击 调整颜色(S) 按钮，展开显示出“色温”、“色彩”与“饱和度”滑块，然后拖动滑块进行调整即可。

裁剪图片：裁剪图片即将图片指定区域裁剪，而只保留需要的区域，单击 剪裁图片(T) 按钮，展开显示出裁剪选项，此时图片中将显示出裁剪框，拖动四周的控点调整裁剪范围后，单击 应用(A) 按钮即可。

修复红眼：修复红眼功能主要用于去除照片中人物眼部的红晕，尤其是夜间拍摄的照片。单击 修复红眼(V) 按钮，然后拖动鼠标选中照片中人物的眼部，程序就会自动对所选区域进行去除红眼了。

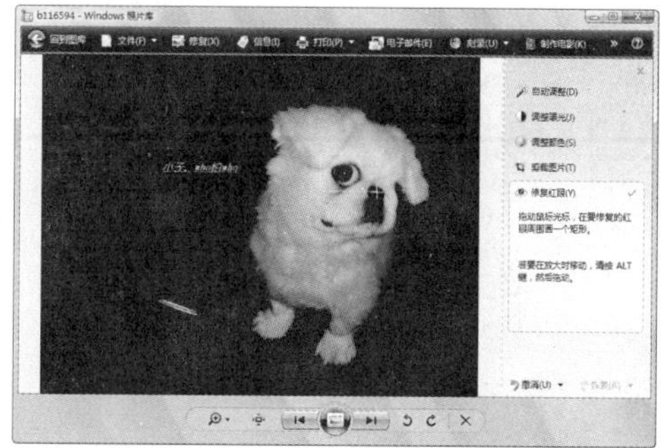

8.2 影音播放 Windows Media Player

Windows Media Player 是 Windows 系列操作系统中自带的媒体播放器，支持多种格式的音频和视频播放。用户在使用 Windows Vista 过程中，可以随时使用 Windows Media Player 播放计算机中的音频与视频文件。

8.2.1 启动与配置 Windows Media Player

进入到 Windows Vista 后，通过“开始”菜单就可以启动 Windows Media Player。第一次启动时，需要进行简单的配置，配置完毕后，就可以直接启动 Windows Media Player 了。

新手演练 Novice exercises 配置 Windows Media Player

Step 01 在“开始”菜单中的“所有程序”列表中选择“Windows Media Player”选项。

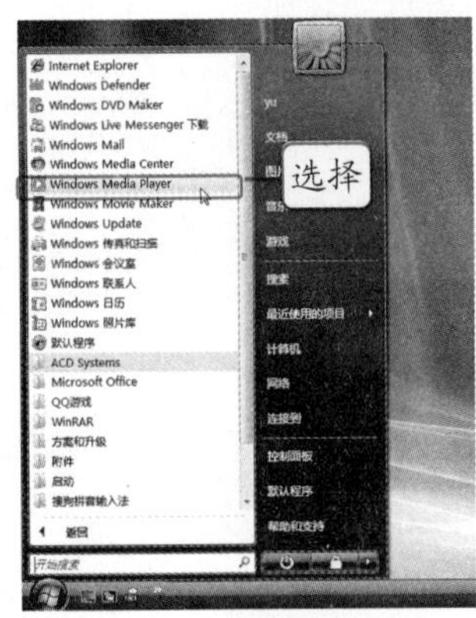

Step 02 将打开“Windows Media Player 11”对话框，选中“自定义设置”单选按钮，单击 下一步(N) 按钮。

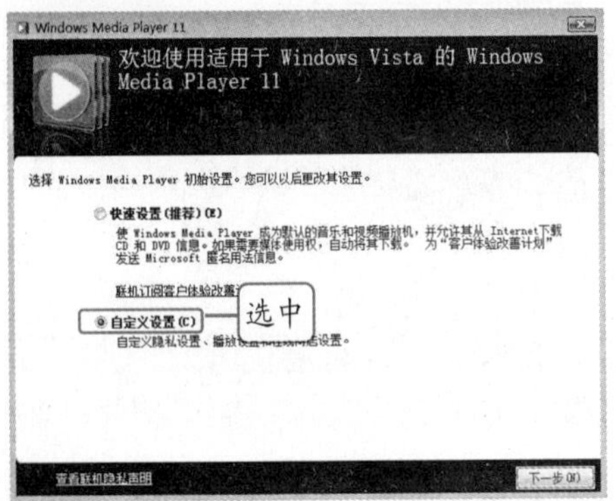

Step 03 在接着打开的“选择隐私选项”对话框中根据需要勾选相应的复选框，也可保持默认设置，单击 下一步(N) 按钮。

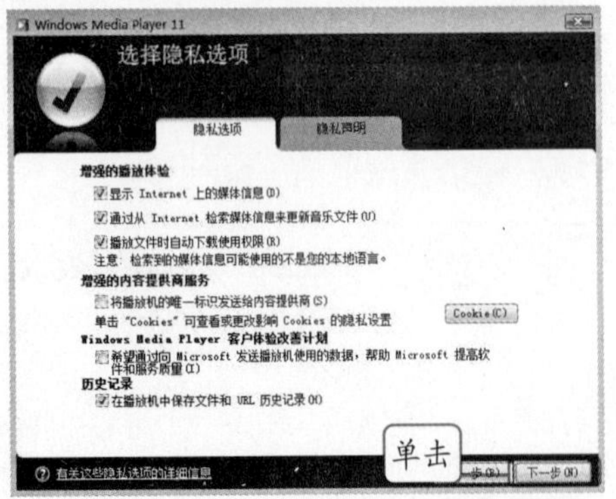

Step 04 在打开的“自定义安装选项”对话框中勾选在桌面上或者快速启动栏中创建快捷方式复选框，单击 下一步(N) 按钮。

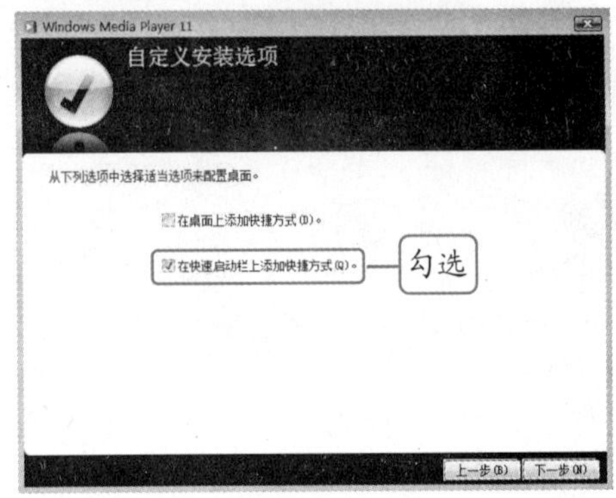

Step 05 在最后打开的“选择默认的音乐或视频播放机”对话框中选中“将 Windows Media Player 设置为默认音乐和视频播放机”单选按钮，单击 完成(F) 按钮。

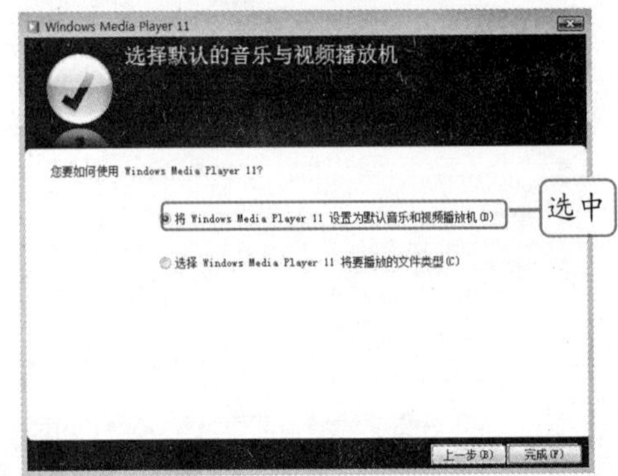

Step 06 配置完毕后，Windows Media Player 会自动启动。

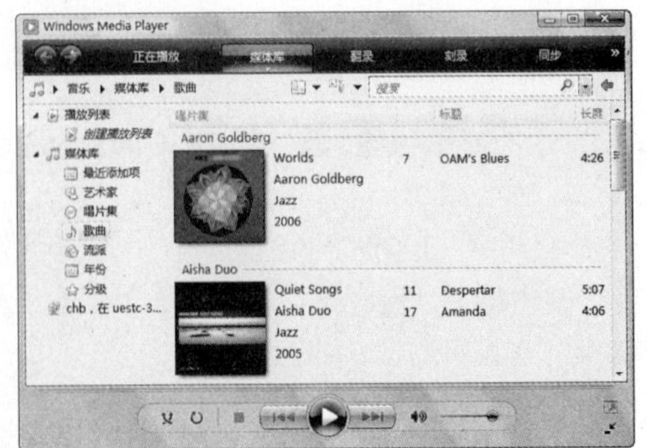

8.2.2 播放视频文件

启动 Windows Media Player 播放器后，就可以使用 Windows Media Player 播放计算机中的视频文件了。Windows Media Player 支持多种媒体文件格式，能够播放绝大多数格式的视频文件。

使用 Windows Media Player 播放电影

Step 01 用鼠标右击功能区域的空白位置，在弹出的快捷菜单中选择【文件】/【打开】命令。

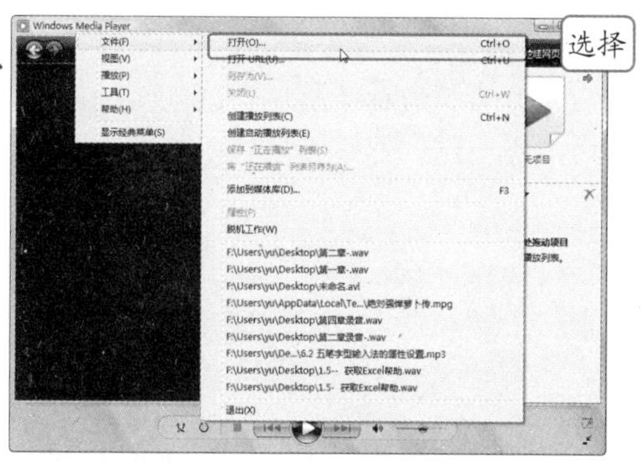

Step 02 在“打开”对话框选择视频文件的保存位置，然后选中要播放的视频文件，单击 打开(O) 按钮。

Step 03 此时即可在 Windows Media Player 播放所选的视频文件，通过下方的控制按钮，可以调整视频播放进度以及控制放映。

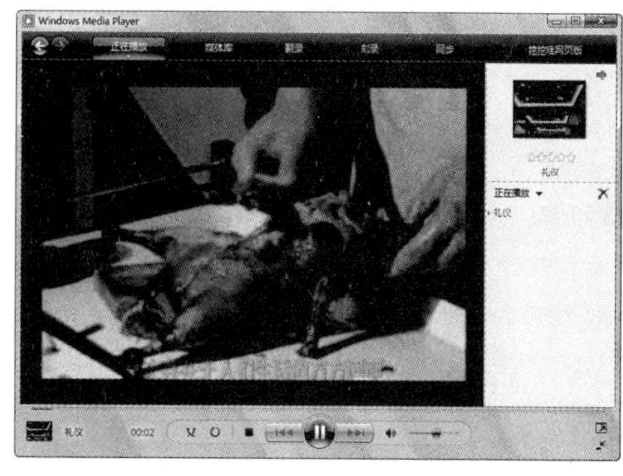

如果要全屏播放视频，只要用鼠标右击视频播放区域，在弹出的快捷菜单中选择“全屏”命令即可。如果要退出全屏，只要按下 Esc 键即可。

8.2.3 播放音乐

音乐是指计算机中的各种音频文件，Windows Media Player 支持多种音频格式。在 Windows Media Player 中播放音乐的方法与播放视频基本相同，在“文件”菜单中选择“打开”命令，在“打开”对话框中选择要播放的音乐文件，单击 打开(O) 按钮即可进行播放。

播放音频文件时，窗口下方会显示进度条与播放控制按钮，通过这些按钮可以对播放进行各种控制。

知识点拨 Knowledge Windows Media Player 播放控制按钮的功能

媒体信息：最左侧显示当前播放媒体的名称以及时间，如播放音乐，则前方的图标显示为；如播放视频，则图标显示为视频缩略图。

播放进度条：显示当前播放的进度，将鼠标指向进度条时，将显示出进度滑块，拖动该滑块即可调整播放进度。

无序播放：不按照播放列表中的顺序进行播放，而是随机播放。

重复播放：重复播放当前曲目（视频）。

上一个：单击该按钮，可播放当前播放列表中上一曲（上一段视频）。

上一个：单击该按钮，可播放当前播放列表中下一曲（下一段视频）。

暂停：暂停播放，暂停后该按钮将变为“播放”按钮，再次单击按钮恢复播放。

静音：单击该按钮关闭播放声音，此时按钮将变为，再次单击恢复声音。

音量滑块：拖动“音量”滑块调整当前播放声音的高低。

8.2.4 播放 CD 光盘

如果用户要在计算机中播放 CD 音乐光盘，那么也可以通过 Windows Media Player 进行播放。

新手演练 Novice exercises 使用 Windows Media Player 播放音乐 CD

Step 01 将 CD 光盘放入到计算机光驱中，Windows Vista 会自动识别并打开“自动播放”对话框。

Step 02 此时即可启动 Windows Media Player 进行播放，在播放过程中可通过右侧的播放列表选择要播放的曲目，以及通过下方的控制按钮控制播放。

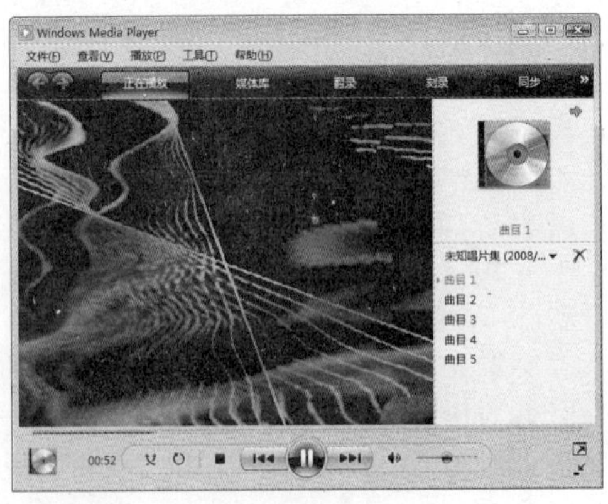

8.2.5 翻录与刻录 CD 光盘

使用 Windows Media Player 除了可以播放计算机中的媒体文件和 CD 光盘外，还可以将音频 CD 光盘中的曲目翻录到计算机中，或者将计算机中的歌曲刻录到 CD 光盘中。

1. 翻录 CD 曲目

当需要将 CD 中的曲目复制到计算机中时，用常规的“复制”与“粘贴”方法是无法复制的，这时就可通过 Windows Media Player 提供的翻录功能进行翻录。

新手演练 Novice exercises 将 CD 音乐光盘中的曲目翻录到计算机中

Step 01 将 CD 光盘放入到计算机光驱中，然后在 Windows Media Player 窗口中单击 翻录 按钮，切换到翻录界面，窗口中将以列表显示出 CD 光盘中的所有曲目。

Step 02 在列表中保留要翻录曲目复选框的勾选，而取消不进行翻录的曲目复选框，单击 开始翻录(S) 按钮。

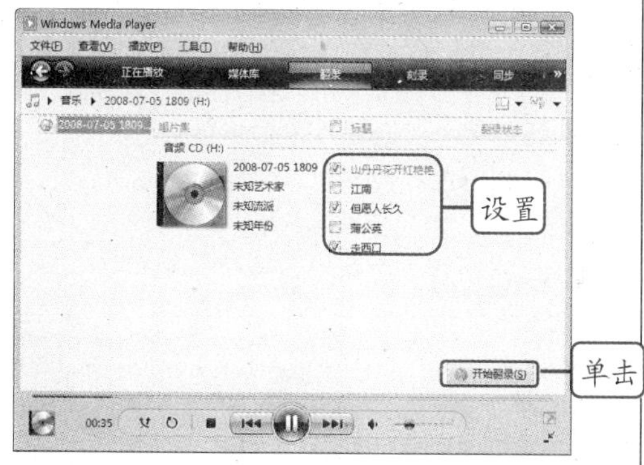

Step 03 此时即将从第一首曲目开始进行翻录并在“翻录状态”系列中显示翻录进度。

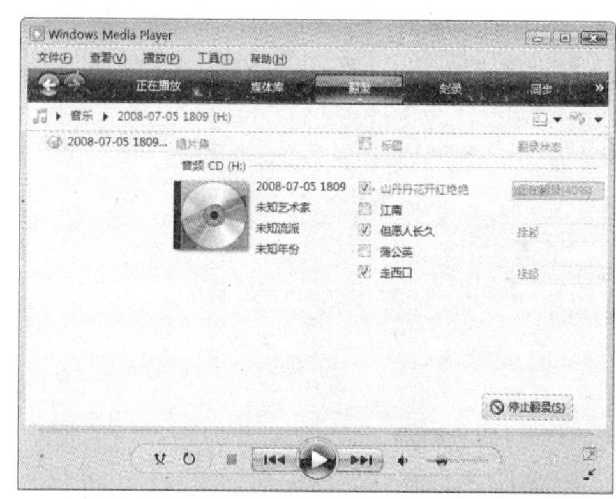

Step 04 一首曲目翻录完毕后，会自动依次翻录其他曲目，当所有曲目都提示“已翻录到媒体库中”后，翻录就完成了。

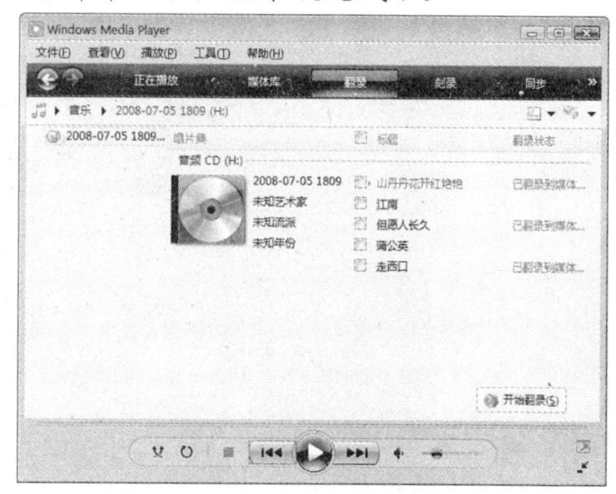

翻录后的歌曲默认保存在“用户文档”目录下的“音乐”文件夹中。

2. 刻录音乐 CD

通过 Windows Media Player 可以将计算机中的其他音频文件刻录到 CD 光盘中，Windows Media Player 会自动将音乐文件转换为 CD 音频格式。

新手演练 Novice exercises 将计算机中的音乐刻录到 CD 光盘

Step 01 将空白 CD 光盘放入到计算机光驱中，在 Windows Media Player 中播放要刻录的歌曲。

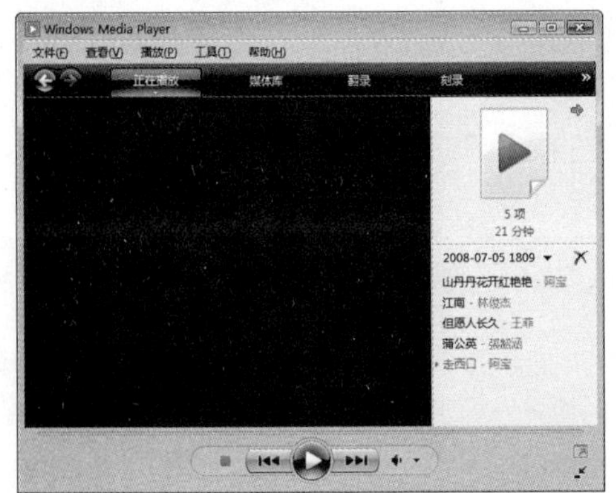

Step 02 在 Windows Media Player 窗口中单击刻录按钮，切换到刻录界面，用鼠标将中间窗格中正在播放的歌曲拖动到窗口右侧的"刻录列表"中。

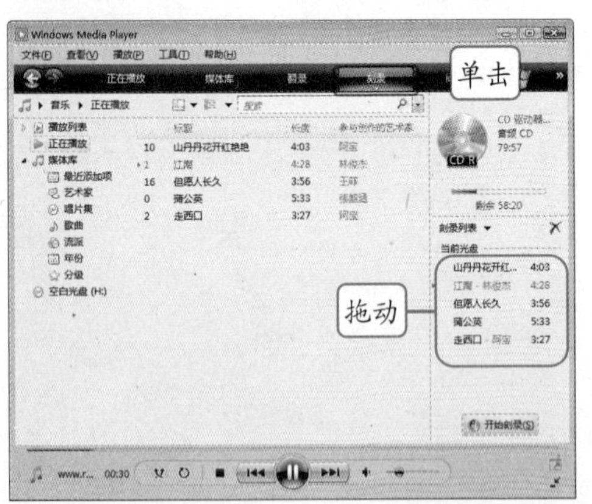

Step 03 单击刻录列表下方的开始刻录(S)按钮，从列表第一首曲目开始，将刻录列表中的音乐文件刻录到 CD 中，同时显示每首曲目的刻录进度。

Step 04 当列表中的所有曲目刻录完毕后，在 Windows Media Player 中曲目的刻录状态均显示"完毕"，并且光驱将自动弹出。

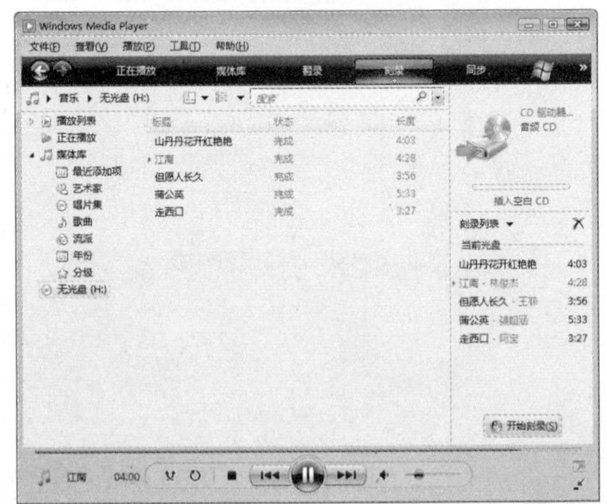

8.3 电影制作 Windows Movie Maker

Windows Movie Maker 是 Windows Vista 内置的一款视频编辑与制作软件，使用 Windows Movie Maker 可以对计算机中视频项目或从摄像机中导入的视频进行编辑与处

理，制作出属于自己的个人电影。在“开始”菜单中的“附件”列表中选择“Windows Movie Maker”命令，即可启动 Windows Movie Maker，启动后的界面如下图所示。

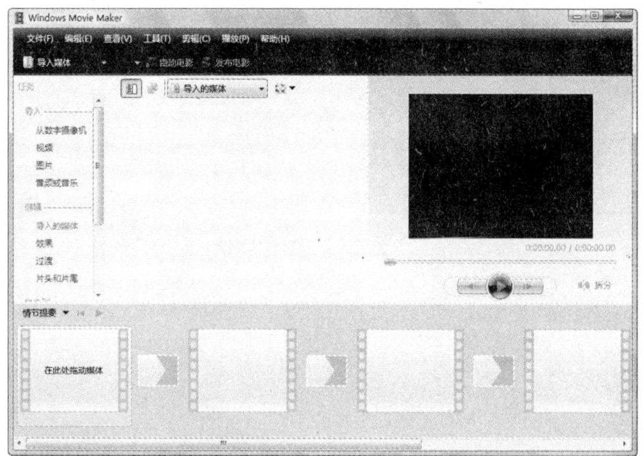

8.3.1 视频项目操作

在 Windows Movie Maker 中对视频进行编辑与处理时，需要先建立项目，然后将视频导入到项目中。对于已有项目，则可以打开后直接编辑；对于未完成编辑的项目，也可以保存后编辑。

1. 新建项目

启动 Windows Movie Maker 后，程序会自动新建一个项目，用户可以在其中直接进行编辑。如果编辑需要，还可以新建一个视频项目。新建项目的方法很简单，只要单击“文件”菜单，在弹出的菜单中选择“新建”命令即可。

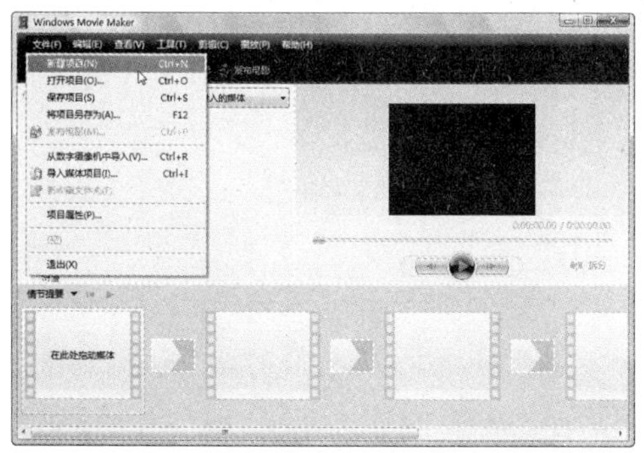

按下 Ctrl+N 快捷键，也可快速新建一个空白项目。

2. 打开项目

对于已有或已经保存的视频项目，可以在 Windows Movie Maker 中打开后继续进行编辑。需要注意的是，要打开的项目必须是 Windows Movie Maker 项目文件，其文件格式为“*.MSWMM”。

新手演练 Novice exercises　打开已有的视频项目

Step 01 选择【文件】/【打开】命令，在“打开项目”对话框中选中要打开的视频项目文件，单击 打开(O) 按钮。

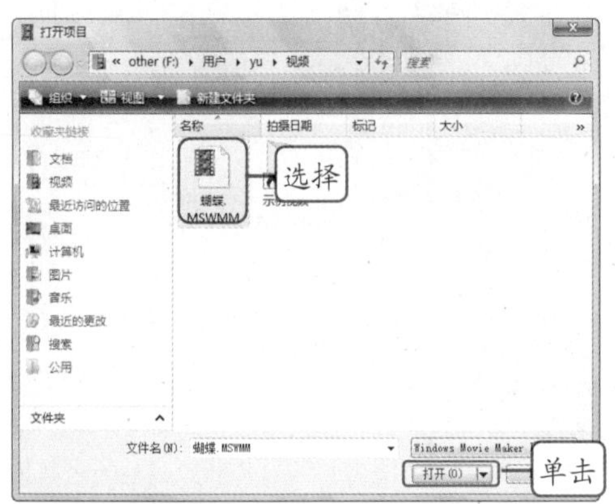

Step 02 此时即可将视频项目在 Windows Movie Maker 中打开。

3. 保存项目

建立或打开视频项目后，对其进行重新编辑与处理后，就可以将视频项目保存到计算机中以备日后调用或编辑。

新手演练 Novice exercises　将当前视频项目保存到计算机中

Step 01 在 Windows Movie Maker 窗口中单击“文件”菜单，在弹出的菜单中选择“保存”命令。

Step 02 打开“将项目另存为”对话框，单击 浏览文件夹(B) 按钮展开对话框，选择保存路径并设置保存名称后，单击 保存(S) 按钮。

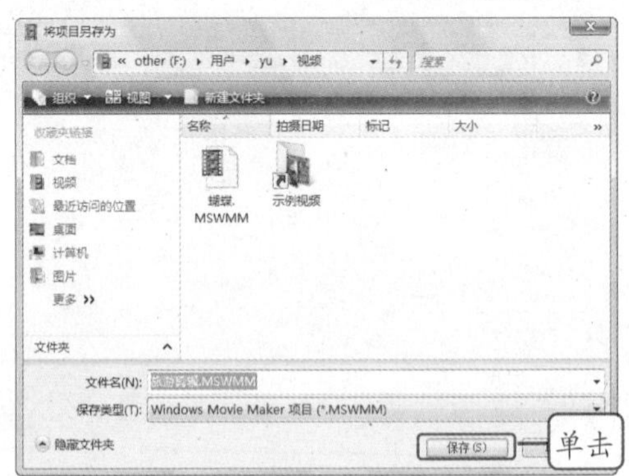

8.3.2 导入媒体内容

建立视频项目后，就可以将计算机中的媒体导入到视频中进行编辑与制作了。在 Windows Movie Maker 中可以导入的媒体包括视频、图像以及音频，还可以直接从数码摄像机中导入已拍摄的视频内容。

1. 导入视频

Windows Movie Maker 支持多种视频格式，如果这些视频文件已经保存到计算机中，那么可以直接导入到 Windows Movie Maker 项目中。

在 Windows Movie Maker 中导入多段视频

Step 01 在 Windows Movie Maker 左侧的“任务”窗格中单击“视频”链接。

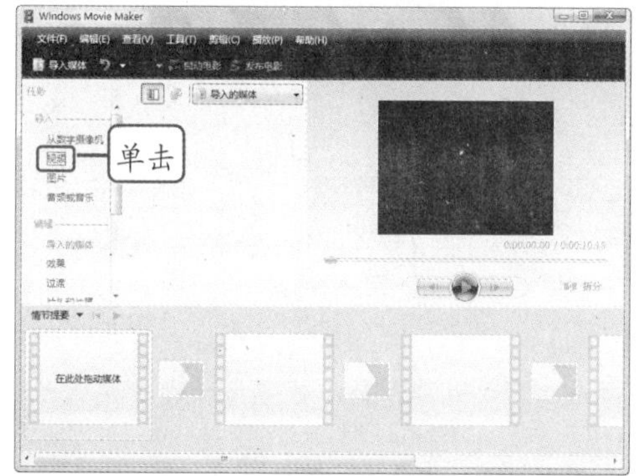

Step 02 打开“导入媒体项目”对话框，在对话框中进入到视频的保存路径，选择要导入的一个或多个视频文件。

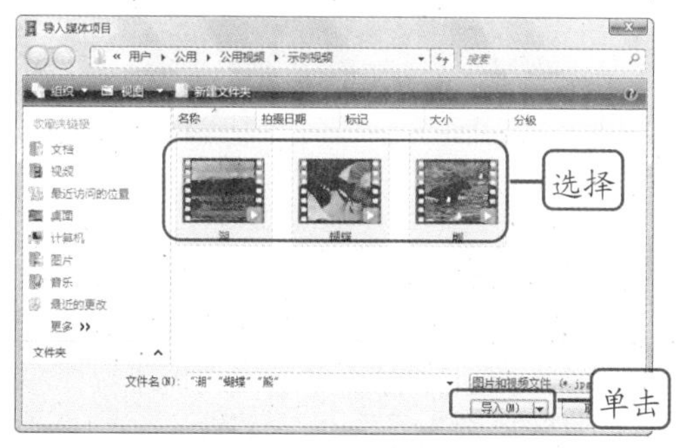

Step 03 单击“导入”按钮，即可将所选视频导入到 Windows Movie Maker 中，同时视频播放窗口中将显示项目的截图，单击下方的“播放”按钮，即可播放导入的视频。

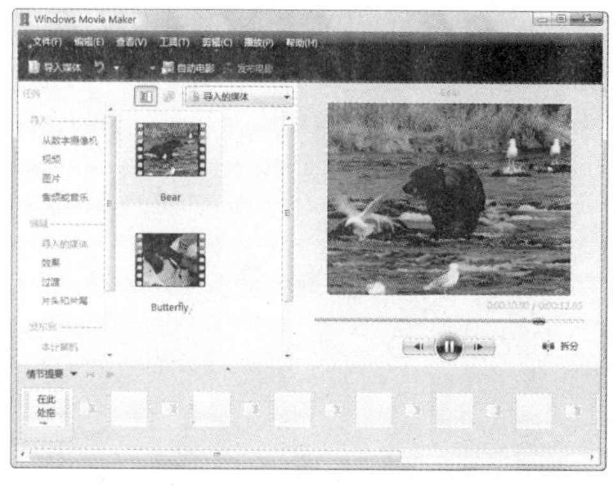

导入多段视频后，如果要播放某段视频，则在中间列表中选择视频项目，然后单击右侧播放区域中的“播放”按钮即可。

2. 导入图片或音乐

一段完整的电影，除了必须的视频外，还应该包含图片和声音。图片用于作为整个电影或其中视频片段的封面，音乐则作为背景音乐。

要导入图片或音乐，只要在 Windows Movie Maker 左侧窗口中单击“图片”链接或“音乐”链接，在打开的对话框中选择要导入的视频和音频文件后，单击“导入”按钮进行导入即可。导入后，通过中间的列表框可以查看所有导入的媒体，并且通过媒体图标方便地区分视频、图片以及音乐，如下图所示。

对于导入的音频文件，也可以通过播放窗口进行播放，只要在中间窗格中选中导入的音频，然后单击“播放”按钮即可。

3. 从摄像机中导入

使用摄像机拍摄的视频，也可以直接导入到 Windows Movie Maker 中进行编辑与处理。将摄像机与计算机连接后，启动摄像机并切换到播放状态，在 Windows Movie Maker 中单击“导入”项目下的“从数字摄像机”链接，即可连接摄像机并导入视频了。

8.3.3 管理视频剪辑

剪辑是指将一段视频拆分为多个视频片段。当视频导入到 Windows Movie Maker 中后，可以将视频创建为多段剪辑，从而更便于管理与调整视频片段，对剪辑进行拆分、合并以及裁剪。

1. 创建视频剪辑

导入视频文件后，可以根据制作需要将单个视频创建为多段更小、更易管理的剪辑，以便更容易处理项目。

新手演练 Novice exercises　将导入的视频创建为多段剪辑

Step 01　右击要创建剪辑的视频，在弹出的快捷菜单中选择“创建剪辑”命令。

Step 02　将开始创建剪辑，同时打开“正在创建剪辑”对话框显示创建进度。

Step 03 剪辑创建完毕后，“导入的媒体”窗格中将原视频项目分割为多个视频剪辑。

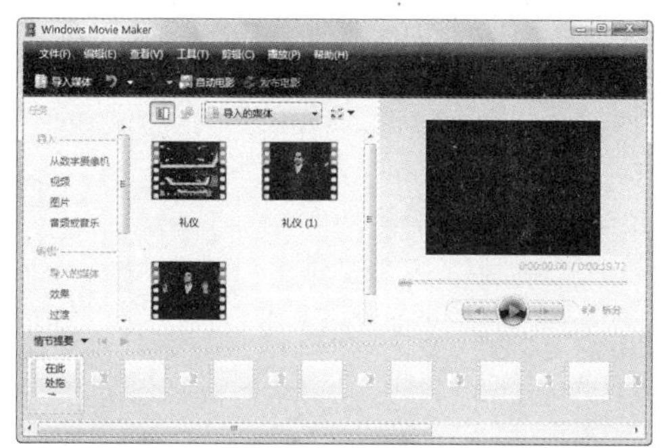

温馨提示牌
Warm and prompt licensing

创建多个剪辑后，可以实现为一段视频应用不同的放映效果，或在视频中添加过渡效果。还可以为剪辑应用不同的片头片尾等。也就是通过剪辑，可以把一段视频分割为多段视频来编辑。

2. 拆分视频剪辑

拆分剪辑即将当前视频或视频剪辑拆分为多段剪辑。通过拆分剪辑功能，用户可以自定义选择各个剪辑的拆分位置。

新手演练 Novice exercises　**自定义将导入的视频拆分为多段剪辑**

Step 01 在中间列表框中选中视频文件，单击播放窗格中的“播放”按钮播放视频。

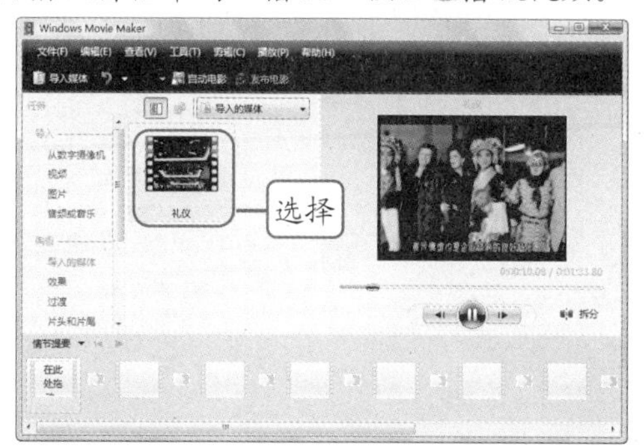

Step 02 当放映到拆分位置时，单击“暂停”按钮，然后单击右侧的“拆分”按钮。

Step 03 此时即可将视频文件拆分为两段剪辑，将单独显示在“导入的媒体”窗格中。

Step 04 继续放映第 2 段剪辑，在需要拆分的位置暂停播放并单击“拆分”按钮拆分。

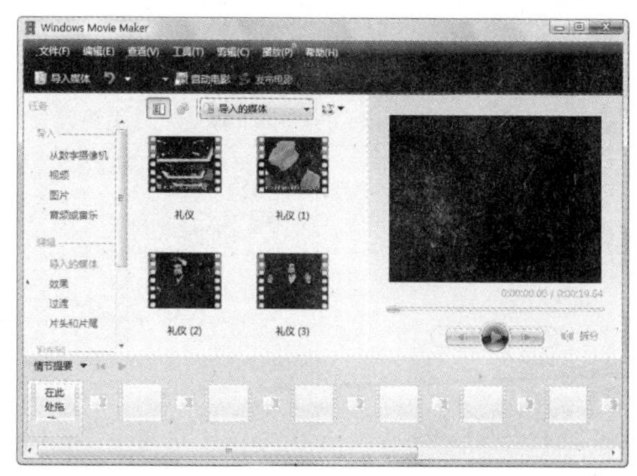

3. 合并视频剪辑

合并剪辑是将多段剪辑合并为一段剪辑。通过合并剪辑功能，可以在创建或拆分剪辑后，将所有剪辑再合并还原为一段剪辑。合并剪辑时，只能合并连续的剪辑。

新手演练 Novice exercises 将多段已拆分的剪辑合并

Step 01 在中间列表框中拖动鼠标选中要合并的多段连续剪辑，然后右击，在弹出的快捷菜单中选择“合并”命令。

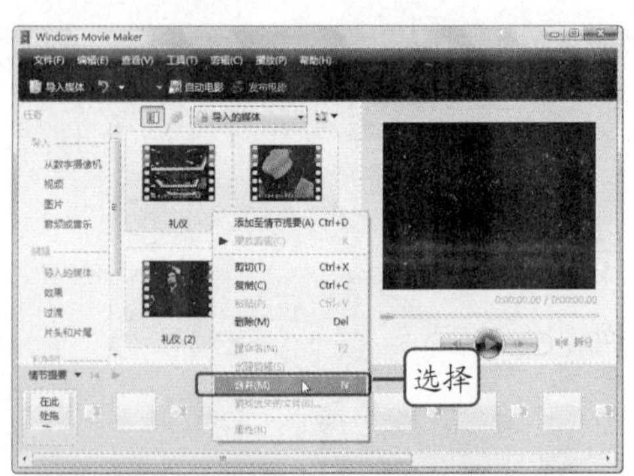

Step 02 此时即可将所选的剪辑合并为一段剪辑。如果为每段剪辑应用了不同效果，那么合并后效果仍旧会保留。

8.3.4 制作自动电影

将多段视频导入到 Windows Movie Maker 并根据需要创建剪辑后，可以通过“自动电影”功能快速将剪辑创建为完整的电影。制作自动电影时，用户只需选择电影的效果、添加电影片头以及设置背景音乐即可。

新手演练 Novice exercises 将导入的视频剪辑创建为自动电影

Step 01 将视频文件导入到 Windows Movie Maker 并根据需要创建剪辑后，单击窗口上方的自动电影按钮。

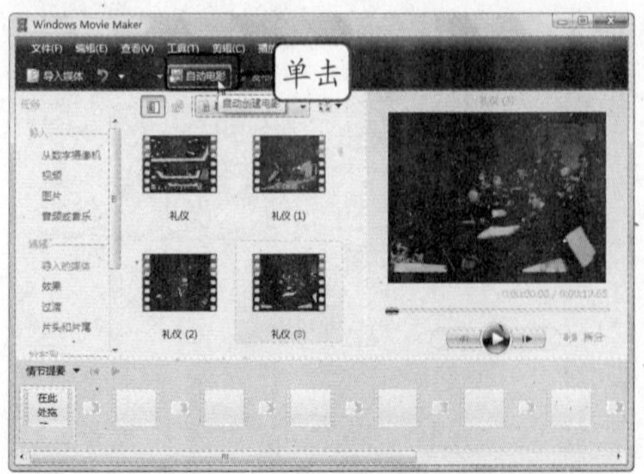

Step 02 此时将切换显示“自动电影编辑样式”界面，在列表框中选择创建电影所采用的样式。

Step 03 单击列表框下方的“输入电影的片头文本”链接，在打开的界面中输入片头内容。

Step 04 单击下方的“添加音频或背景音乐”链接，在打开的界面中单击“音频和音乐文件”下拉列表框右侧的“浏览”链接选择背景音乐，然后拖动下方的滑块调整音频的音量。

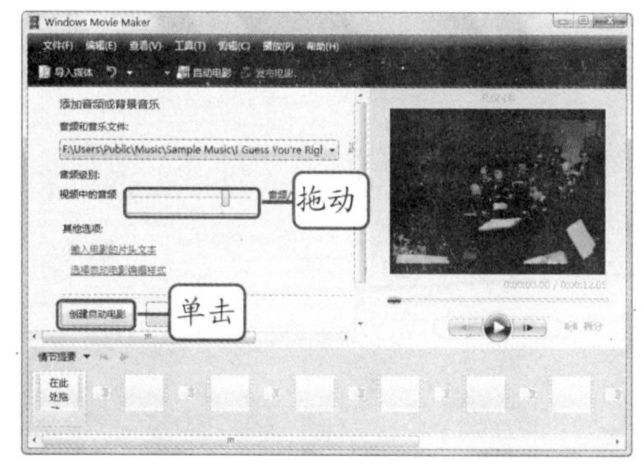

Step 05 单击下方的 创建自动电影 按钮，即可开始创建电影，将打开“正在创建自动电影”对话框显示创建进度。

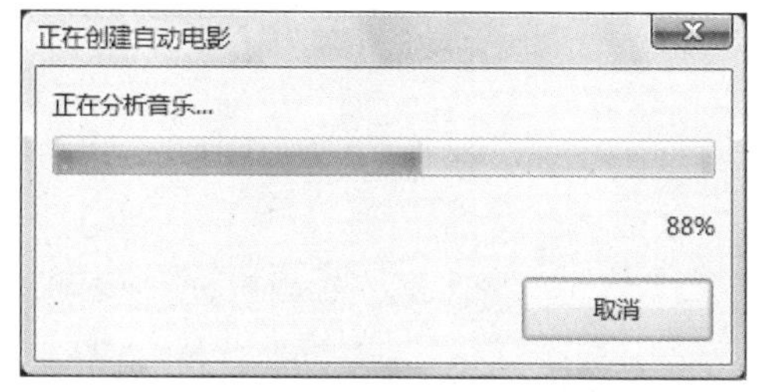

Step 06 创建完毕后，单击播放窗口中的“播放”按钮，即可放映自动创建的电影。

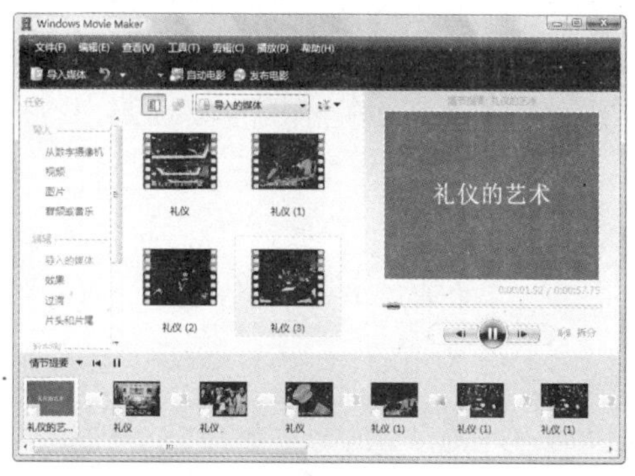

自动电影创建后，要应用电影效果，则需要保存视频项目。

8.3.5 自定义制作电影

在 Windows Movie Maker 中导入视频后，用户可以自行设计并制作电影，包括调整剪辑顺序、设置剪辑过渡、添加放映效果等。

1. 添加情节摘要

Windows Movie Maker 中的情节也就是电影的时间轴，将多段视频剪辑制作为完整电影时，需要先将剪辑添加到 Windows Movie Maker 情节摘要中。

将剪辑添加到情节摘要是自制电影的第一步，只有添加到情节摘要后，才能为视频剪辑引用各种效果与过渡。

新手演练 Novice exercises

将视频剪辑添加到情节摘要

Step 01 在“导入的媒体”列表框中选中第一段视频剪辑，按下鼠标左键，将其拖动到下方情节摘要栏中的第 1 个位置。

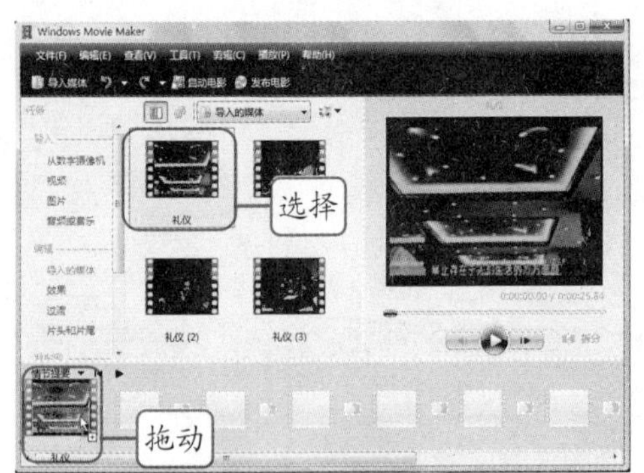

Step 02 拖动到情节摘要位置后，释放鼠标左键，即可将剪辑添加到情节摘要中，同时会显示剪辑的缩略图。

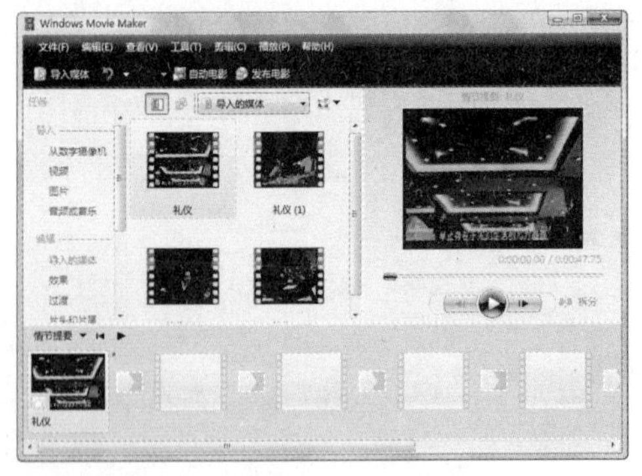

Step 03 按照同样的方法，将各个视频剪辑按顺序添加到情节摘要中即可。

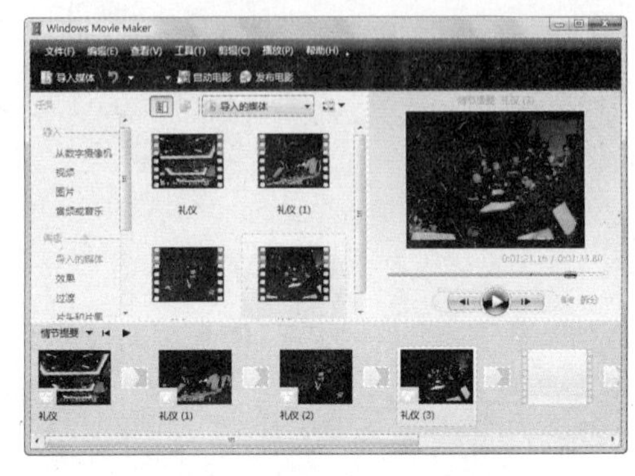

Step 04 添加完毕后，如果要对某个情节摘要进行编辑操作，如剪切、删除、播放等，只要右击情节摘要缩略图，在弹出的快捷菜单中选择相应命令即可。

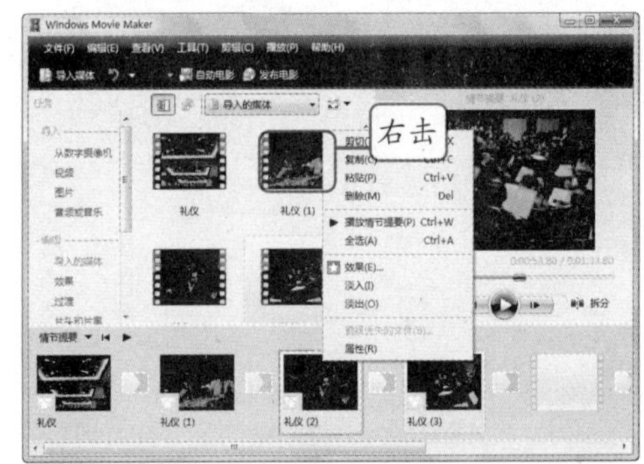

2. 设置放映效果

Windows Movie Maker 提供了多种剪辑放映效果，将剪辑添加到情节摘要后，可以根据制作需要为不同的剪辑设置不同的放映效果。

设置放映效果的方法有两种，一种是通过鼠标拖曳直接添加，这首先需要在左侧的“任务”列表框中单击“效果”链接，切换显示出放映效果界面；另一种是通过对情节摘要的快捷命令进行添加，需要右击情节摘要后选择“效果”命令，在打开的“添加或删除”效果对话框中进行添加。

通过鼠标拖曳为情节摘要添加放映效果

Step 01 单击左侧窗格中“编辑”项目下的“效果”链接，在窗口中显示出所有放映效果。

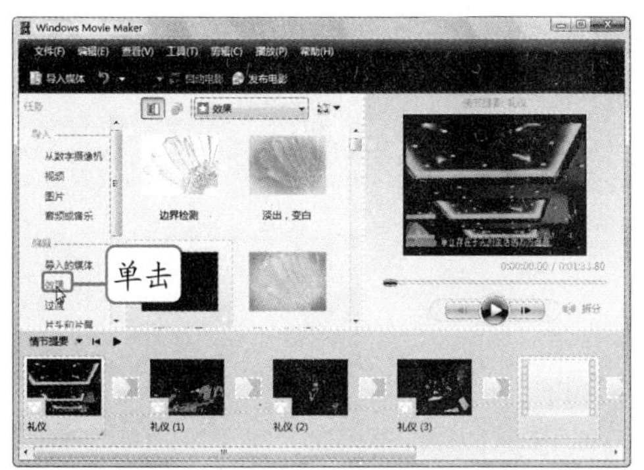

Step 02 在“效果”列表中选中要使用的放映效果，用鼠标将效果拖曳到情节摘要中第1段剪辑图标上。

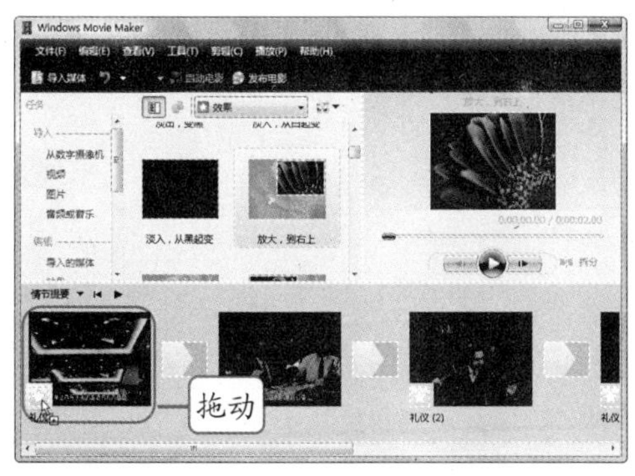

Step 03 释放鼠标按键，情节摘要中的剪辑缩略图上将显示标记，表示该剪辑已添加放映效果。此时播放剪辑即可查看播放效果。

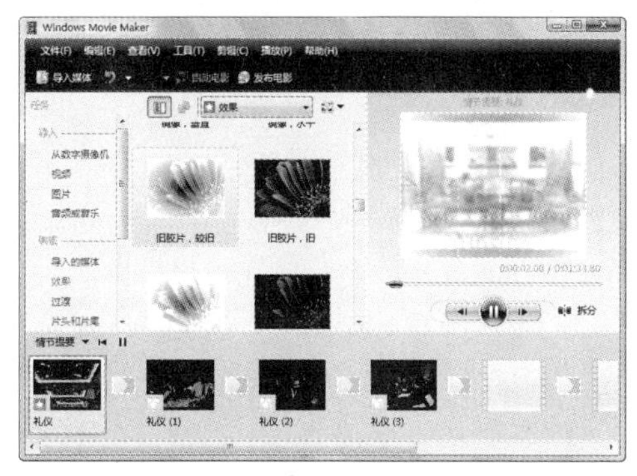

如果要为剪辑同时添加多个效果，那么可以右击剪辑，在弹出的快捷菜单中选择“效果”命令，打开“添加或删除效果”对话框，在其中直观地添加多个效果或删除已有效果。

3. 设置过渡效果

过渡效果是指在影片放映过程中从上一段剪辑过渡到下一段之间的播放效果，当采用多段视频剪辑时，合理地设置各个剪辑的过渡效果，可以使每段视频在播放时流畅地过渡。

为视频剪辑添加过渡效果

Step 01 单击左侧窗格中“编辑”项目下的“过渡”链接，在窗口中显示出所有过渡效果。

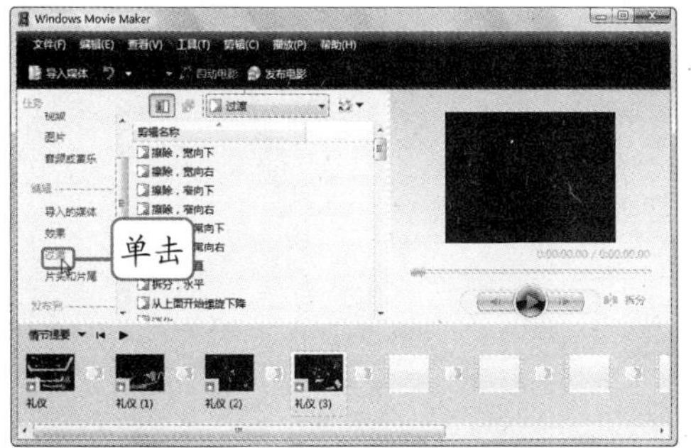

Step 02 选择某个过渡效果，然后将其拖曳到情节摘要中两个剪辑之间的位置。

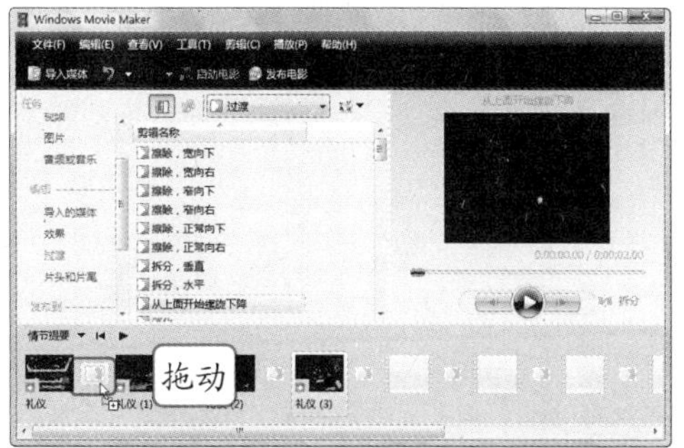

Step 03 此时即可将过渡效果添加到两段剪辑之间，位置将显示对应的过渡效果标记。

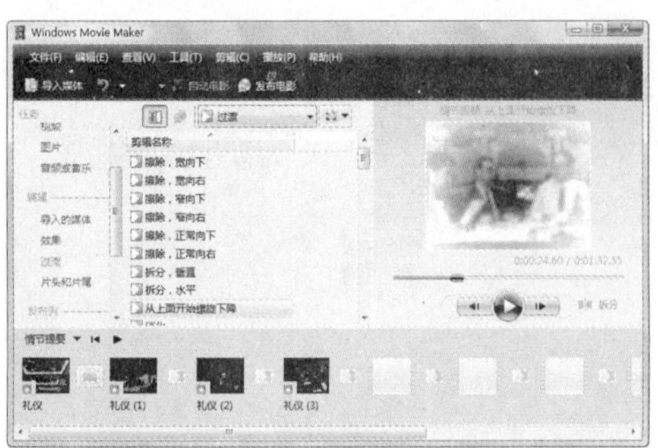

Step 04 如果要播放过渡效果，只要选中过渡效果位置，然后播放视频剪辑即可。

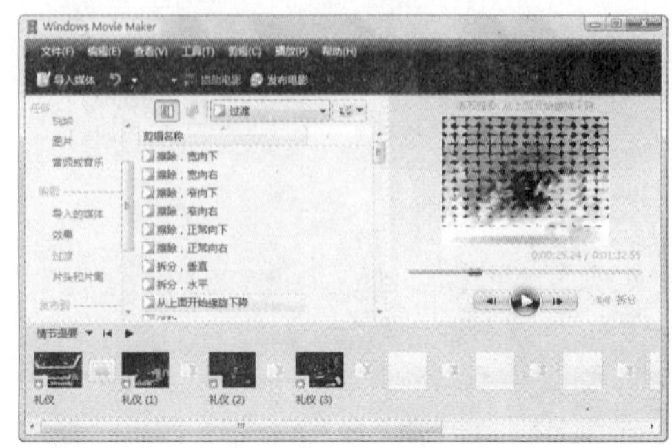

4. 添加片头与片尾

片头片尾是一段完整电影中必不可少的对象，片头位于电影的开始位置，用于放置电影的名称以及文字说明信息；片尾位于电影的结束位置，用于放置电影结束后的相关文字信息。当为视频剪辑添加放映和过渡效果后，接下来就应该添加片头与片尾信息了。

新手演练 Novice exercises 为制作的电影添加片名与结尾信息

Step 01 单击左侧窗格中“编辑”项目下的“片头和片尾”链接，在显示出的窗口中单击“在开始处”链接。

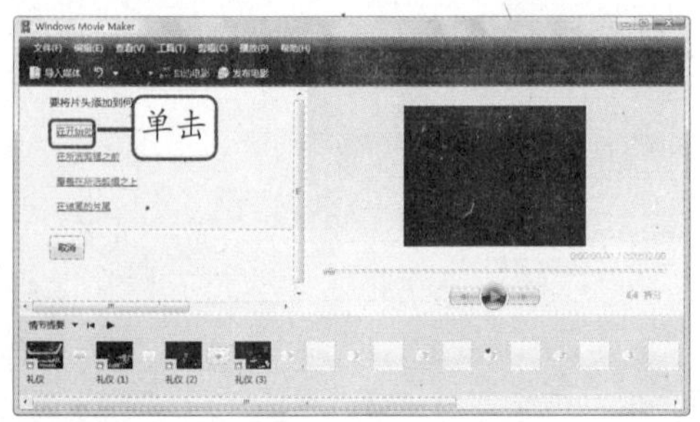

Step 02 在显示出的“输入片头文本”文本框中输入片头信息的标题与副标题，右侧播放窗口中会自动播放效果。

Step 03 单击下方的“文本字体与颜色”链接，在显示出的界面中选择片头文本的字体、颜色以及背景颜色。

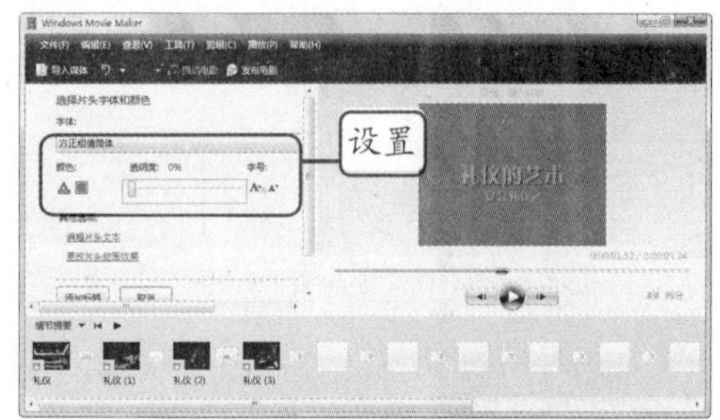

Step 04 单击下方的“更改片头动画效果”链接，在显示出的列表框中选择片头内容的动画效果。

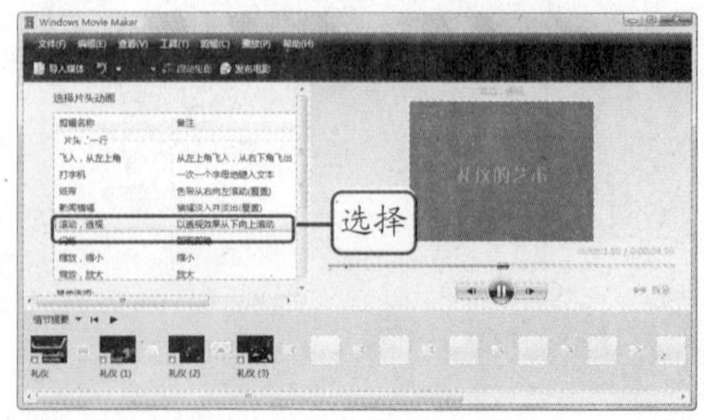

Step 05 设置完毕后，单击下方的添加标题按钮，即可在情节提要最前面添加片头动画。

Step 06 再次单击左侧窗格中的“片头和片尾”链接，在界面中单击“在结尾的片尾”链接，在切换到界面中输入片尾信息，单击添加标题链接添加片尾动画。

5. 添加背景音乐

制作电影时，可以导入一段音乐作为电影的背景音乐。这里需要将导入的音乐添加到时间线上，然后设定音乐的播放时间与范围。

新手演练 Novice exercises 为电影片段添加背景音乐

Step 01 单击左侧窗格中“导入”项目下的“音频或音乐”链接，导入要作为背景音乐的音频文件。

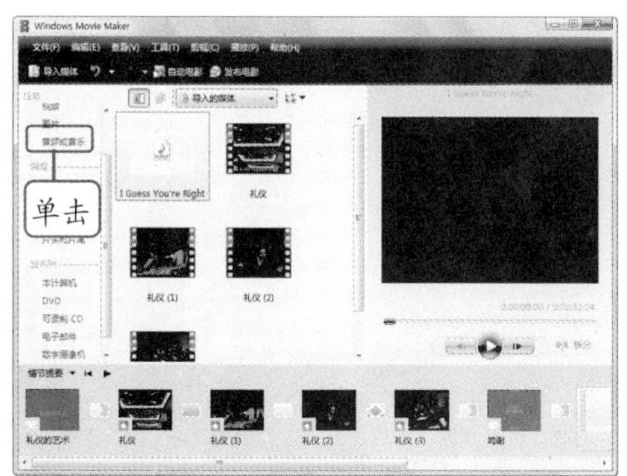

Step 02 将添加的音频文件拖曳到“情节提要”位置，将自动切换到“时间线”视图，同时在时间轴中显示音频文件的范围。

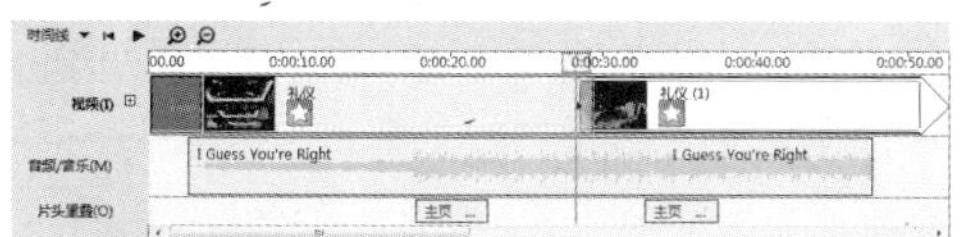

Step 03 将指针指向时间轴的音频范围，然后拖动鼠标调整音乐在电影中的播放范围。

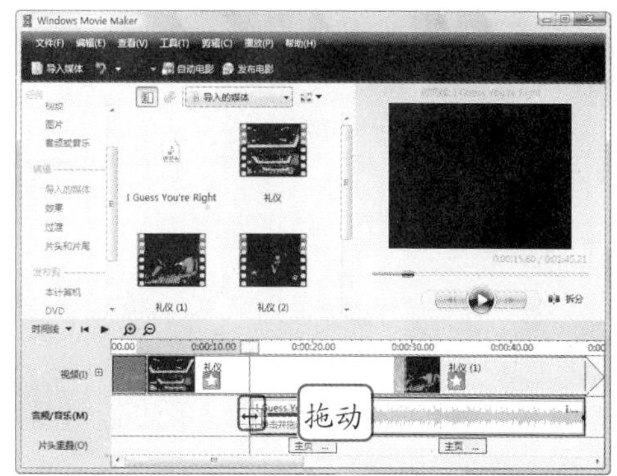

Step 04 添加背景音乐后，单击时间线下拉按钮，在列表中选择“音频级别”命令，打开“音频级别”对话框，拖动滑块调整音频的音量，然后关闭对话框即可。

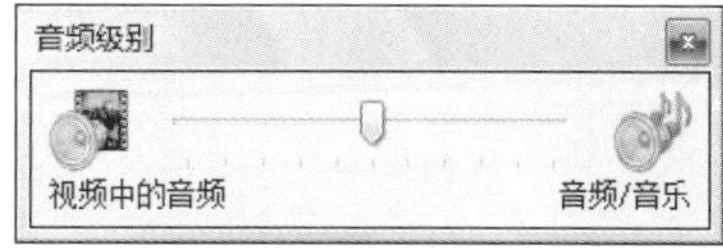

8.3.6 发布电影

对视频剪辑进行编辑与设计后，就可以将制作完成的视频剪辑发布成电影了。在 Windows Movie Maker 中可以将电影发布到计算机、CD 光盘或者通过邮件发送。其中发布到计算机是最常用的发布方式。

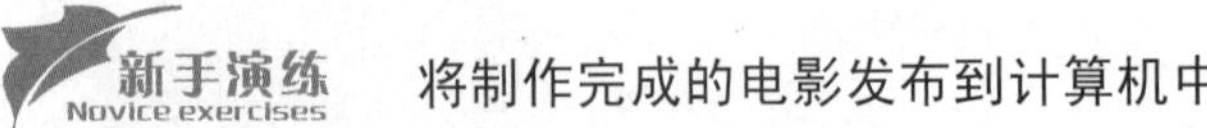

将制作完成的电影发布到计算机中

Step 01 单击 Windows Movie Maker 窗口上方的 发布电影 按钮。

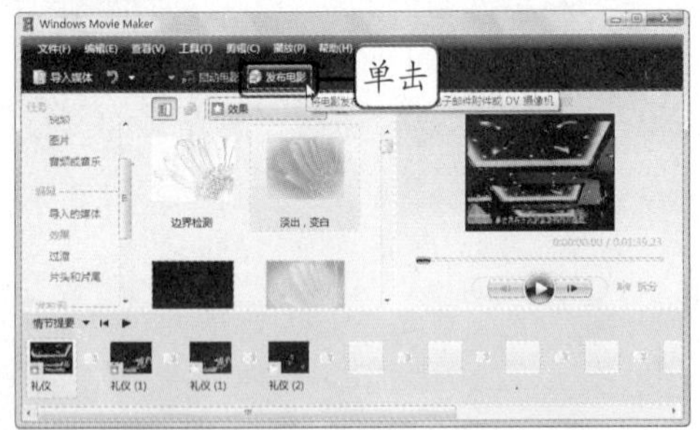

Step 02 在打开的“发布电影”对话框中选择“本计算机”选项，单击 下一步(N) 按钮。

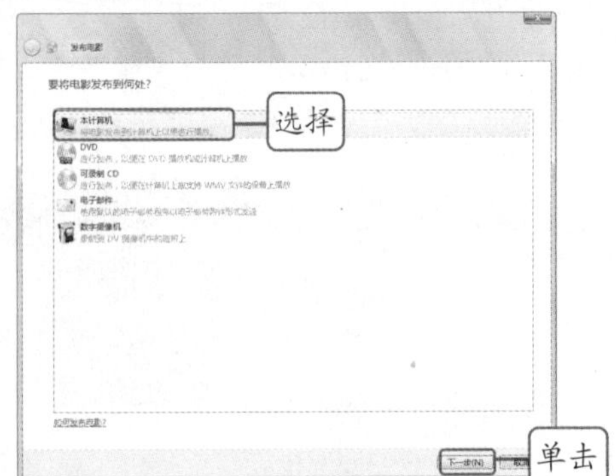

Step 03 在打开的“命名正在发布的电影”对话框中输入电影的发布名称，并单击 浏览(R)... 按钮选择发布位置，单击 下一步(N) 按钮。

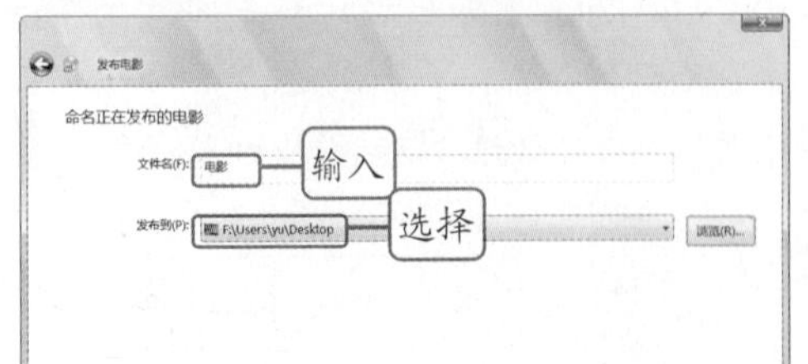

Step 04 在打开的“为电影选择设置”对话框中选择电影的播放质量，建议保持默认设置即可，单击 发布(P) 按钮。

Step 05 此时将开始发布电影，并在对话框中显示发布进度。

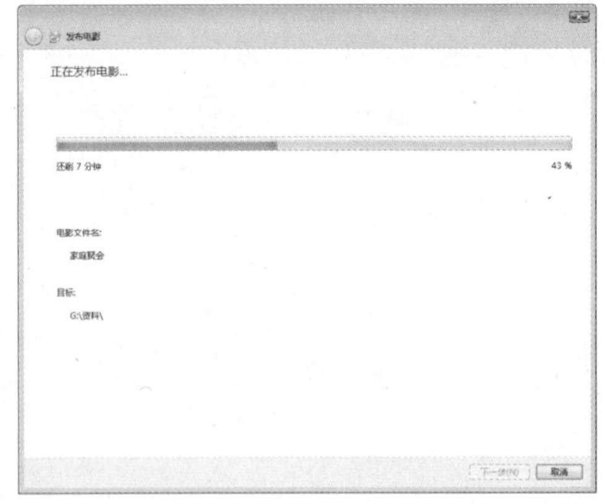

Step 06 发布完毕后，在最后打开对话框中默认选中“单击‘完成’后播放电影”复选框，单击 完成(F) 按钮，即可启动 Windows Media Player 播放发布的电影了。

8.4 光盘刻录 Windows DVD Maker

Windows DVD Maker 是 Windows Vista 提供的 DVD 光盘刻录工具，用于将视频、图片等媒体刻录到 DVD 光盘中。Windows DVD Maker 只能制作 DVD 光盘而无法制作 CD 光盘，因此用户要使用该工具，必须装有 DVD 刻录机。

使用 Windows DVD Maker 制作 DVD 光盘

Step 01 在“开始”菜单中的“所有程序”列表中选择“Windows DVD Maker”命令，打开 Windows DVD Maker。

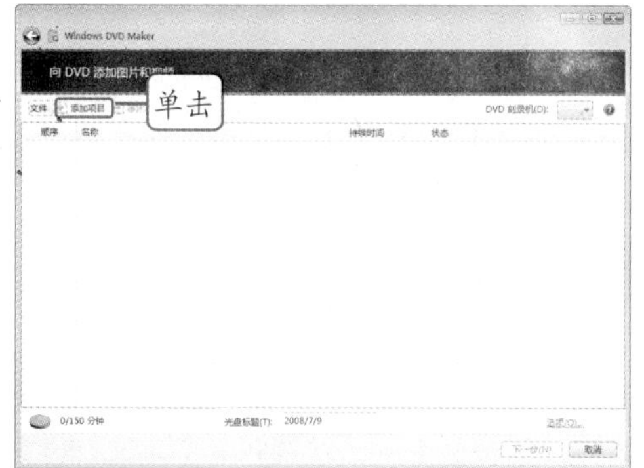

Step 02 单击窗口上方的 添加项目 按钮，在打开的“将项目添加到 DVD”对话框中选择要刻录的电影文件，单击 添加 按钮。

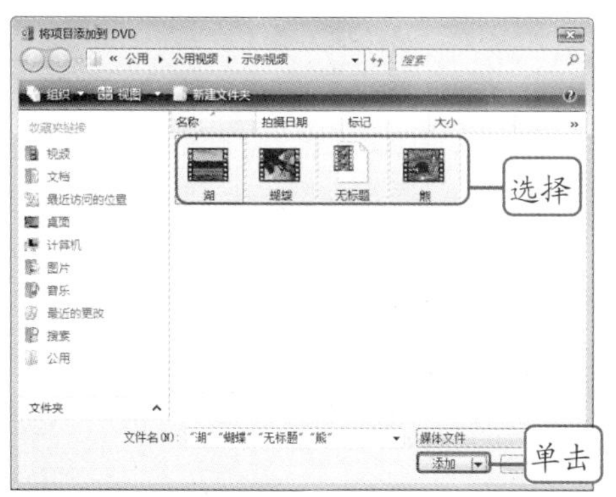

Step 03 此时即可将电影添加到刻录列表中，在列表框下方输入光盘的标题，单击 下一步(N) 按钮。

Step 04 在接着打开的窗口右侧选择DVD菜单的样式，选择后单击 刻录(U) 按钮，即可开始将电影刻录到 DVD 光盘中。

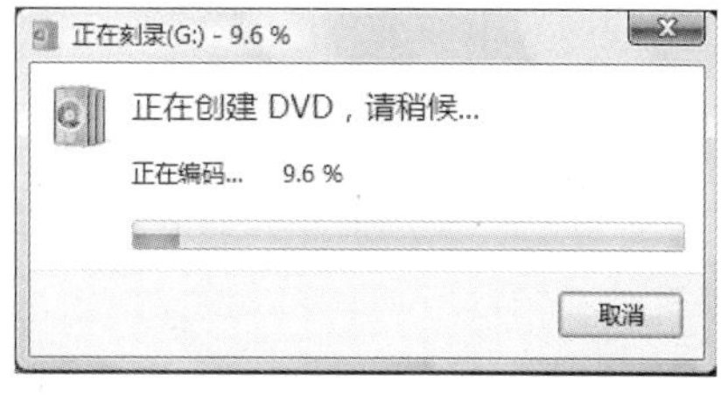

8.5 Windows 媒体中心

Windows 媒体中心是 Windows Vista 中自带的一款集音频、视频、图片、电视、游戏于一体的媒体系统。通过媒体中心，用户可以方便地浏览图片、播放音乐以及欣赏电影等，从而实现计算机与家庭影音设备的完全结合。

在“开始”菜单中的“所有程序”列表中选择“Windows Media Center”命令，即可

启动 Windows 媒体中心，启动后的界面如下图所示。

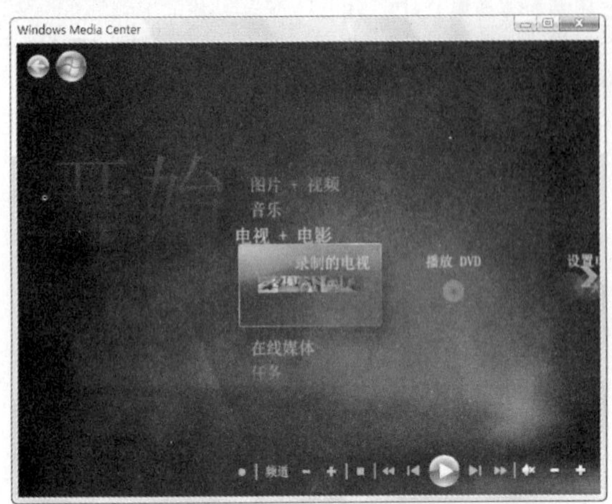

第一次启动媒体中心时，需要进行配置安装，建议选中“快速安装”选项，单击“安装”即可。

启动 Windows 媒体中心后，可以通过鼠标或键盘对 Windows 媒体中心进行控制。

Windows 媒体中心的控制方式

鼠标操作：指向某个选项后，单击即可选择该选项，然后再单击子选项，即可选择并进入到子选项界面。

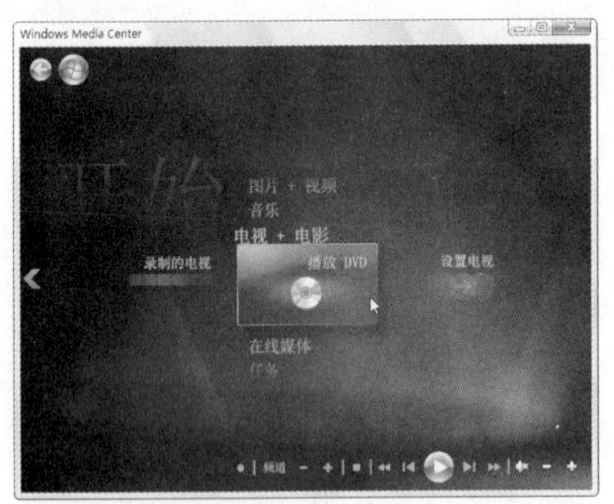

键盘操作：通过键盘控制 Windows Media Center，主要是通过上、下、左、右方向键配合 Enter 键来进行。只要按下对应的方向键选择选项，然后按 Enter 键确认选择即可。

如果用户计算机配备有专用的遥控器，那么就可以使用遥控器来控制 Windows Media Center。

8.5.1 播放音乐

播放音乐需要 Windows Media Player 媒体库支持，在 Windows Media Center 中能够播放 Windows Media Player 媒体库中的所有音乐文件，在播放过程中，还可以更加直观方便地控制播放。

使用 Windows Media Center 播放音乐

Step 01 在 Windows Media Center 界面中通过方向键选择“音乐”项目，此时会自动选择“音乐”项目下的“音乐库”选项。

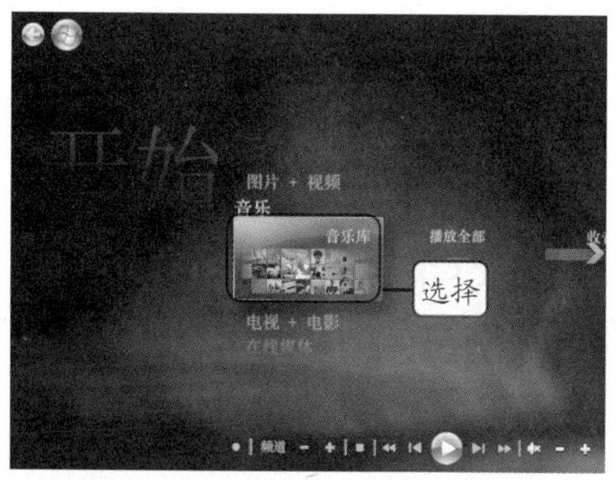

Step 02 按下 Enter 键，即可进入到“音乐库”界面。

Step 03 按下“向上”方向键激活歌曲分类选项，然后按下“向右”方向键，选择“<歌曲>”选项，将显示出“歌曲”分类中所有曲目。

Step 04 按下“向下”方向键，激活曲目列表，通过方向键在列表中选择要放映的曲目。

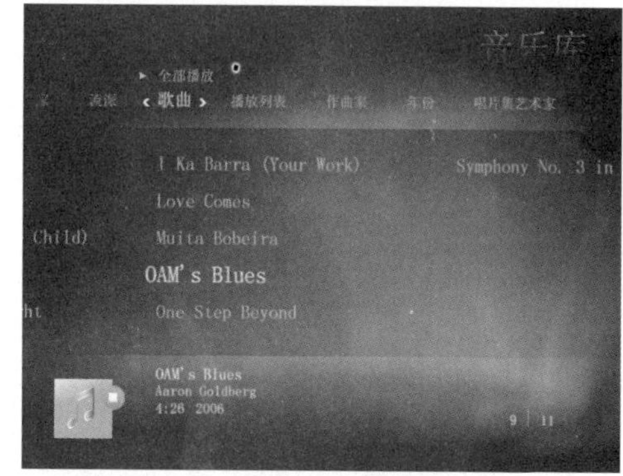

Step 05 按下 Enter 键，即可进入到“歌曲详细资料”界面，通过方向键选择“播放歌曲”选项。

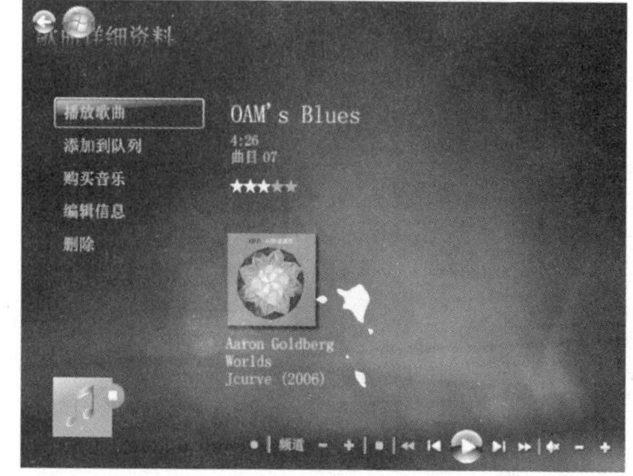

Step 06 开始播放所选择的歌曲，通过下方的控制按钮，可以控制歌曲的播放以及音量。

8.5.2 播放视频

通过 Windows Media Center 同样可以播放 Windows Media Player 媒体库以及计算机中的所有视频文件。

新手演练 Novice exercises　在 Windows 媒体中心中播放视频

Step 01　通过方向键选择“图片 + 视频”项目，然后按下“向右”方向键选择“视频库”选项，按 Enter 键。

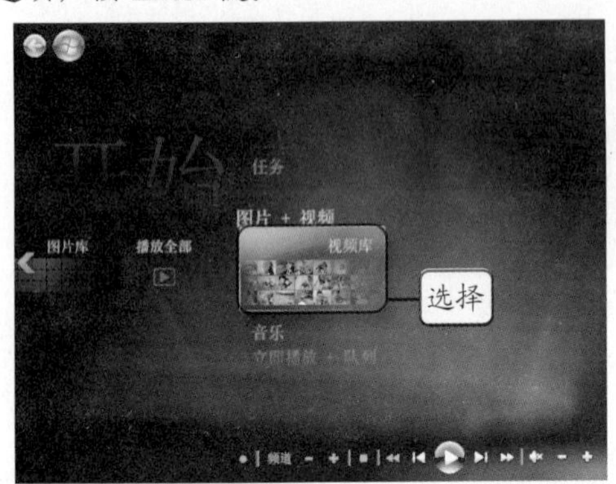

Step 02　此时即可进入到“视频库”界面，通过方向键选择视频文件的保存目录。

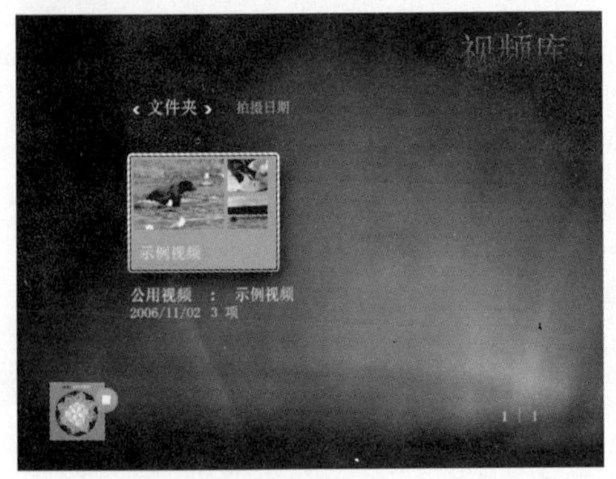

Step 03　按下 Enter 键进入目录，查看到该目录下的所有视频文件。

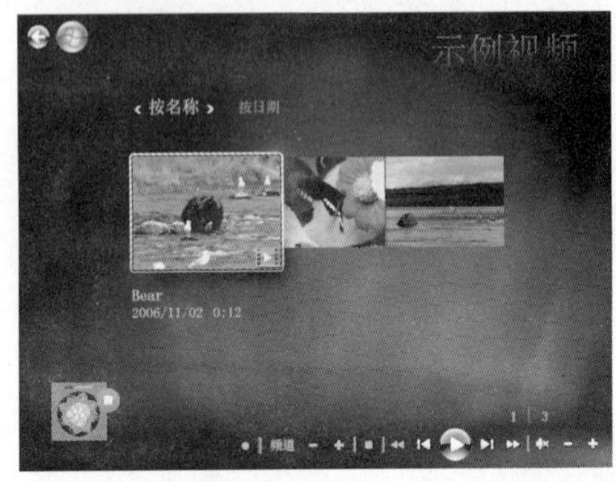

Step 04　通过方向键选择要播放的视频文件，按下 Enter 键即可放映视频。在放映过程中，通过下方的控制按钮控制放映。

8.5.3　浏览图片

通过 Windows Media Center 可以浏览 Windows 照片库中或指定文件夹中的所有图片文件，或者将图片打开并以幻灯片方式动态播放。

使用 Windows Media Center 播放浏览图片

Step 01　在 Windows Media Center 界面中通过方向键选择“图片 + 视频”项目，此时会自动选择“图片 + 视频”项目下的“图片库”选项，按 Enter 键。

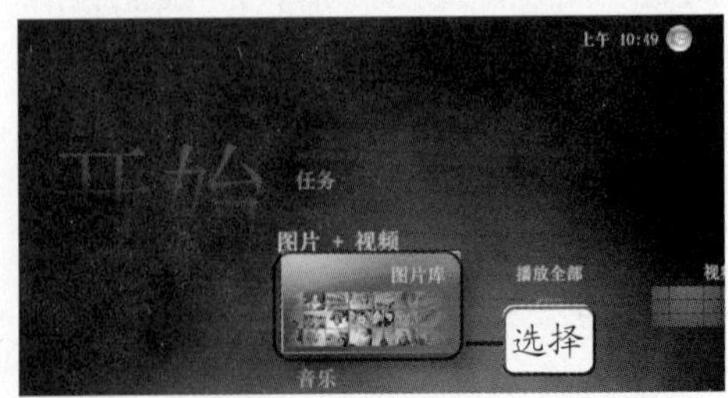

Step 02 进入到图片库界面后，通过方向键选择“<文件夹>”选项。

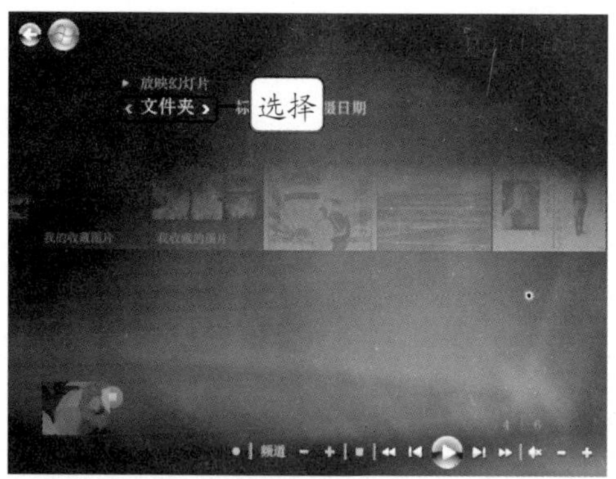

Step 03 在下方的文件与文件夹列表中选择要进入到的文件夹缩略图，按下 Enter 键。

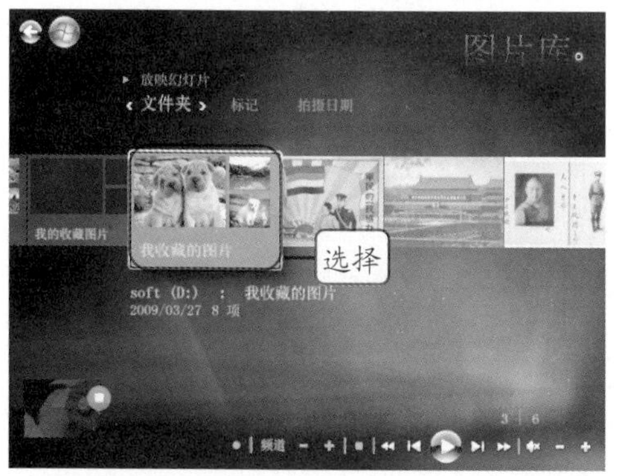

Step 04 此时即可进入到所选文件夹中，并在界面中显示所有图片的缩略图。

Step 05 通过方向键选择某张图片，按下 Enter 键，即可在界面中打开该图片。

8.6 职场特训

本章主要讲解了 Windows 照片库、Windows Media Player、Windows Movie Maker、Windows DVD Maker 以及 Windows 媒体中心的使用。下面通过 3 个实例巩固本章知识并拓展所学知识的应用。

特训 1：使用 Windows 照片库自动调整照片

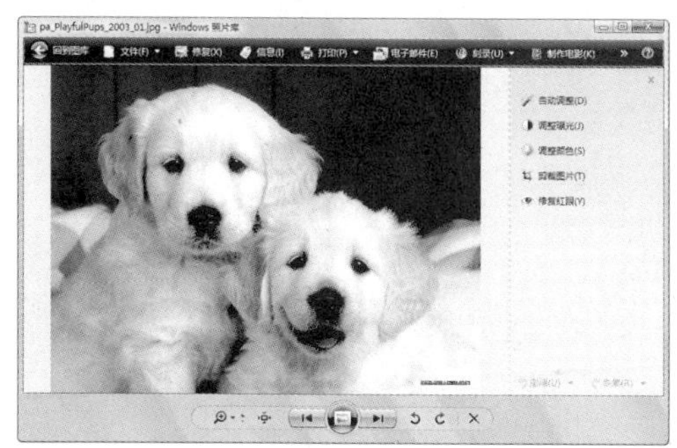

1. 打开 Windows 照片库，并将计算机中保存图片的文件夹导入到 Windows 照片库中。
2. 在浏览窗口中双击照片，在打开的窗口中查看完整照片。
3. 单击窗口上方的“修复(X)”按钮，进入到图片修复界面，单击“自动调整(D)”按钮对图片自动修复，然后保存修复。

特训 2：使用 Windows Media Player 播放电影

1. 打开 Windows Media Player，按下 Ctrl+O 组合键，选择要播放的视频文件。
2. 开始播放视频文件，拖动下方的进度条调整视频播放进度。
3. 拖动下方的音量滑块，调整视频的播放音量。
4. 播放完毕后，退出 Windows Media Player。

特训 3：使用 Windows 媒体中心播放 DVD 影片

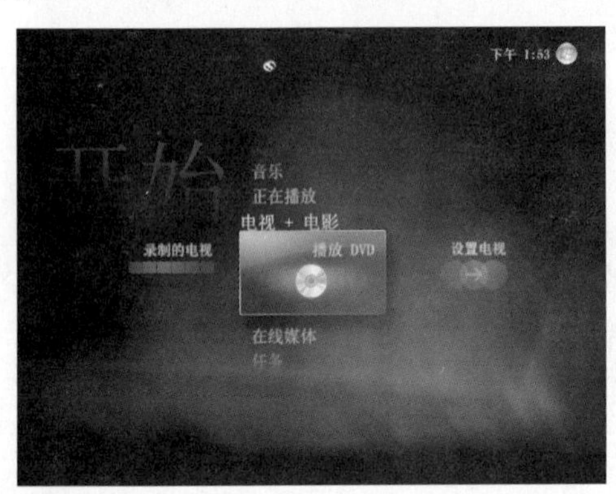

1. 将要播放的 DVD 光盘放入到计算机光驱。
2. 启动 Windows 媒体中心，通过方向键选择“电视+电影”下的“播放 DVD”选项。
3. 此时即可开始播放 DVD 影片，通过下方的控制按钮可以控制影片的播放。

第9章

Windows Vista 自带工具的使用

精彩案例

在“记事本”中输入会议记录

为标题和正文设置不同的字体

设置文档页边距与纸张大小

在“画图”中绘制简单的图形

本章导读

Windows Vista 中自带了一些常用的工具，包括“记事本”、“写字板”、“计算器”以及“画图”工具等。用户在使用计算机过程中，这些工具就可以满足基本的使用需求，如编排文本、回执图形、计算数值等。

9.1 记事本

“记事本”是 Windows Vista 自带的一款纯文本编辑工具，主要用于在计算机中输入各种文本内容。一些程序和代码，也可以通过“记事本”来输入。“记事本”具有简单的操作界面，用户可以轻松地学习并使用。

9.1.1 认识“记事本”窗口

登录到 Windows Vista 后，在“开始”菜单中选择【所有程序】/【附件】/【记事本】命令，即可打开“记事本”窗口，如下图所示。

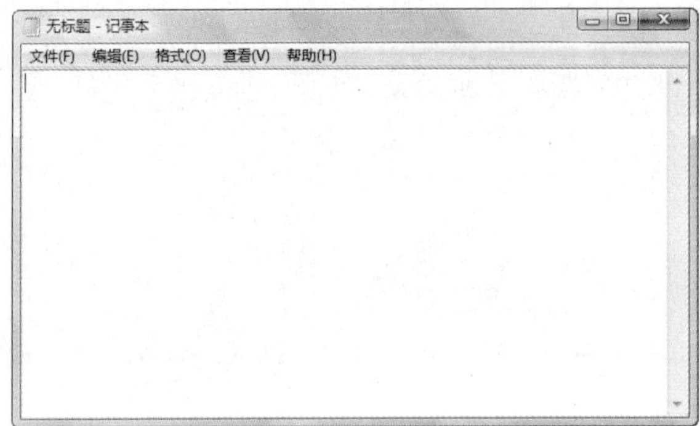

知识点拨 Knowledge “记事本”窗口的组成

标题栏：左侧显示当前编排文档的标题，右侧依次为最小化、最大化与关闭按钮。

菜单栏：菜单栏中分类集合了“记事本”程序的所有操作命令。

编辑区域：在“记事本”程序中输入与编辑的所有文本都将在该位置显示出来。

滚动条：当内容超过“记事本”窗口时，将显示滚动条用于调整查看范围。

9.1.2 输入文本

打开“记事本”后，就可以在其中编排文本了。“记事本”中可以输入任意的中文、英文、数字以及标点符号。输入中文或英文时，只要切换到相应的输入法即可。

新手演练 Novice exercises 在“记事本”中输入会议记录

Step 01 打开“记事本”程序，单击语言栏中的输入法图标，在弹出的菜单中选择一种自己熟悉的中文输入法。

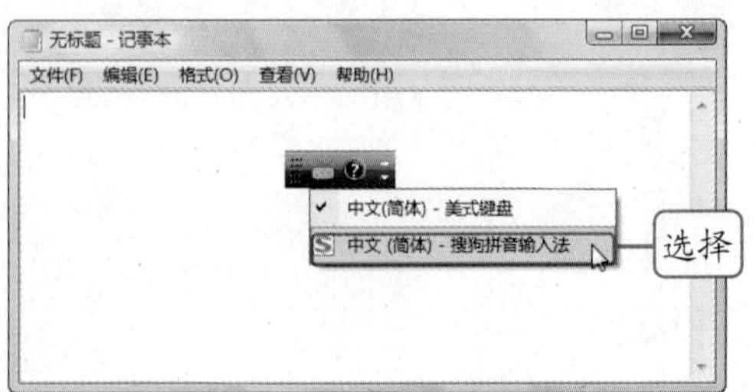

Step 02 连续按下空格键，将窗口第 1 行中的光标向右移动 6 个空格。

Step 03 输入文本“会议记录”，然后按下 Enter 键换行。

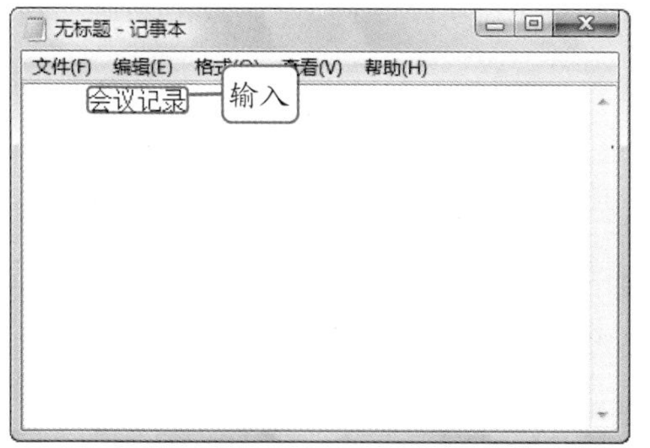

Step 04 继续输入其他内容，在需要换行的位置按下 Enter 键即可。

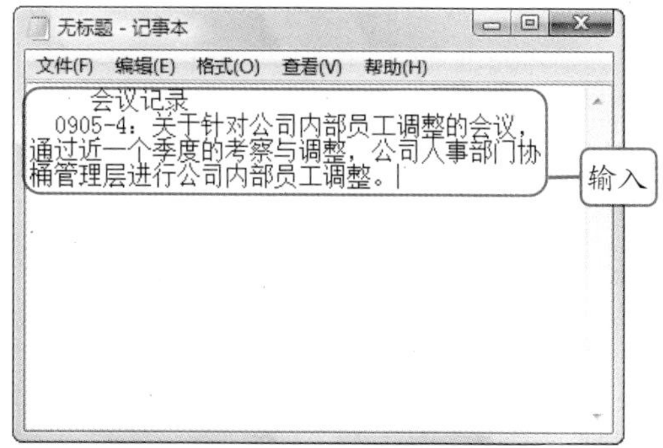

9.1.3 设置文本格式

在“记事本”中输入文本后，可以对输入文本的基本字体格式进行设置，包括字体、字号以及字形等。

新手演练 Novice exercises 更改文档的字体和字号

Step 01 在“记事本”中输入文本后，单击菜单栏中的“格式”菜单项，在弹出的菜单中选择“字体”命令。

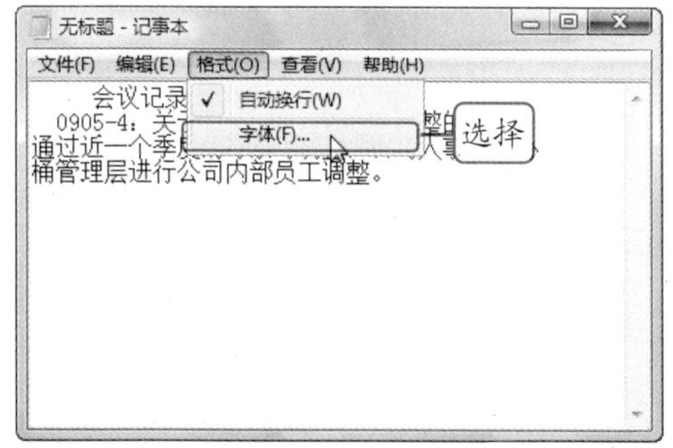

Step 02 打开“字体”对话框，在“字体”列表框中选择“隶书”选项、“大小”列表框中选择“四号”。

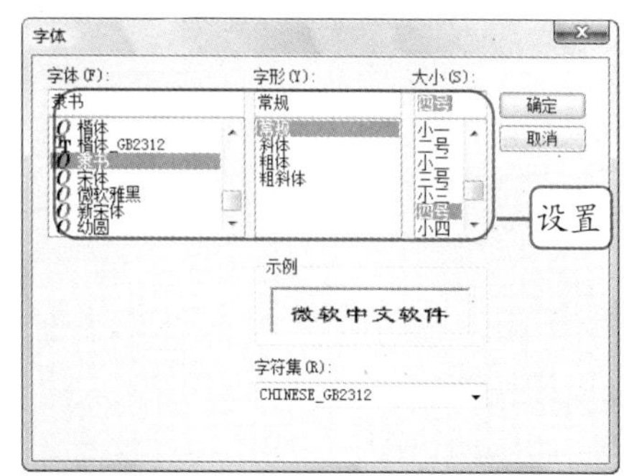

字体的字号也可以设置为“磅”，如在“大小”文本框中输入“30”，单击 确定 按钮，即可将字号设置为 30 磅。

Step 03 设置完毕后，单击对话框右侧的 确定 按钮，即可为“记事本”中的文本应用所设置的字体格式。

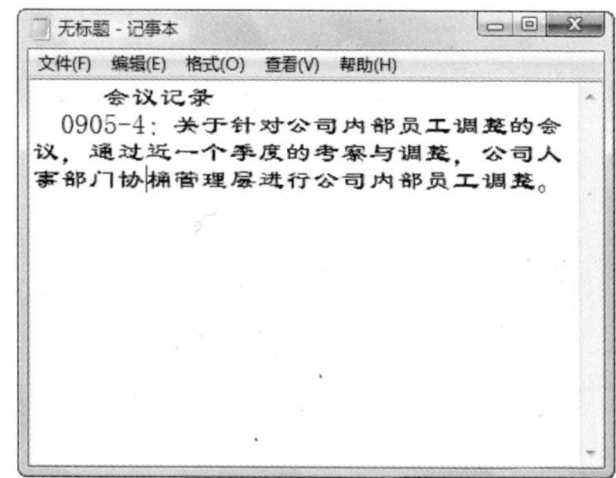

9.1.4 保存文本文档

在“记事本”中输入与编排文本后，可以将文档保存到计算机中，以方便随时打开文档查看或重新编辑文本内容。

新手演练 Novice exercises 将“会议记录”保存到“文档”目录中

Step 01 单击“记事本”窗口中的“文件”菜单项，在弹出的菜单中选择“保存”命令。

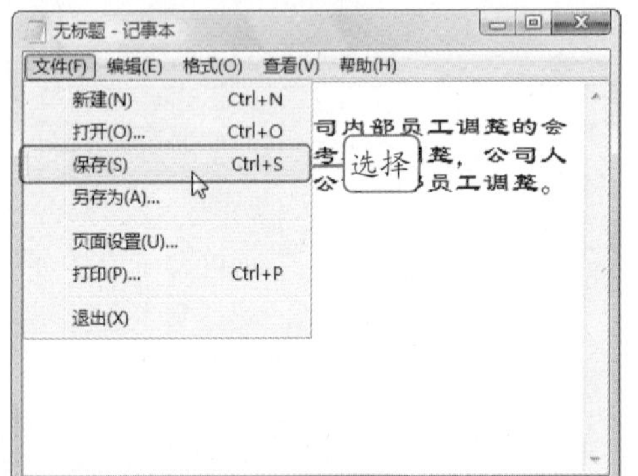

Step 02 打开“另存为”对话框，在左侧的“文件夹”列表中选择“用户帐户”目录下的“文档”文件夹；在下方的“文件名”文本框中输入保存名称“会议记录”。

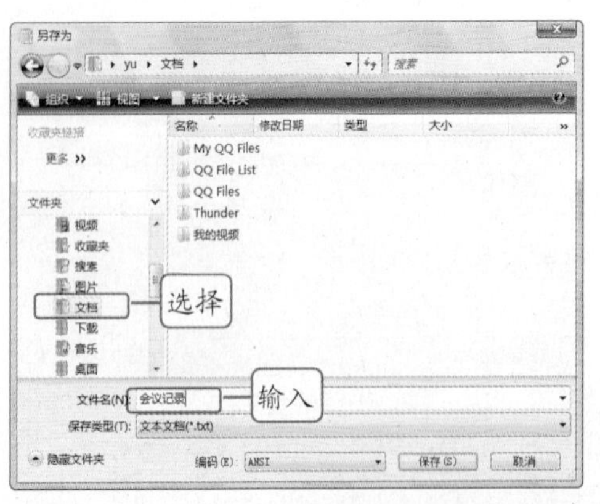

Step 03 单击对话框下方的 保存(S) 按钮，即可将文档保存到用户文档目录中。以后只要打开计算机窗口并进入该目录，就可以看到并打开保存的文本文档了。

温馨提示牌 Warm and prompt licensing

对于已经保存的文档，如果在修改后不影响原文档而另行保存，则可在“文件”菜单中选择“另存为”命令，然后重新设定文件的保存路径与保存名称。

9.2 写字板

“写字板”是 Windows Vista 中自带的一款字处理软件，除了可以进行简单的文本记录外，还可以对文档的格式、页面排列进行调整。当用户计算机中没有安装 Word 等字处理软件时，通过“写字板”基本就能完成各种文档的简单编排。

9.2.1　认识“写字板”

“写字板”程序同样位于“附件”列表中，在“开始”菜单中选择【所有程序】/【附件】/【写字板】命令，即可启动“写字板”程序，启动后的窗口如下图所示。

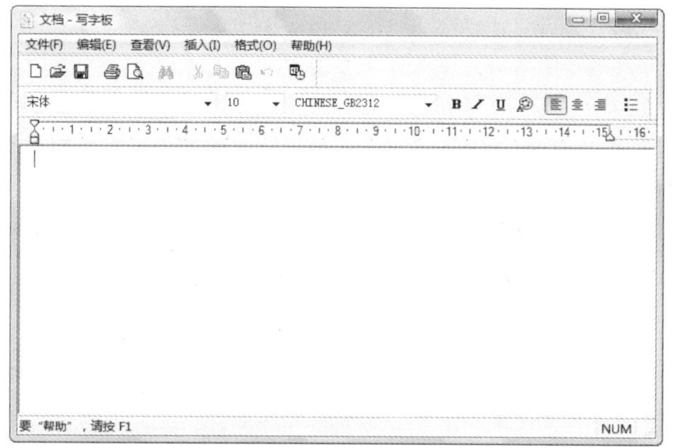

知识点拨 Knowledge　认识“写字板”程序的窗口组成

标题栏：左侧显示当前文档的标题，右侧依次为最小化、最大化与关闭按钮。

菜单栏：菜单栏中分类集合了“写字板”程序的所有操作命令，单击某个菜单项，在弹出的菜单中即可选择相应的命令以实现对应的功能。

工具栏：上方为“常用”工具栏，显示一些对文档的操作按钮；下方为“格式”工具栏，用于对文本格式进行设置。

标尺：用于显示与调整文本之间的文档页面的宽度。标尺中缩进按钮可调整段落缩进。

9.2.2　输入与编辑文本

启动“写字板”程序后，就可以在“写字板”中输入与编辑文本了，其输入与编辑的方法与记事本完全相同，只须切换到相应的输入法进行输入即可，下图所示为在“写字板”中输入文本后的效果。在输入过程中，可以通过复制、移动以及替换等对文档进行各种编辑操作。

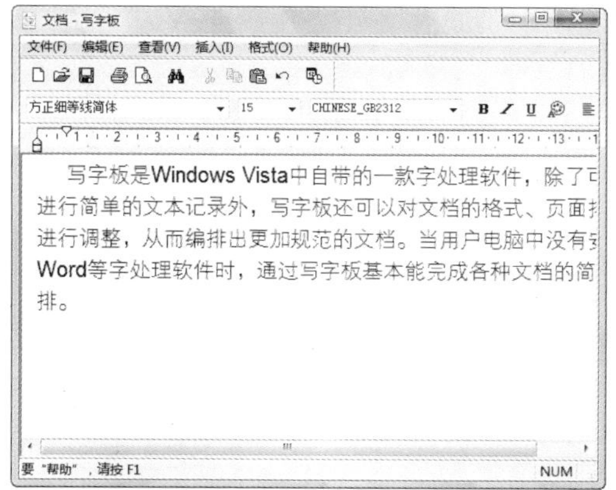

“写字板”中编排好的文档，还可以在 Word 文档中打开进行查看与编排。

1. 选取文本

在“写字板”中可以对文本与段落进行各种编辑与格式设置。在编辑与设置之前，需要先选取要进行操作的文本。在“写字板”中可以通过多种方法对文本进行选取。

知识点拨 Knowledge “写字板”中不同文本的选取方式

选取一行文本：将鼠标移动到要选取行的左侧，当指针形状变为↗状时，单击即可将整行全部选中。

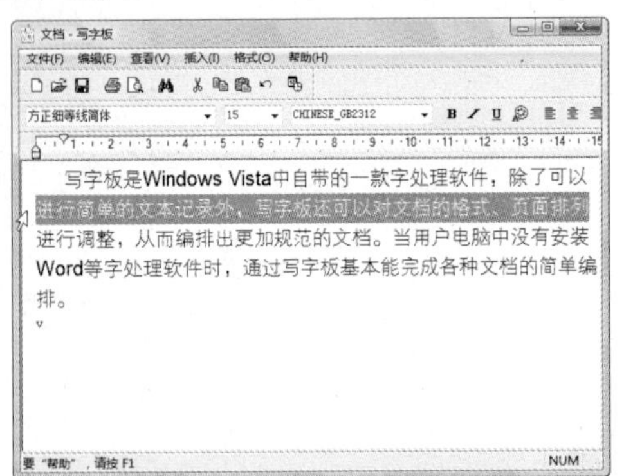

选取一段文本：将鼠标移动到要选取行的左侧，当指针形状变为↗状时，双击即可将整个段落全部选中。

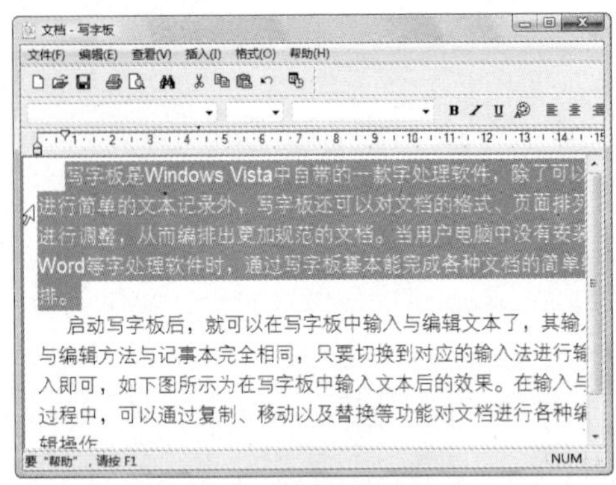

选取连续文本：在文档中按下鼠标左键拖动鼠标，拖动起始位置与结束位置之间的文本将全部选中。

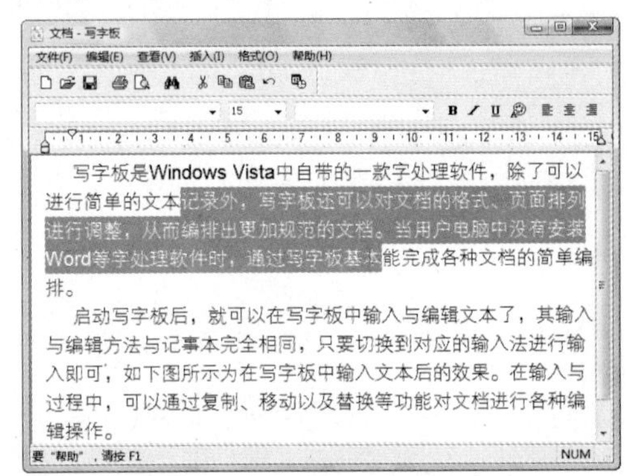

选取全部文本：在“编辑”菜单中选择“全选”命令，或按下 Ctrl + A 组合键，即可将写字板中的所有文本全部选中。

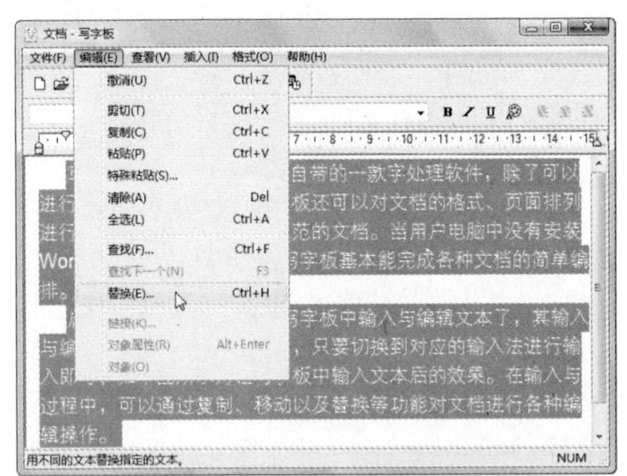

2. 复制文本

在“写字板”中输入文本时，如果需要输入前面曾经输入过的内容，就可以通过复制的方法快速输入。

“写字板”中复制文本的方法有多种，可以通过“复制”与“粘贴”命令进行，也可以通过快捷键或快捷菜单命令进行。

通过复制方法快速输入曾经输入的文本

Step 01　在“写字板”窗口中选中要复制的文本，然后在“编辑”菜单中选择“复制”命令。

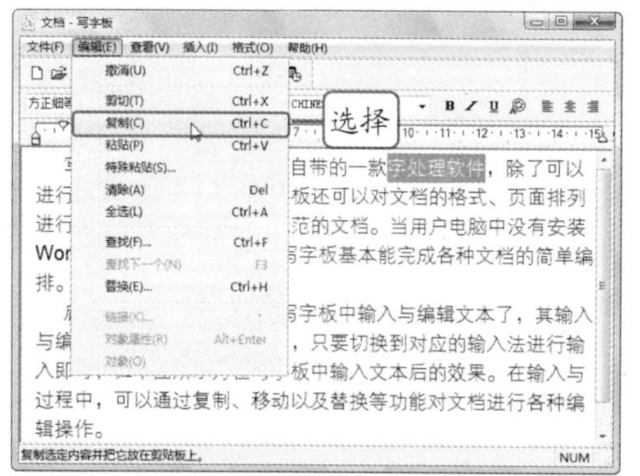

Step 02　将光标移动到要粘贴的位置，在“编辑”菜单中选择“粘贴”命令。

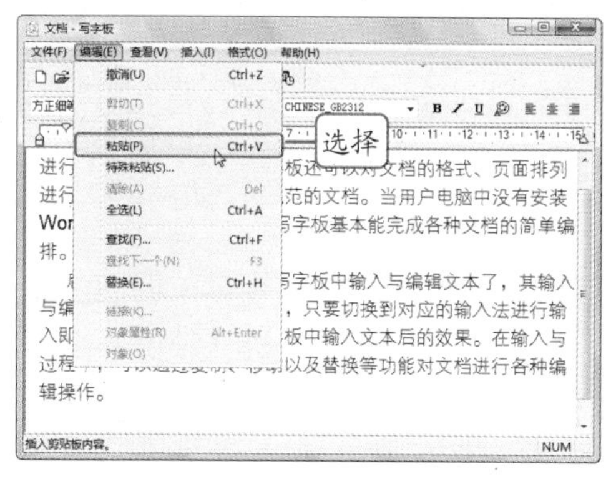

Step 03　此时即可将前面复制的文本粘贴到该位置。

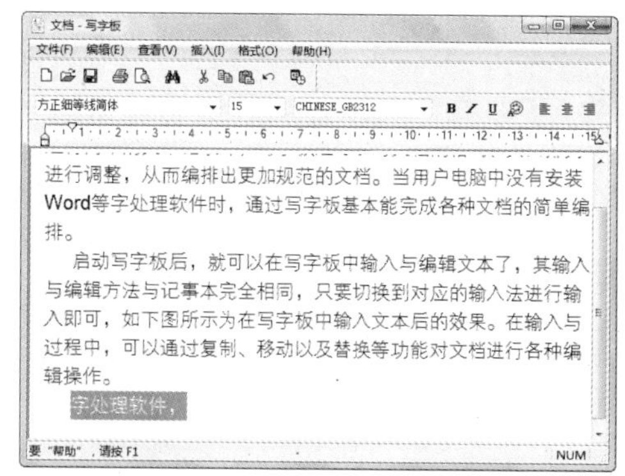

使用快捷键复制时，选中文本后按下 Ctrl+C 组合键复制，然后移动到目标位置按下 Ctrl+V 组合键粘贴；使用快捷命令复制时，选中文本后右击，在弹出的快捷菜单中选择“复制”命令，然后右击要粘贴的位置，在弹出的快捷菜单中选择“粘贴”命令。

3. 移动文本

移动文本是将“写字板”中的已有文本内容从当前位置移动到其他位置。移动文本与复制文本的操作方法基本相同，不同的是移动操作是通过“剪切”与“粘贴”命令来完成的。即选中要移动的文本，在编辑菜单中选择“剪切”命令，将文本从当前位置剪切，然后移动到目标位置，在“编辑”菜单中选择“粘贴”命令即可。

也可以通过快捷键与快捷命令进行移动操作。使用剪切快捷键 Ctrl+X 将文本剪切，然后通过粘贴快捷键 Ctrl+V 粘贴即可；快捷命令的使用与复制相同，右击后选择“剪切”命令，然后在目标位置选择“粘贴”命令即可。

9.2.3　设置文本格式

在“写字板”中输入文本后，可以对文本的字体与段落格式进行相应设置。

1. 设置字体格式

在“写字板”中输入文本后，可以对指定文本的格式进行设置，包括字体、字号、字形以及字符颜色等。在编排文档时，对于不同的文档内容，如标题与正文，就可以设置不同的字体格式以区分内容并修饰文档。

新手演练 Novice exercises 为标题和正文设置不同的字体

Step 01 在“记事本”中输入一段内容，然后选中第 1 行标题文本，单击工具栏中的“字体”下拉按钮，在弹出的列表中选择“黑体”。

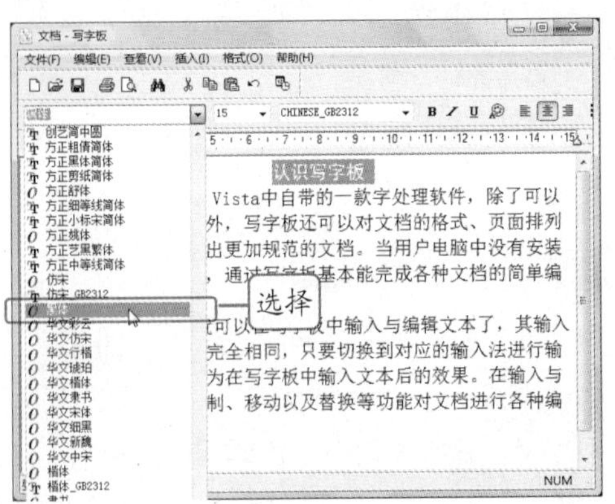

Step 02 将标题更改为“黑体”后，单击“字号”下拉按钮，在弹出的列表中选择“20”。

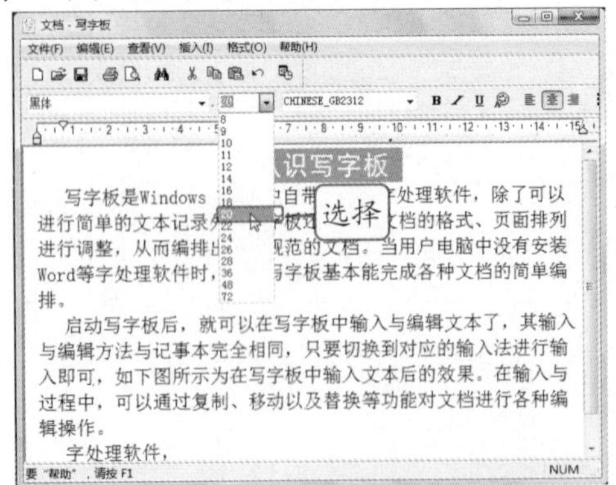

Step 03 单击工具栏中的“加粗”按钮**B**，将标题文本加粗显示。然后单击工具栏中的“颜色”按钮，在弹出的颜色列表中选择“红色”选项，将标题文本颜色更改为红色。

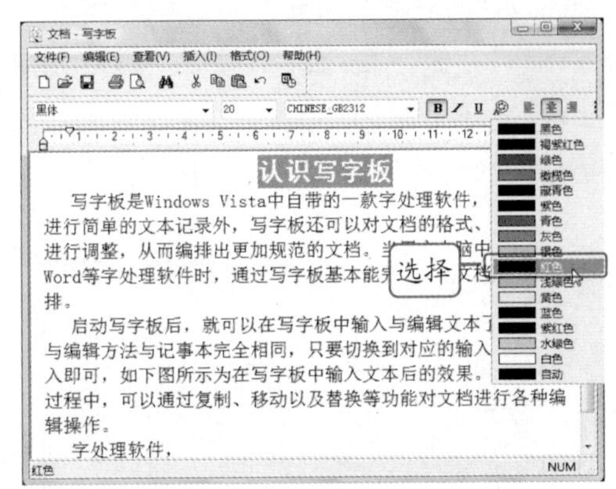

Step 04 选中所有正文段落，按照同样的方法，将字体设置为“楷体”、字号设置为“18”，一份文档的格式就设置完成了。

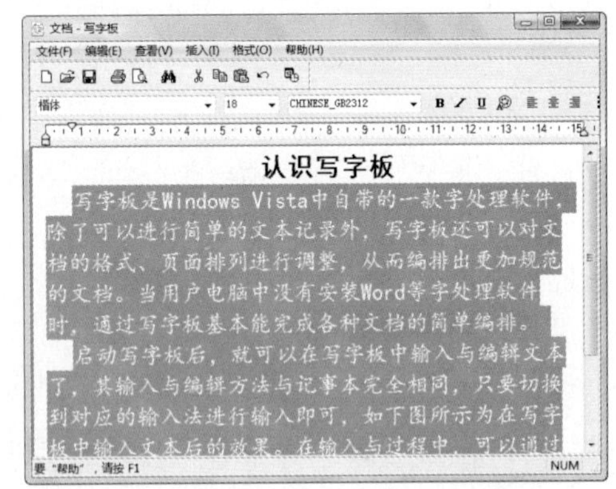

2. 设置段落格式

段落格式是指文档中各个段落的格式。“写字板”中提供的段落格式主要包括段落缩进与段落对齐方式。在编排比较规范的文档时，当设置字体格式后，接着就需要对文档的段落格式进行设置。

段落对齐方式则是指段落在文档页面中的对齐依据。“写字板”中提供的段落对齐方式包括左对齐、右对齐以及居中对齐。在“写字板”中调整段落对齐方式的方法很简单，选中要调整段落后，单击工具栏中对应的对齐按钮即可。

段落缩进则是指段落在文档中缩进方式，包括左缩进、右缩进与首行缩进，中文习惯为段落首行缩进两个字符位置。段落缩进可以通过标尺来调整，也可以通过“段落”对话框进行精确设置。

知识点拨 Knowledge　认识“对齐”下拉列表框中各选项的含义

通过“段落”对话框设置：选中要调整缩进的段落，选择【格式】/【段落】命令，打开“段落”对话框，在对应的缩进文本框中输入缩进距离，单击 确定 按钮即可。

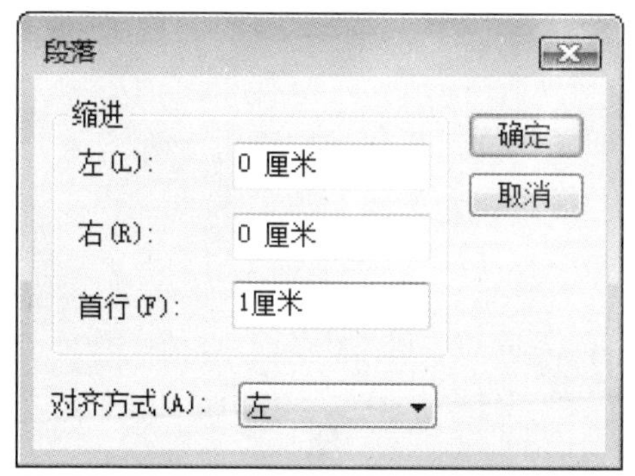

通过缩进滑块调整：编辑窗口上方的标尺中包含左缩进、右缩进与首行缩进 3 个滑块，选择段落后，将指针指向滑块，然后按下鼠标左键拖动，即可调整对应的段落缩进位置。

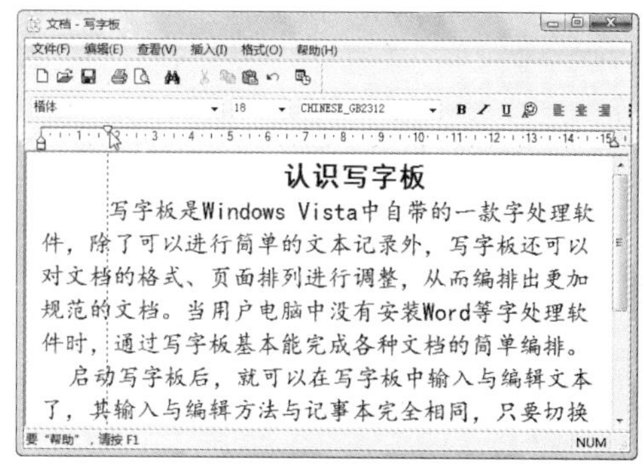

9.2.4　页面设置与打印文档

在“写字板”中编排文档后，可以通过打印机将文档打印出来。在打印之前，用户需要对文档的页面进行相应的设置，然后进行打印。

1. 设置页面

页面设置包括设置纸张大小与页边距两个方面。页边距用于调整文档内容与纸张边缘之间的距离，纸张大小则需要用户根据使用的打印机所采用的纸张进行相应设置。

新手演练 Novice exercises　设置文档页边距与纸张大小

Step 01　在“写字板”中输入并编排内容，然后选择窗口上方的“文件”菜单，在弹出的菜单中选择“页面设置”命令。

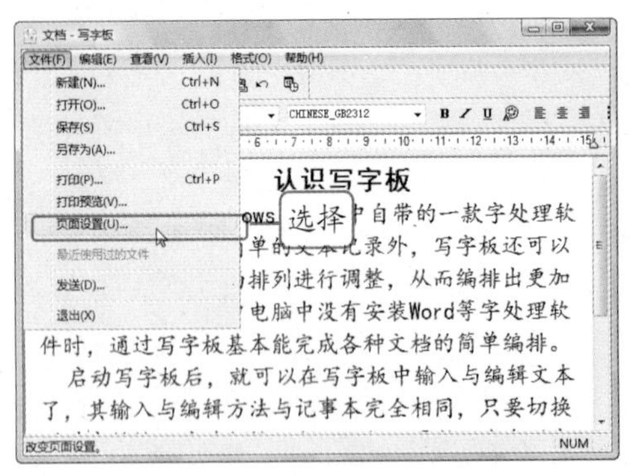

Step 02 打开“页面设置”对话框，在“大小”下拉列表中选择“A4”选项，在“左、右、上、下”文本框中分别输入边距值。

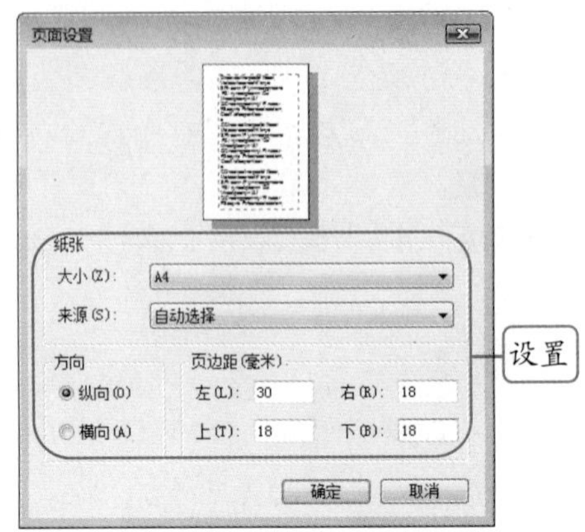

Step 03 单击对话框中的 确定 按钮，即可应用所做的页面与页边距调整。

2. 打印文档

设置文档页面后，就可以进行打印了，在“文件”菜单中选择“打印”命令，将打开“打印”对话框，在对话框中进行相应设置后，单击 打印(P) 按钮即可打印文档。

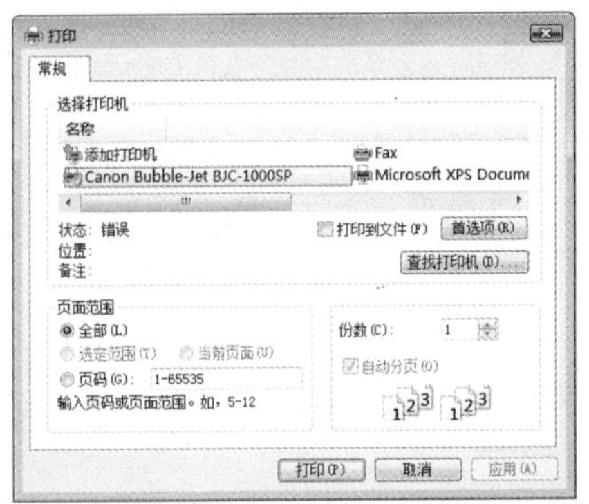

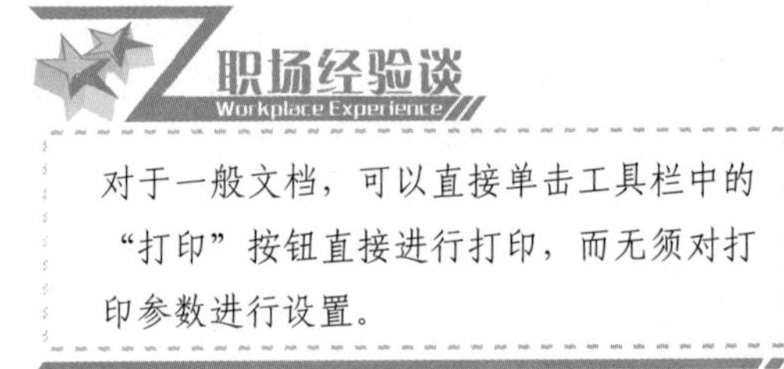

职场经验谈 Workplace Experience

对于一般文档，可以直接单击工具栏中的“打印”按钮直接进行打印，而无须对打印参数进行设置。

知识点拨 Knowledge “打印”对话框中设置选项的功能

选择打印机：如果安装了多个打印机，则需要在该列表框中选择要使用哪个打印机进行打印。

选择打印范围：如果当前文档包含多页，则在此可选择要打印的页面范围，可选择打印全部页面、当前页面或打印指定范围的页面，如要设定页面范围，只要在后面文本框中进行输入即可。

打印份数：在“份数”数值框中可输入当前文档的打印份数，如输入“5”，表示打印 5 份。

9.3 计算器

“计算器”是 Windows Vista 自带的一款数据计算工具，除了可以进行简单的加、减、乘、除运算外，还能够进行各种复杂的函数与科学运算。当用户在使用计算机过程中需要进行计算时，即可通过“计算器”工具进行计算。

9.3.1 使用标准计算器

“计算器”工具位于“附件”列表中，在“开始”菜单中选择【所有程序】/【附件】/【计算器】命令，即可打开“计算器”工具，启动后的界面如下图所示。

计算器按钮的布局，与数字键盘的按键布局大致是一样的，在进行数据计算时，也可以按下数字键盘上的按键输入数字与运算符号进行计算。

Windows Vista 中“计算器”与现实中计算器的使用方法完全相同，依次按下“数字+运算符(+、−、×、÷)+数字+=”，即可计算出运算结果。以计算“30+100”为例，先按数字键“3”、“0”，再按“+”键，再按数字键“1”、“0”、“0”，最后按“=”键，就可以得出计算结果了。

乘号“×”在 Windows“计算器”中表示为“*”，除号表示为“/”，当输入乘号或除号时，如果通过数字键盘进行输入，只要按下“*”键或“/”键即可。

9.3.2 使用科学计算器

如果要进行更复杂的科学或函数计算，可在计算器的“查看”菜单中选择“科学型”命令，切换到科学计算器，此时将扩展显示出更多的计算按钮，通过数字按钮结合这些按钮，就可以进行更复杂的运算了。

进行计算时，标准计算区中的按键，可以通过数字键盘的按键替代输入，但科学计算区中的按键，必须通过鼠标单击进行输入。

9.4 画图工具

“画图”工具是 Windows Vista 自带的一款图像绘制工具，其界面简洁，操作起来也非常容易，用于绘制各种简单的图像，也可以对图片文件进行简单的处理。

9.4.1 认识“画图”工具

“画图”工具位于“附件”列表中，在“开始”菜单中选择【所有程序】/【附件】/【画图】命令，即可启动“画图”工具，启动后的窗口如下图所示。

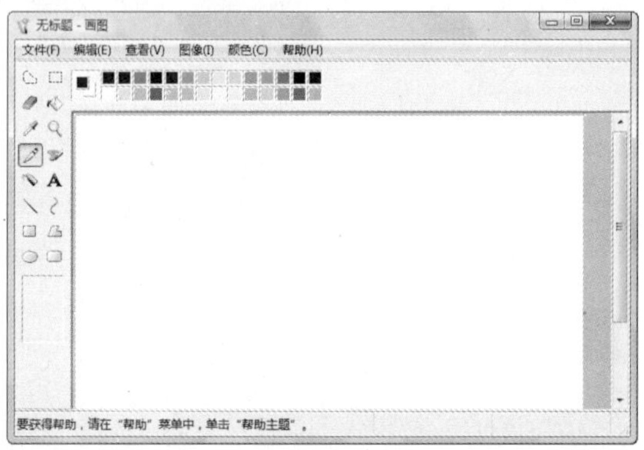

认识“画图”工具的界面组成

绘图区域：用户在该区域中绘制图形，所绘制的内容也将在该区域中显示出来。

菜单栏：菜单栏中集合了对画图工具以及所绘制图形的所有操作命令。

颜色框：颜色框中包含了所有在绘制图形时可用的颜色，通过单击选取颜色。

工具箱：工具箱中包含了画图中的所有工具，所有图形都是通过这些工具来绘制的。

选项框：选择部分工具后，选项框中将显示出该工具相关选项，用户可在该框中根据需要进行选择。

9.4.2 认识各种画图工具

在“画图”程序中，所有的绘制操作都是通过工具箱中的各种工具来实现的。读者在学习画图程序时，应先了解各个工具的功能以及使用方法，如下表所示。

工具	用途
任意形状的裁剪	选择该工具，在图形中绘制形状，拖动鼠标可裁剪出所绘形状范围
选定	选择该工具，在图形中绘制矩形，拖动鼠标可裁剪所绘的矩形
橡皮/彩色橡皮擦	用于擦除图形，选择后可在选项框中选取橡皮擦大小
用颜色填充	通过该工具并选择颜色，可用指定颜色填充所选区域

续表

工　具	用　途
取色	通过该工具可选取图形指定位置的颜色并设置为当前颜色
放大镜	用于放大图形的局部位置，或缩小显示图形
铅笔	用于在图形中绘制铅笔形状线条，可在颜色框中选取铅笔颜色
刷子	用于绘制刷子效果线条，可通过颜色框与选项框选取颜色与形状
喷枪	用于绘制喷枪效果的颜色，可通过颜色框与选项框选取颜色与形状
文本	用于在图形中添加文本，并可对文本的字体格式进行设置
直线	绘制直线，可选择线条颜色与线条粗细
曲线	绘制曲线，可选择线条颜色与线条粗细
矩形	绘制矩形，可选择绘制矩形边框，或矩形填充。可自定义选择颜色
多边形	绘制多边形，可选绘制多边形边框，或多边形填充
椭圆	绘制椭圆形，可选绘制椭圆边框，或椭圆形填充
圆角矩形	绘制椭圆形，可选绘制圆角矩形边框，或圆角矩形填充

9.4.3　绘制图形

了解了画图程序各个工具的功能后，就可以综合运用这些工具来“涂鸦”了，用户可以随自己所想，任意绘制并涂抹出各种形状。

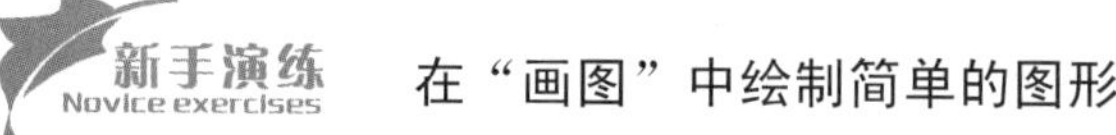

在“画图”中绘制简单的图形

Step 01　单击工具箱中的“椭圆形”按钮，在颜色框中选择红色，在下方的选项框中选择“填充”样式，然后拖动鼠标在画布中绘制一个红色椭圆形。

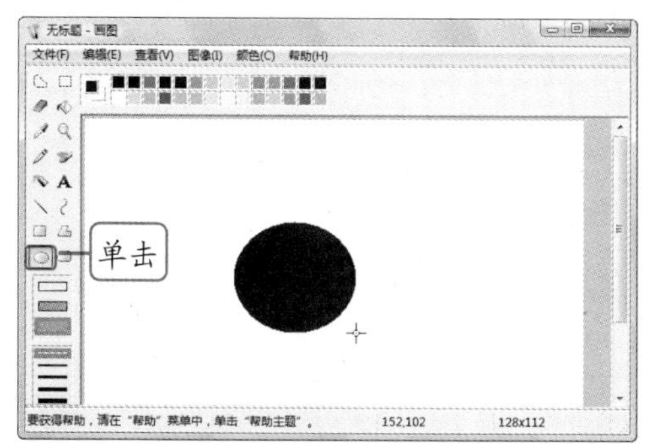

Step 02　单击工具箱中的“喷枪”按钮，在颜色框中选择橙色，在下方的选项框中选择喷溅面积最大的形状，然后在椭圆中心喷溅颜色。

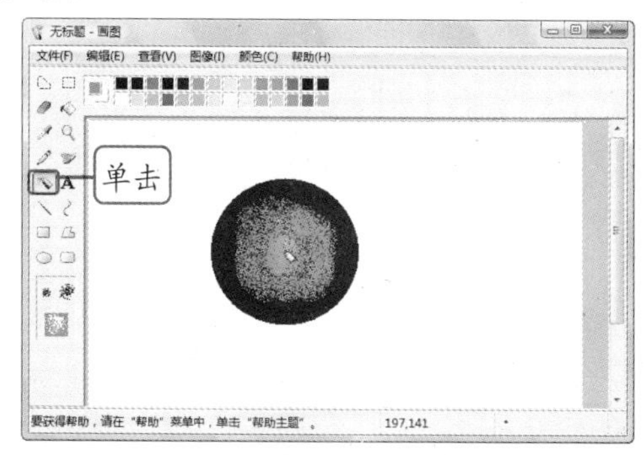

Step 03　单击工具箱中的“刷子”按钮，在颜色框中选择橙色，在下方的选项框中选择

样式，拖动鼠标绘制如下图所示的线条。

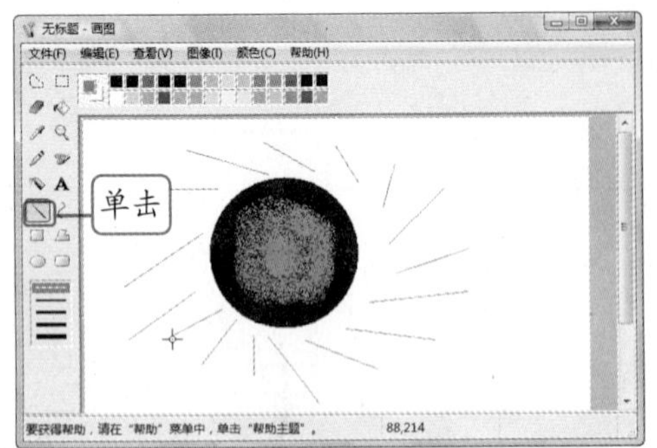

Step 04 单击工具箱中的“用颜色填充”按钮，在颜色框中选择天蓝色，然后单击画布中的白色区域，将颜色填充为天蓝色。

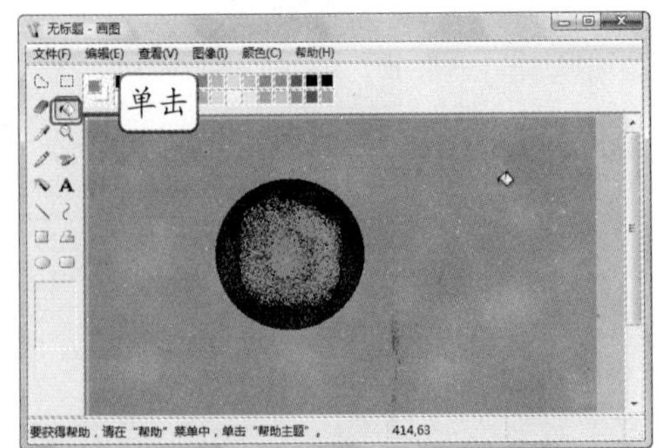

Step 05 单击工具箱中的“文本”按钮A，在图形中绘制一个文本区域，输入文本“太阳公公”，并设置字体与字号。

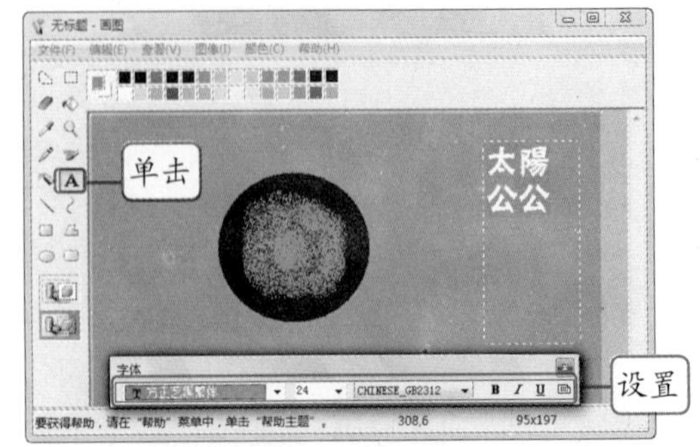

Step 06 绘制完毕后，选择【文件】/【保存】命令，在打开的“另存为”对话框中设定保存名称和位置后，单击保存(S)按钮，将绘制的图片保存。

9.5 职场特训

本章介绍了“记事本”、“写字板”、“计算器”以及“画图”工具的使用方法。下面通过 1 个实例巩固本章知识并拓展所学知识的应用。

特训：使用“写字板”编排文档

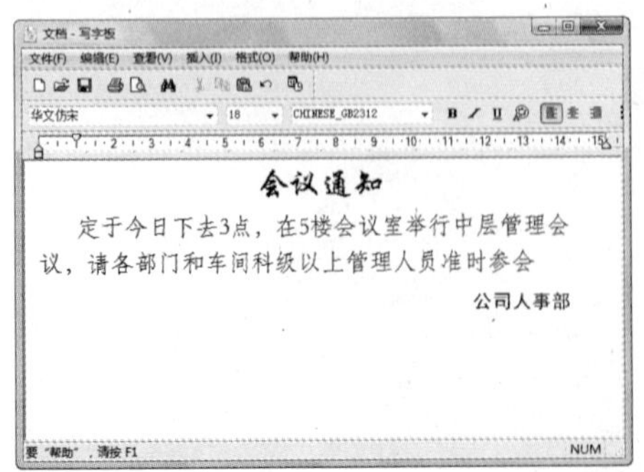

1. 打开“写字板”，在其中输入一份文档内容。
2. 分别为文档的标题内容与正文内容设置不同的文字格式。
3. 将标题文本的对齐方式设置为居中，调整正文段落的缩进为首行缩进 1 厘米。
4. 通过打印机将编排的文档打印出来。

第 10 章

Windows Vista 网络连接与应用

精彩案例

在 Windows Vista 中创建 ADSL 连接

在浏览器中打开新浪站点

搜索关于“石油”的网页

将自己感兴趣的网页保存到计算机中

将“新浪网”设置为浏览器默认主页

在 Windows Mail 中配置自己邮箱账户

本章导读

Windows Vista 可以更加方便地将计算机接入到 Internet，使用其自带的 Internet Explorer 7.0 浏览器可以浏览网络中的各种信息，让人感受到网络带来的各种乐趣。如果要收发电子邮件，可以通过 Windows Vista 中全新的 Windows Mail 进行邮件的收发与管理。

10.1 认识 Internet

Internet，中文正式译名为互联网，也叫做国际互联网。它是由使用公用语言互相通信的计算机连接而成的全球性网络。连接到它的任何一个节点上，就意味着用户的计算机已经接入 Internet 上了。Internet 目前的用户已经遍及全球，已有数亿人在使用，并且它的用户数还在以等比级数上升。

10.1.1 Internet 的用途

Internet 的使用目前已经基本普及，使用 Internet 能带给我们很多方便。下面介绍 Internet 使用比较广泛的领域。

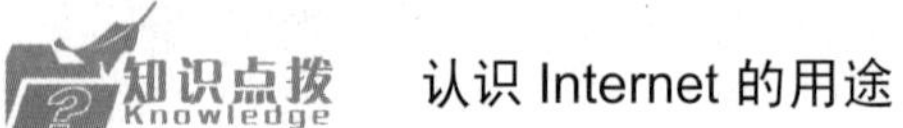

认识 Internet 的用途

查找信息：Web 中包含有大量信息，甚至比世界上最大的图书馆的信息还多得多。例如，用户可以阅读新闻报道和电影评论，核对航班信息，查阅街道地图，了解城市天气预报，或者调查健康状况。诸如词典和百科全书的参考源到处可以获得，同样可以查阅的还有历史文献和经典文学等。

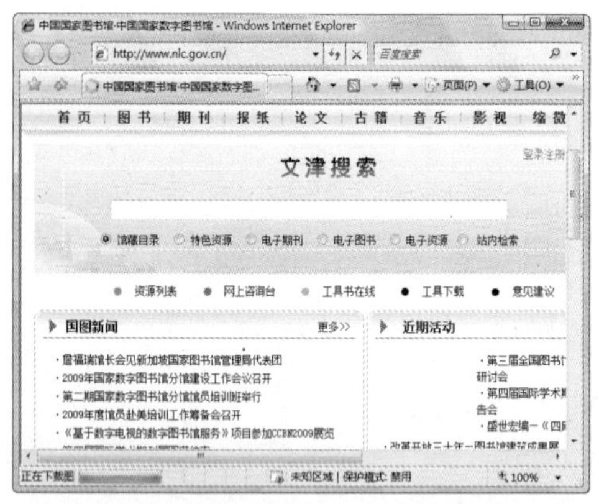

收发电子邮件：这是最早也是最广泛的网络应用。由于其低廉的费用和方便快捷的特点，仿佛缩短了人与人之间的空间距离，不论身在异国他乡与朋友进行信息交流，还是联络工作都如同与隔壁的邻居聊天一样容易。

电子商务：是消费者借助网络，进入网络购物站点进行消费的行为。网络上的购物站点是建立在虚拟的数字化空间里，它借助 Web 来展示商品。

娱乐：消遣娱乐型活动如欣赏音乐、看电影、电视、跳舞、参加体育活动；发展型活动包括学习文化知识、参加社会活动、从事艺术创造和科学发明活动等。但与网络有直接关系的闲暇生活一般包括闲暇教育、闲暇娱乐和闲暇交往。用户可以在 Web 上与其他玩家一起进行各类游戏，也可以收听 Internet 无线电台，观看电影剪辑，以及下载或购买音乐、视频，甚至电视节目。

10.1.2 选择合适的上网方式

要上网，首先需要将计算机与 Internet 连接起来。比较常见的上网方式有 6 种，包括电话拨号上网、ISDN 上网、ADSL 上网、LAN 小区上网、无线局域网上网和无线移动上网。

知识点拨 Knowledge 认识不同的 Internet 接入方式

拨号上网：电话拨号接入是个人用户接入 Internet 最早使用的方式之一，也是目前为止我国个人用户接入 Internet 使用最广泛的方式之一。它的接入非常简单。用户只要具备一条能打通 ISP（Internet 服务供应商）特服电话（比如 169、263 等）的电话线，一台计算机，一个接入 Internet 的专用设备调制解调器（Modem），并且办理了必要的手续后，就可以轻轻松松上网了。

ISDN 上网：ISDN（Integrated Service Digital Network）也就是我们平时所说的综合业务数字网。它是一种能够同时提供多种服务的综合性的公用电信网络。ISDN 是由公用电话网发展起来的，为解决电话网速度慢，提供服务单一的缺点，其基础结构是为提供综合的语音、数据、视频、图像及其他应用和服务而设计的。与普通电话网相比，ISDN 在交换机用户接口板和用户终端一侧都有相应的改进，而对网络的用户线来说，两者是完全兼容的，无须变迁，从而使普通电话升级接入 ISDN 网所要付出的代价较低。它所提供的拨号上网的速度最高能达到 128kbps；能快速下载一些需要通过宽带传输的文件和 Web 网页，使 Internet 的互动性能得到更好的发挥。

ADSL 上网：ADSL（Asymmetric Digital Subscriber Loop）是非对称数字用户环路的简称，可以在普通电话网上根据当地线路状况提供 8Mbits/s 的下载速率和 1Mbits/s 的上传速率的一项技术。也正是由于它的下载和上传速率不相同，才称之为非对称数字用户环路。不过，现在大家都称它为宽带还是不对，因为根据国际电气组织的定义，只有下载和上传速率都达到 10Mbits/s 才能够称得上是宽带，ADSL 显然达不到这个要求。但就算是在 8Mbits/s 的下载速率和 1Mbits/s 的上传速率下，我们在线点播电影、下载软件、网上聊天都会感觉很快（在普通拨号 Modem 的百倍以上），更重要的是，利用 ADSL 上网时，上网和打电话互不干扰，再也不会有一上网电话就打不进来的麻烦。当然，ADSL 的费用也很低，使用 ADSL 上网不需要缴纳拨号上网的电话费用。

小区宽带上网：小区宽带其实就是由小区物业或者专业的网络服务公司在一个小区内架起的一个局域网，这个局域网是由本地小区内或一个生活区内的一些计算机构成的一个小网络。一般小区宽带是采用光纤连接到主干楼的机房，再通过网线、交换机等设备往住户端布局，因此每个用户都拥有到交换机的 100MB 共享带宽，由于交换机和路由器的总出口要分享给很多客户，所以同时上网的人多速度就比较慢。

无线上网：无线上网是采用一张带无线天线的笔记本 PC 槽扩展卡让笔记本不需要通过 AP 就能上网，这种技术其实也是借助手机的无线地面基站，例如联通的“CDMA 技术”就可以支持这种功能，目前较常见的是 CDMA 1X 上网卡。无线上网卡的上网速度比较慢，例如 CDMA 1X 带宽也是 140KB，实际使用时大概也就 10 ~ 20KB 左右，但是收费比较贵，有按流量计费和包月计费等不同方式，收费标准也不是很统一。

10.2 使用 ADSL 接入 Internet

ADSL 接入 Internet 有虚拟拨号和专线接入两种方式。使用虚拟拨号方式的用户利用类似 Modem 和 ISDN 的拨号程序，在使用习惯上与原来的方式没有什么不同。使用专线接入的用户只要开机即可接入 Internet。所谓虚拟拨号是指用 ADSL 接入 Internet 时同样需要输入用户名与密码。与前两者不同的是，使用 ADSL 拨号接入 ISP 是激活与 ISP 的连接而不是建立新连接，因此 ADSL 只有快或慢的区别，不会产生接入遇忙的情况。

10.2.1 连接 ADSL 设备

ADSL 用户端使用专用的 ADSL Modem，其和普通的 Modem 一样，也分为内置、外置。外置又包括标准局域网接口和 USB 接口，并且外置 ADSL Modem 一般都还带有一个独立的滤波分离器，用于把电话线里面的 ADSL 网络信号和普通电话语音信号分离。

给计算机安装网卡，并准备好 2 条局域网双绞线，把 ISP 提供的分离器的 LINE 接口与把普通电话接入室内电话线接口相连接，电话部分完全和普通电话一样使用就行了，用准备好的网线从滤波分离器的 Modem 接口连接到 ADSL Modem，再用另一根网线把网卡和 ADSL Modem 的 10BaseT 接口连接起来，如下图所示。最后连接电源，查看 Modem 的指示灯是否工作正常，过程结束。

内置 ADSL Modem 一般都把分离器集成在了内置卡上面，内置通常使用的是计算机的 PCI 总线接口。只需要将内置 ADSL Modem 和电话相连就可以了。

10.2.2 建立 ADSL 连接

连接 ADSL 设备后，就可以登录到 Windows Vista 并建立 ADSL 连接了。用户申请 ADSL 后，会获得账户与密码信息，在建立 ADSL 连接过程中，需要提供账户与密码以连接。

新手演练 Novice exercises　在 Windows Vista 中创建 ADSL 连接

Step 01 用鼠标右击网络图标，在弹出的快捷菜单中选择“属性”命令。

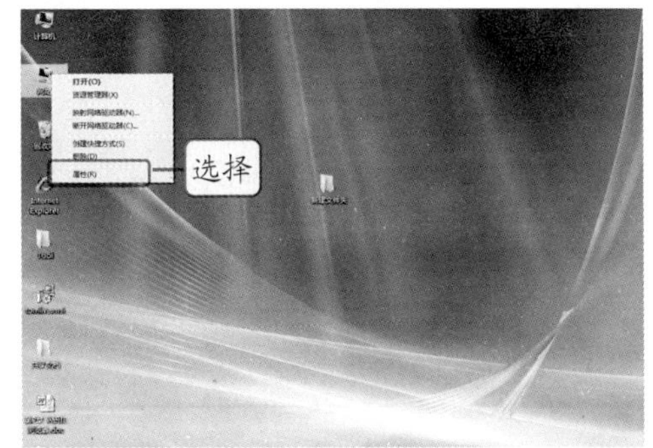

Step 02 进入网络和共享中心，单击“设置连接或网络”选项。

在 Windows Vista 中，通过“网络和共享中心”窗口，可以直观地查看当前网络的连接状态。

Step 03 打开“设置连接或网络”对话框，选择“连接到 Internet”选项，单击“下一步”按钮 下一步(N) 。

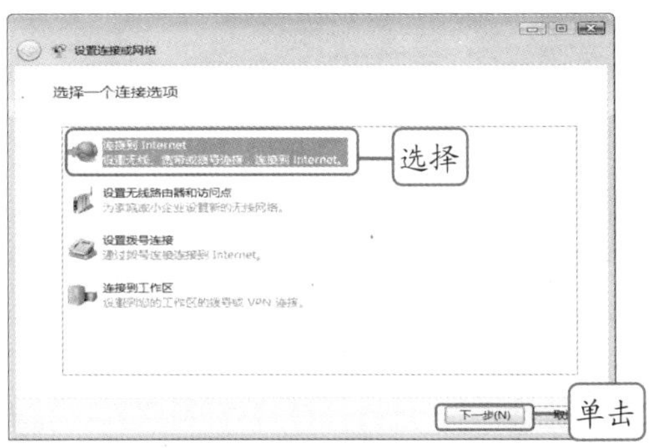

Step 04 在“连接到 Internet”对话框中单击“宽带（PPPoE）”选项。

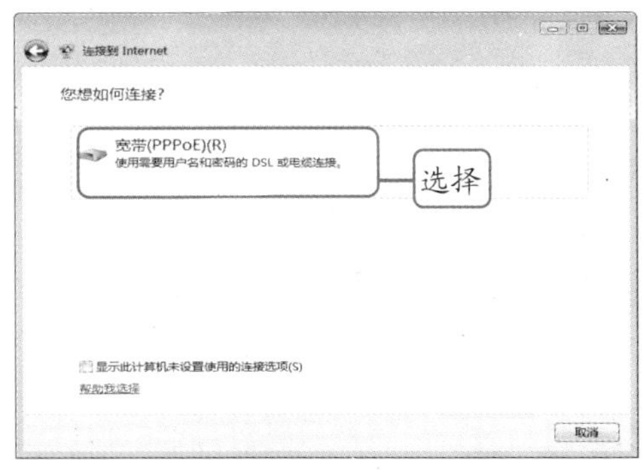

Step 05 进入“键入您的 Internet 服务提供商提供的信息”界面，填写用户名、密码和连接名称，单击“连接”按钮 连接(C) 。

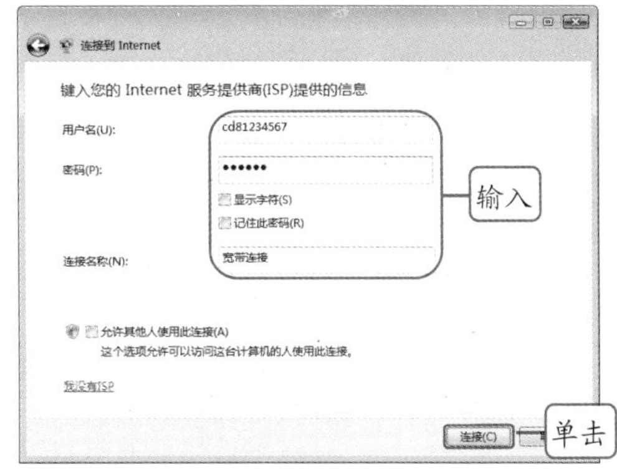

Step 06 连接成功后，任务栏通知区域中显示的网络图标由变为，即表示已经连接到 Internet。单击图标，在显示出的浮动框中可查看连接状态。

10.3 认识 Internet Explorer 浏览器

Internet Explorer，简称 IE 或 MSIE，是微软公司推出的一款网页浏览器。Internet Explorer 是使用最广泛的网页浏览器。Internet Explorer 是微软 Windows 操作系统的一个组成部分。Internet Explorer 7.0 是目前最新的也是应用最为广泛的浏览器。

10.3.1 Internet Explorer 浏览器简介

Internet Explorer，是微软公司出品的一款网页浏览器。自诞生以来，Internet Explorer 已成为使用最广泛的网页浏览器。同时，Internet Explorer 也是微软的 Windows 操作系统的一个组成部分。

Internet Explorer 从诞生到现在，其版本号已经出品到 Internet Explorer 8 测试版，不过现在应用最广泛的还是 Internet Explorer 7.0。因此，这里以主流的 Internet Explorer 7.0 来介绍 Internet Explorer 浏览器的应用。

10.3.2 启动 Internet Explorer

Internet Explorer 的启动与退出是其最基本同时也是必不可少的操作。在需要浏览网站的时候如何启动 Internet Explorer 7.0，浏览完网页后如何退出 Internet Explorer 7.0 就是本节需要讲解的。

启动 Internet Explorer 的方法

方法一：打开“开始”菜单，单击菜单左上方的“Internet”选项。

方法二：单击桌面上的“Internet Explorer”图标。

10.3.3 认识 Internet Explorer 界面

Internet Explorer 7.0 相比以往的版本，在功能上增强不少。同时，在外观上也有一定的变化。在 Internet Explorer 7.0 主界面中，主要包括地址栏、搜索栏、状态栏、滚动条、标题栏、浏览区、多页面浏览选项卡以及工具栏等。

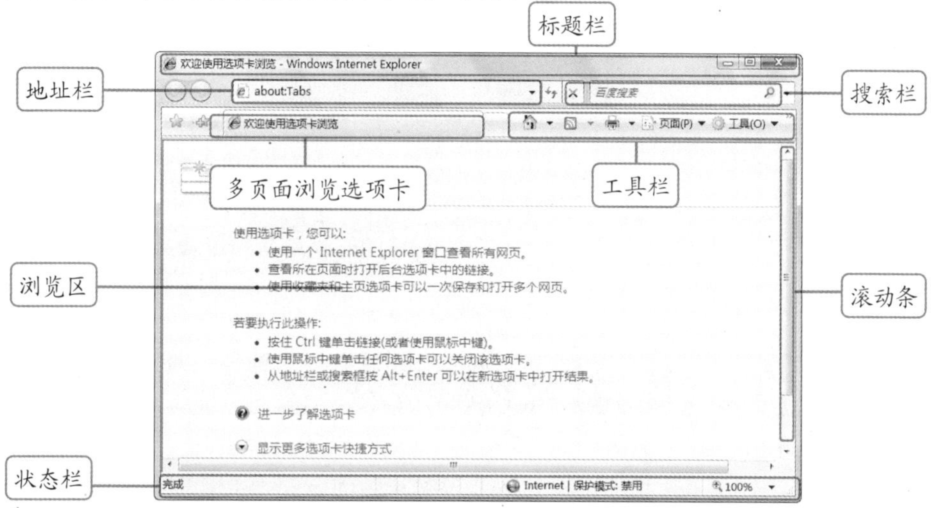

知识点拨 Knowledge　认识浏览器各个组成部分

标题栏：位于主界面顶端，其作用是显示当前浏览的网页的标题或者页面的文档文件名称。在标题栏中任意位置按住鼠标左键不放即可拖动整个浏览器窗口。

地址栏：在地址栏中输入想要访问的网站或网页的地址后单击 Enter 键，即可链接到想要访问的页面。

搜索栏：嵌入在浏览器中的默认搜索引擎，可以方便地让用户使用该引擎搜索需要的资源和信息等。

多页面浏览选项卡：是 Internet Explorer 7.0 区别以往版本 Internet Explorer 浏览器的最大改进。此功能可以让用户在同一个 Internet Explorer 窗口进行多页面浏览。

工具栏：浏览器的各种功能选项命令都集合在工具栏中。包括“收藏中心”、“刷新”、“添加收藏夹”以及“前进”、“后退”、“工具”等选项。同时，用户还能通过“工具”选项进行浏览器的设定和工具栏的扩展。

浏览区：在访问网页或网站时，页面的主要内容都在浏览区中显示。

滚动条：在访问网页或网站时，有一些页面内容会超过屏幕本身的大小，此时就需要使用滚动条进行页面的拖动。

状态栏：状态栏是显示页面的加载情况、浏览器保护模式以及显示比例。

10.3.4 关闭 Internet Explorer

使用 Internet Explorer 浏览网页完毕后，就可以将浏览器关闭，在 Windows Vista 中可以通过多种方法来关闭 Internet Explorer 浏览器。

知识点拨 Knowledge 关闭 Internet Explorer 的方法

方法一：单击 Internet Explorer 窗口标题栏右侧的“关闭”按钮。

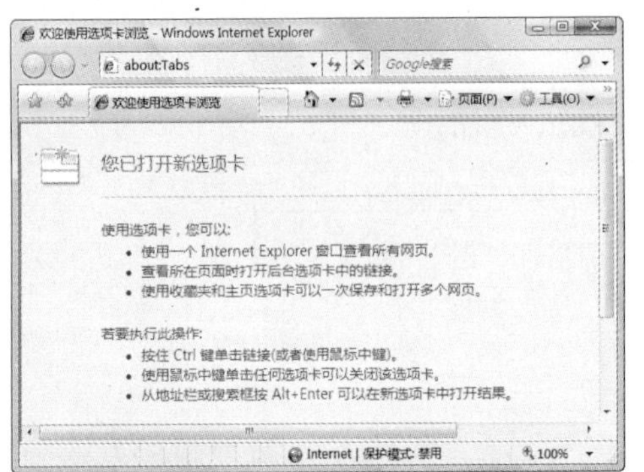

方法二：用鼠标右击任务栏中浏览器窗口控制按钮，在弹出的快捷菜单中选择“关闭”命令。

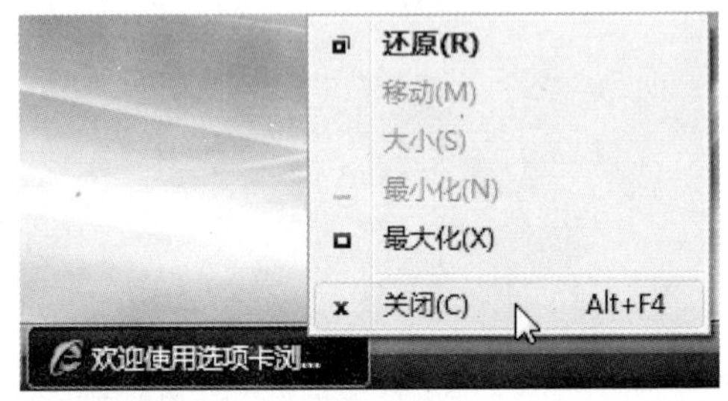

10.4 浏览网页

启动 Internet Explorer 浏览器后，就可以浏览网页了，用户可以通过网页地址来打开站点，或者搜索网页。在浏览过程中，还可以通过链接查看链接页面，以及控制网页的浏览。

10.4.1 打开网页

在网络中，每个网站或网页都有着各自的地址，这个地址称为网址，如新浪站点的网址为“www.sina.com”。用户在浏览网页时，一般都是通过网址在 Internet Explorer 中打开站点的。

新手演练 Novice exercises 在浏览器中打开新浪站点

Step 01 在浏览器地址栏中，输入新浪网的网址“www.sina.com”，按下 Enter 键。

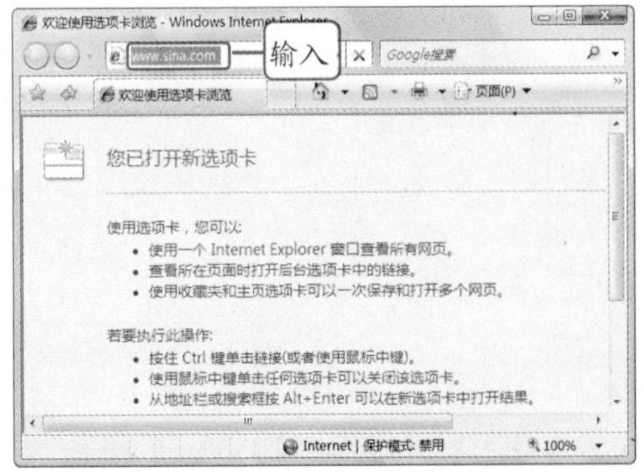

Step 02 即可开始载入新浪站点并打开网站首页，同时下方任务栏中显示载入进度。

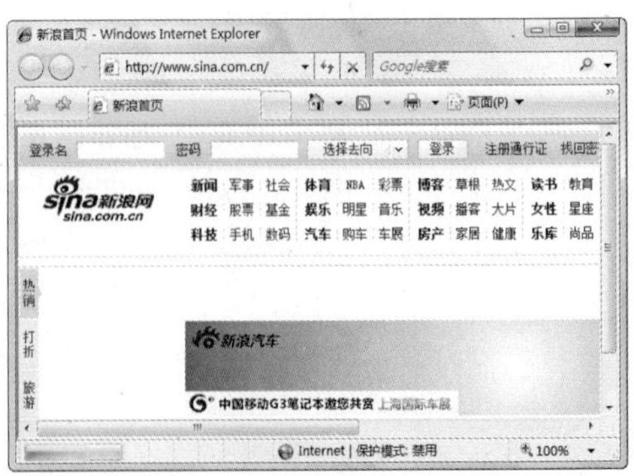

10.4.2 搜索网页

使用浏览器浏览网页过程中，用户往往需要寻找指定的信息，而不是漫无目的地浏览。这时就可以使用 Internet Explorer 浏览器提供的搜索功能来搜索包含指定信息的网页。

搜索关于“石油”的网页

Step 01 在浏览器地址栏右侧的搜索框中输入关键字“石油”，按下 Enter 键。

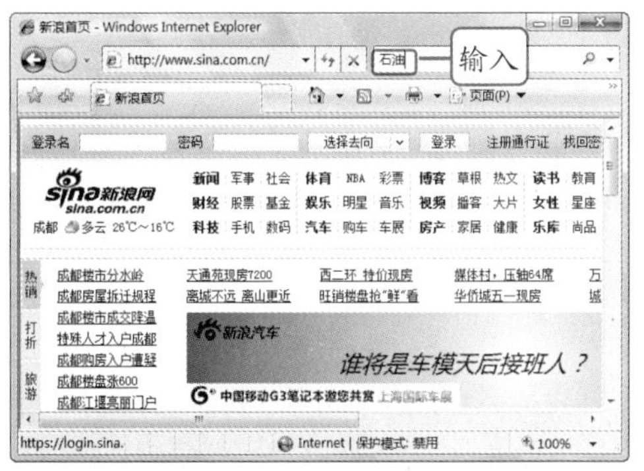

Step 02 稍等之后，就会在页面中显示符合条件的搜索结果列表。

Step 03 在搜索结果页面中单击某个标题连接，稍等之后即可打开相应的页面，在其中即可查看关于关键词“石油”的相关信息了。

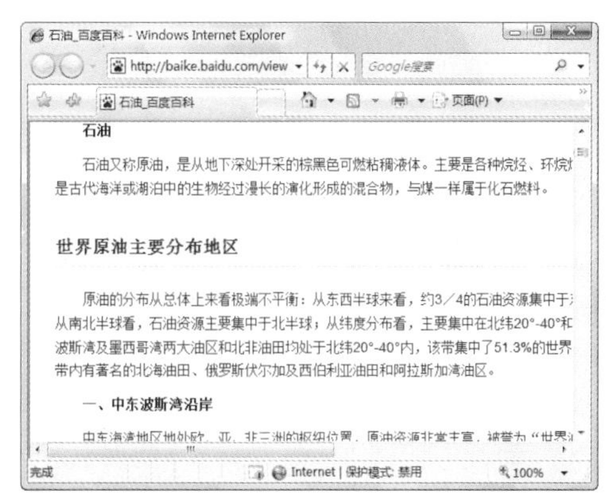

Internet Explorer 浏览器默认采用“Live Search”搜索引擎搜索，用户也可以将默认的搜索引擎更改为百度、Google 或其他。

10.4.3 控制网页浏览

打开站点或网页，用户就可以开始浏览其中的内容了，在浏览过程中，对于自己感兴趣的内容，可以单击标题或图片链接进入查看。如何判断某个图片或标题是否为链接呢？只要将指针移动到标题上，当鼠标指针形状变为形状时，单击就可以打开链接页面查看详细信息了。

通过地址栏前的“后退”按钮与“前进”按钮，可以在曾经浏览过的网页中跳转；当前页面或站点浏览完毕后，在地址栏输入新的网址，可以继续载入浏览对应的网站。

10.5 选项卡浏览

选项卡是 Internet Explorer 7.0 浏览器新增的功能，通过选项卡可以让用户在一个浏览器窗口中同时浏览多个网页，而无须打开多个浏览器窗口进行浏览。

10.5.1 在新选项卡中浏览

启动 Internet Explorer 7.0 浏览器后，会自动创建一个新选项卡，当用户在地址栏中输入网址并确认后，即可在选项卡中打开相应的网页。在浏览网页过程中，当用户对某个链接感兴趣时，也可以保留当前页面的同时，在新选项卡中打开并浏览链接页面。

在新选项卡中打开“网易新闻”页面

Step 01 启动 Internet Explorer 7.0 浏览器，在地址栏中输入网址“www.163.com”，打开网易首页。

Step 02 用鼠标右击“新闻”链接，在弹出的快捷菜单中选择“在新选项卡中打开”命令。

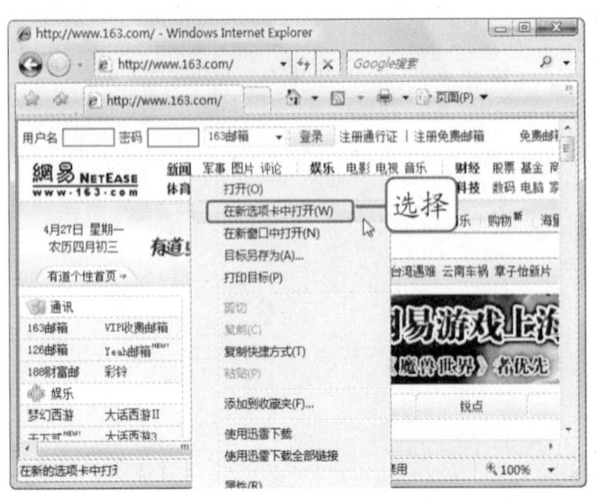

Step 03 此时浏览器将自动创建一个新选项卡，并在选项卡中载入“网易新闻”页面。

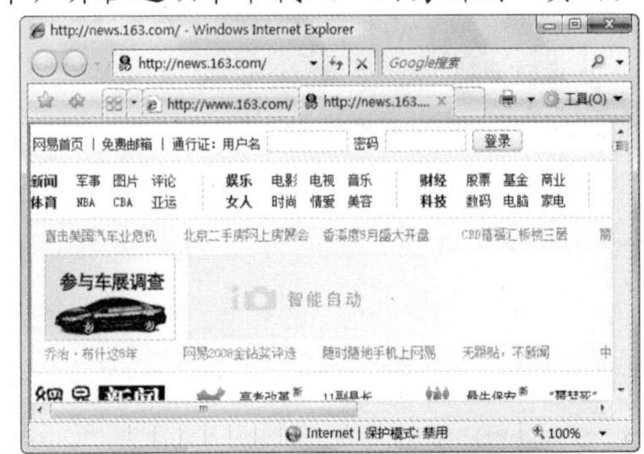

Step 04 在新选项卡中打开链接页面后，单击对应的选项卡标签，即可切换到对应选项卡中浏览页面内容了。

温馨提示牌

建立多个选项卡后，也可以通过 Ctrl+Tab 组合键在不同选项卡切换。

10.5.2 创建新选项卡

除了可以在新选项卡中打开链接页面外，用户也可以直接创建新的选项卡，然后通过在地址栏输入网址打开相应的站点。

新手演练 Novice exercises 新建选项卡并分别打开新浪与搜狐站点

Step 01 在已经打开网易站点的浏览器窗口中，单击选项卡标签右侧的“新选项卡”按钮。

Step 02 此时将在当前选项卡后新建一个空白选项卡，在地址栏中输入新浪网的网址“www.sina.com”。

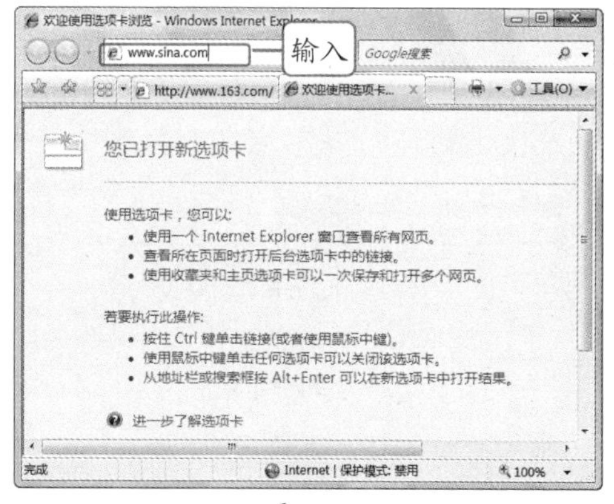

Step 03 稍等之后，即可在新选项卡中载入新浪站点的首页。

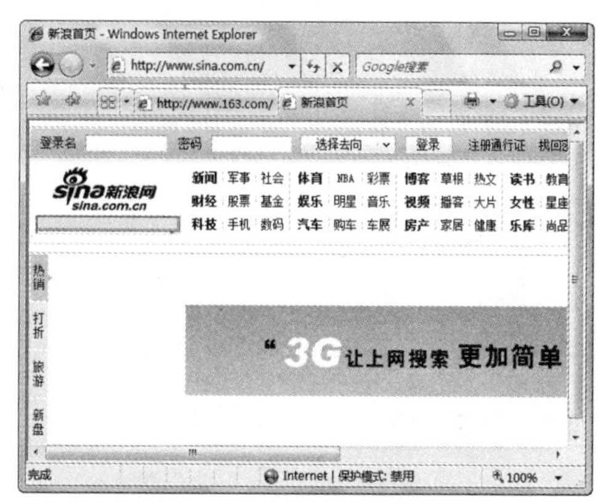

Step 04 再次单击选项卡右侧的“新选项卡”按钮，新建空白选项卡并在地址栏中输入搜狐网的网址“www.sohu.com”，随后在选项卡中打开搜狐站点。

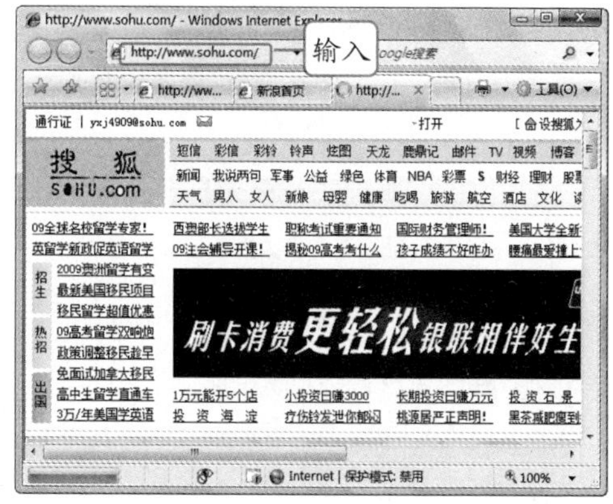

10.5.3 排列与查看选项卡

在浏览器窗口中建立多个选项卡并打开不同的网页后，可以调整各个选项卡的排列次序，以及同时查看所有选项卡的缩略图，从而让用户的浏览操作更加直观方便。

知识点拨 Knowledge　排列与查看选项卡的方法

排列选项卡顺序：将鼠标指针移动到选项卡标签上，然后按下鼠标左键，向前或向后拖动到其他选项卡之前或之后即可，在拖动过程中，选项卡标签上方与下方将显示箭头表示拖动后的目标位置。

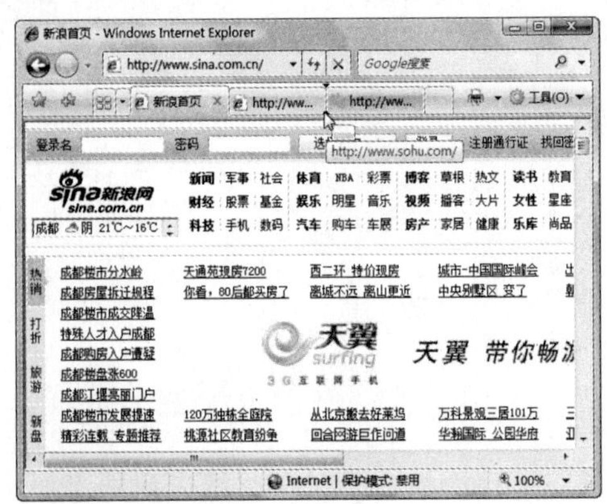

查看选项卡缩略图：单击选项卡标签左侧的“快速导航选项卡”按钮，即可在浏览器窗口中显示出当前所有选项卡的缩略图。显示缩略语后，在窗口中单击某个选项卡缩略图，即可切换到该选项卡。

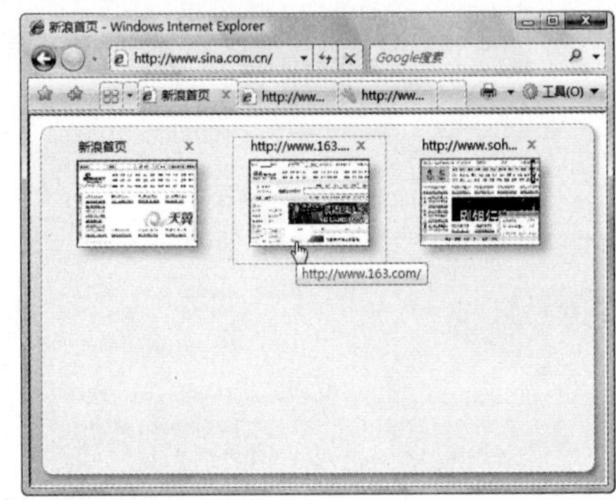

10.5.4 关闭选项卡

创建多个选项卡，并在各个选项卡中打开相应的网页后，当不再需要浏览某个选项卡中的网页，就可以将该选项卡关闭。

知识点拨 Knowledge　关闭选项卡的方法

方法一：切换到要关闭的选项卡，单击选项卡标签中的“关闭”按钮X。

如果仅要保留当前选项卡，而关闭其他所有选项卡，则只要在快捷菜单中选择“关闭其他选项卡”命令即可。

方法二：用鼠标右击要关闭的选项卡标签，在弹出的快捷菜单中选择“关闭”命令。

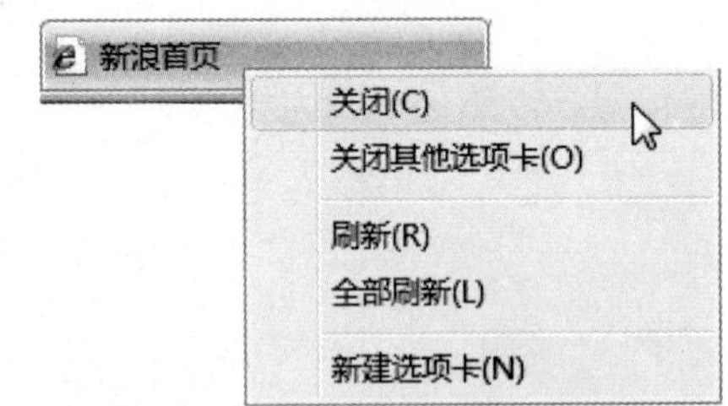

10.6 保存网页

在浏览网页过程中，对于自己感兴趣的内容，如网页中的文字、图片或者整个网页，都可以保存到计算机中，以后即使不上网，也可以方便地查看所保存的内容。

10.6.1 保存整个网页

如果正在浏览的网页中包含了对用户有用的信息，就可以将网页以文件的形式保存到计算机中，这样以后即可随时查看了。

新手演练 Novice exercises 将自己感兴趣的网页保存到计算机中

Step 01 在浏览器中打开要保存的网页，然后用鼠标右击工具栏，在弹出的快捷菜单中选择“菜单栏”命令。

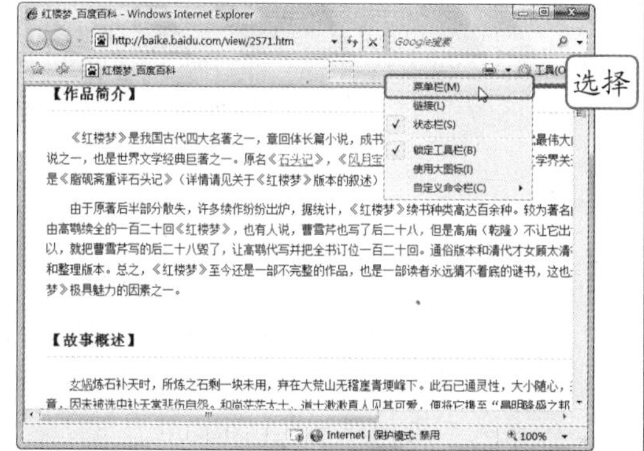

Step 02 此时将在工具栏上方显示出菜单栏，单击“文件”菜单项，在弹出的菜单中选择“另存为”命令。

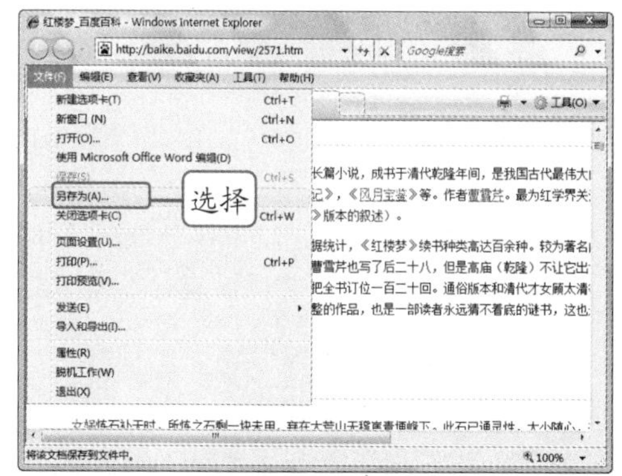

Step 03 打开“保存网页”对话框，在地址下拉列表中设定保存地址，在“文件名”文本框中设置网页的保存名称，在“保存类型”下拉列表中选择“网页，全部”选项，单击 保存(S) 按钮。

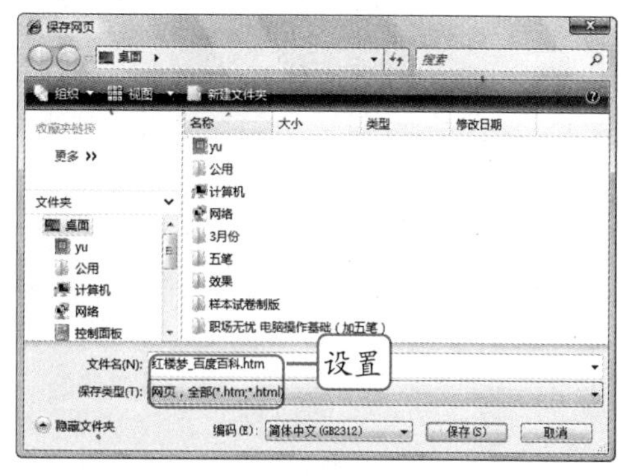

Step 04 此时即开始保存网页，并打开“保存网页”对话框显示保存进度。

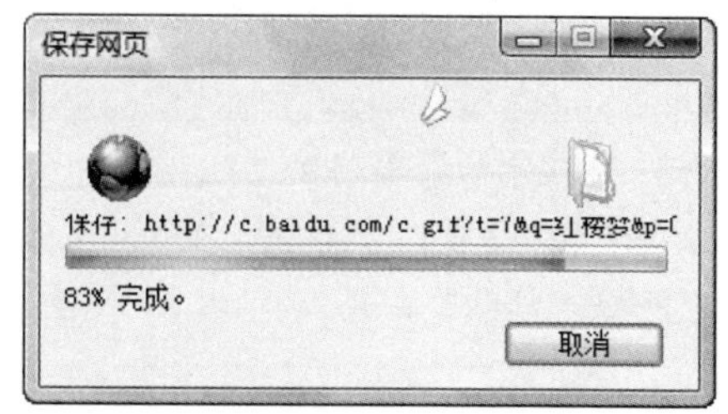

Step 05 保存完毕后，在“计算机”窗口中进入到文件的保存目录，就可以看到保存的网页文件以及同名文件夹了。同名文件夹中用于储存网页中图形等对象。

10.6.2 保存网页中的文本

如果当前浏览网页中的文本信息对用户有用，那么就可以仅将网页中的文本保存到计算机中。保存文本时，用户只是保存部分文本，而不是所有网页中的文本，因此可以将文本复制到文本编辑工具，如记事本中，然后保存文档。

新手演练 Novice exercises　将网页中的文本保存到文本文件中

Step 01 在当前网页中拖动鼠标选中要保存的文本，然后右击，在弹出的快捷菜单中选择“复制”命令。

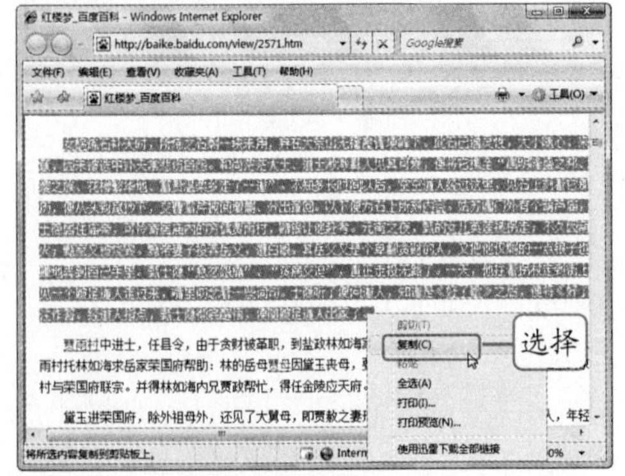

Step 02 通过开始菜单启动“记事本”程序，然后在“记事本”窗口中右击，在弹出的快捷菜单中选择“粘贴”命令。

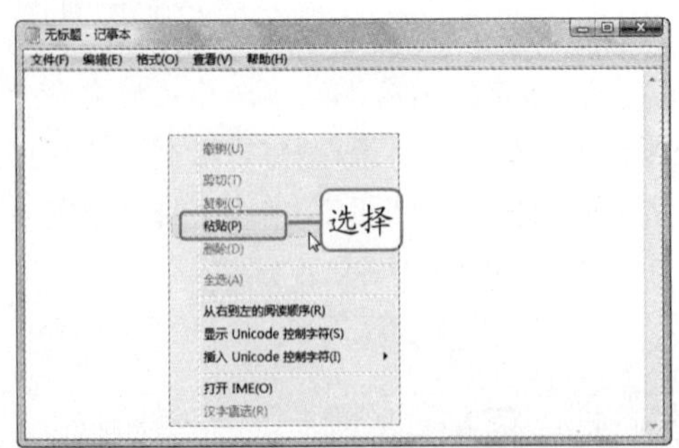

Step 03 此时即可将复制的文本粘贴到记事本中，单击菜单栏中的“文件”菜单项，在弹出的快捷菜单中选择“保存”命令。

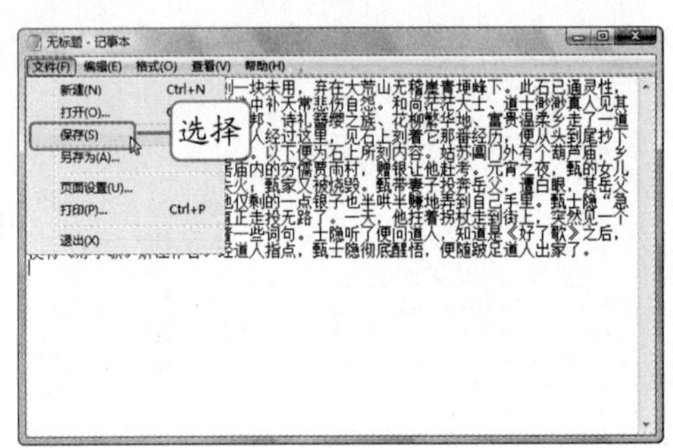

Step 04 打开“另存为”对话框，分别设定保存位置与保存名称，然后单击按钮，保存文本文档即可。

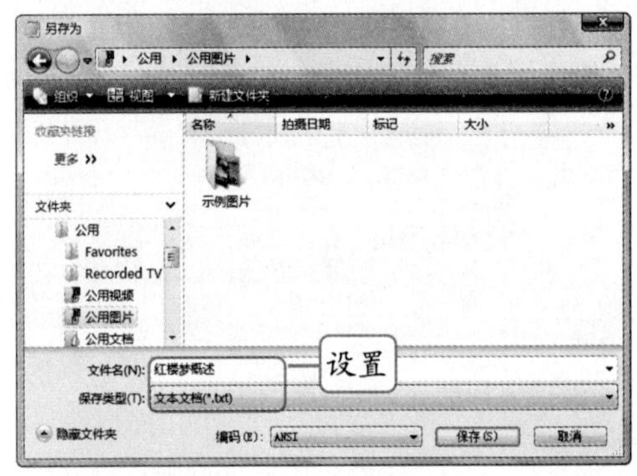

温馨提示牌 Warm and prompt licensing

如果要保存网页中的所有文本，则按照保存整个网页的方法，打开“另存为”对话框，将保存类型设置为“文本文档”即可。

10.6.3 保存网页中的图片

很多网页中都包含有非常漂亮的图片，有些图片对用户可能非常有用，这时就可以将这些图片以文件的形式保存到计算机中，以备日后查看或调用。

将网页中的图片保存到计算机中

Step 01 打开一个包含自己感兴趣的图片的网页，用鼠标右击网页中的图片，在弹出的快捷菜单中选择“图片另存为”命令。

Step 02 此时将打开“图片另存为”对话框，分别设定图片的保存位置、保存名称以及保存类型后，单击 保存(S) 按钮，即可将图片保存到计算机指定位置。

10.7 收藏网页

随着用户浏览的站点的逐渐增多，在浏览网页过程中就可以将感兴趣的站点收藏起来，从而下次浏览时就无须通过冗长的网址来打开站点了。收藏了多个站点后，还可以将站点按照相应的类型分类存放，便于检索与打开站点。

10.7.1 将网页添加到收藏夹

在浏览器中打开一个站点后，如果该站点对用户有用，就可以添加到浏览器收藏夹中，这样在以后浏览该站点时，只要通过收藏夹进行打开即可。

将“新浪网”添加到浏览器收藏夹中

Step 01 在浏览器地址栏中输入“www.sina.com”，打开新浪站点，然后单击选项卡标签左侧的“添加到收藏夹”按钮，在弹出的菜单中选择“添加到收藏夹”命令。

按下 Ctrl+D 组合键，可以快速打开“添加收藏”对话框。

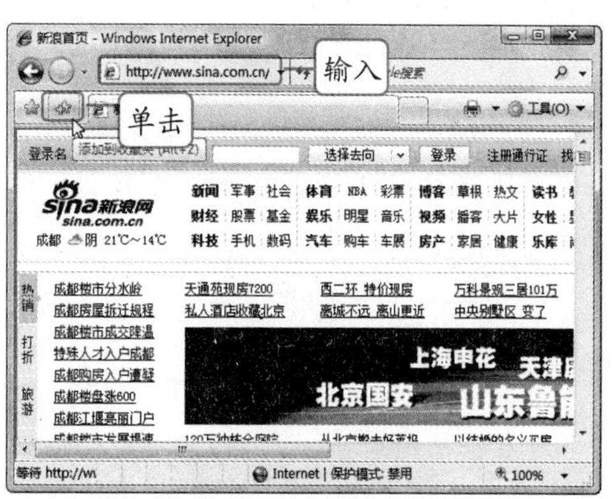

Step 02 打开“添加收藏”对话框，在“名称”框中输入网页的收藏名称，单击添加(A)按钮，即可将新浪网添加到收藏夹中。

Step 03 以后浏览网页时，如要浏览新浪网，只要单击选项卡左侧的“收藏中心”按钮，在打开的窗格中单击“新浪网”收藏链接即可。

10.7.2 整理收藏夹

在收藏夹中收藏了很多站点后，收藏夹就会变得非常凌乱，这时就需要对收藏夹进行分类整理，即将同一类型的站点放置到各自的分类目录中。

新手演练 Novice exercises 分类整理收藏夹中的收藏站点

Step 01 在浏览器中显示出菜单栏，选择【收藏夹】/【管理收藏夹】命令。

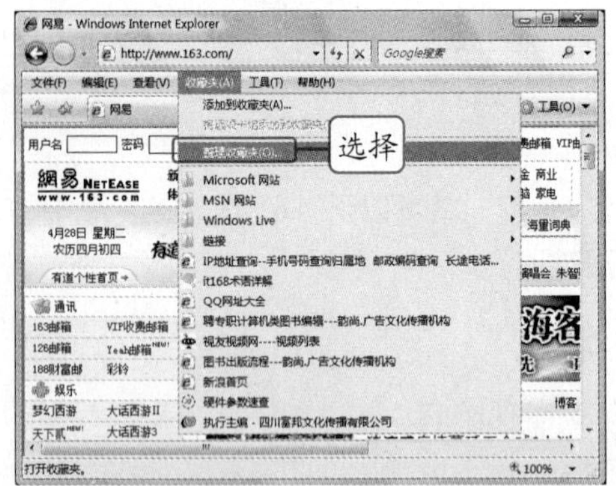

Step 02 打开“整理收藏夹”对话框，列表框中显示当前所有收藏的站点，单击下方的新建文件夹(N)按钮。

用户也可以先建立好分类目录，然后在收藏网页时直接保存到分类目录中。

Step 03 在收藏夹中新建一个文件夹，并输入分类目录名称。

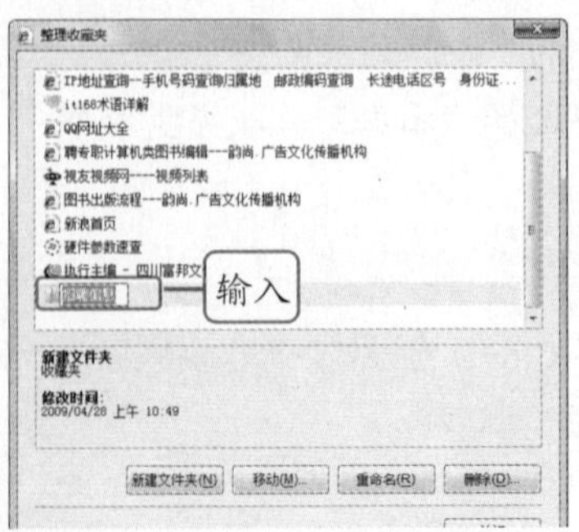

Step 04 在列表框中按下鼠标左键选择某个收藏站点，然后将其拖动到前面建立的收藏目录中，即可将站点分类到该目录下。

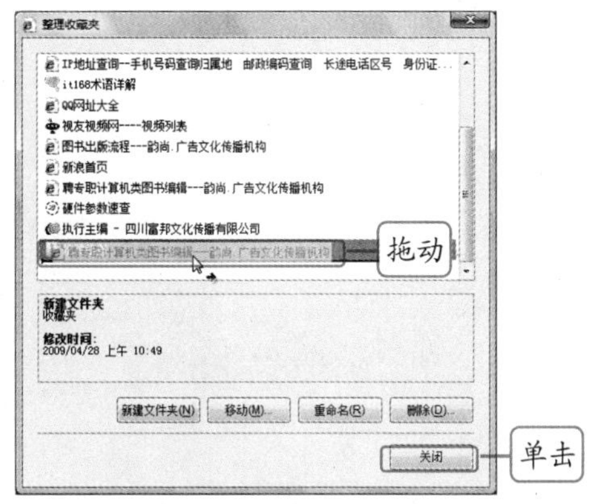

Step 05 收藏夹整理完毕后，单击 关闭 按钮。再打开收藏夹窗格，在列表中单击某个分类目录，即可展开显示该目录下的收藏站点。

10.8 Internet 浏览器设置

使用 Internet Explorer 浏览器过程中，用户可根据使用习惯与使用环境对浏览器进行相应设置，从而增强浏览器的易用性以及安全性。

10.8.1 设置默认主页

浏览器默认主页是指启动浏览器后，浏览器自动载入的站点。用户可根据需要将默认主页更改为自己经常浏览的站点。

将“新浪网”设置为浏览器默认主页

Step 01 在浏览器中打开新浪站点，然后单击工具栏中的“工具”按钮，在弹出的菜单中选择“Internet 选项”命令。

Step 02 打开“Internet 选项”对话框并切换到“常规”选项卡,在“主页”文本框中输入网址“www.sina.com”，单击 确定 按钮。

10.8.2 设置临时文件与历史记录

临时文件与历史记录用于记录在 Internet Explorer 浏览器中浏览过的网页的网址、浏览网页产生的临时文件以及信息。出于隐私安全考虑，用户可定期对临时文件和历史记录进行清理。

删除与设置浏览器的历史记录和临时文件

Step 01 打开“Internet 选项”对话框，在“常规”选项卡下单击“浏览历史记录”区域中的 删除(D)... 按钮。

Step 02 在打开的“删除浏览的历史记录”对话框中单击对应选项下的删除按钮选择性删除，或单击 全部删除(A)... 按钮将历史记录与临时文件全部删除。

Step 03 在打开的提示框中单击 是(Y) 按钮确认删除操作。

Step 04 此时将打开“删除浏览的历史记录”对话框显示删除进度，删除完毕后对话框会自动关闭。

Step 05 单击“浏览历史记录”区域中的 设置(S) 按钮，打开“Internet 临时文件和历史记录设置”对话框，在“要使用的磁盘空间”数值框中设置用于保存临时文件的磁盘空间；在“历史区域”中的数值框中输入历史记录的保存天数。

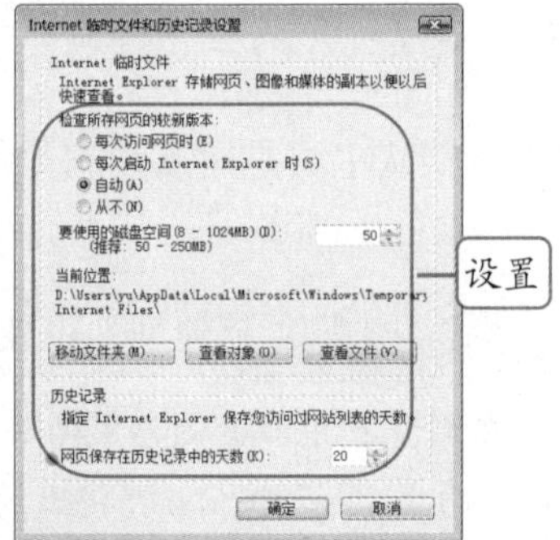

Step 06 如果要更改临时文件目录，则单击 移动文件夹(M)... 按钮，在打开的“浏览文件夹”对话框中选择用于存储临时文件的目录，并依次单击 确定 按钮。

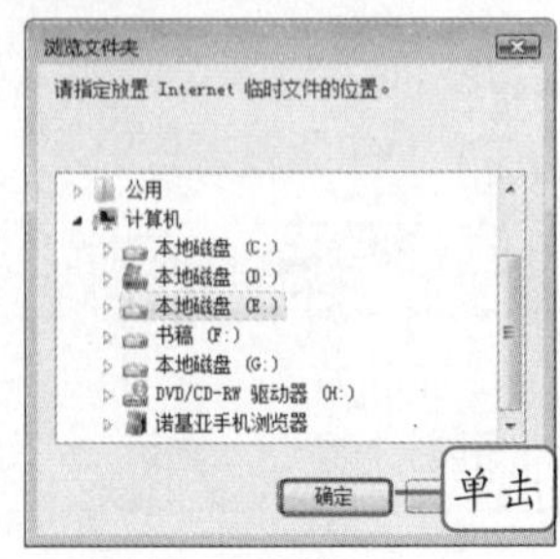

10.8.3 弹出窗口阻止设置

浏览一些站点时，经常会自动弹出窗口而影响到用户的正常浏览，而且这些自动弹出的窗口多为广告窗口。使用 Internet Explorer 7.0 浏览器提供的弹出窗口阻止程序，用户就可以指定允许哪些站点弹出窗口，而阻止其他站点弹出窗口。

禁止除新浪站点外的其他站点弹出窗口

Step 01 在浏览器窗口“工具”菜单中选择“弹出窗口阻止”命令。

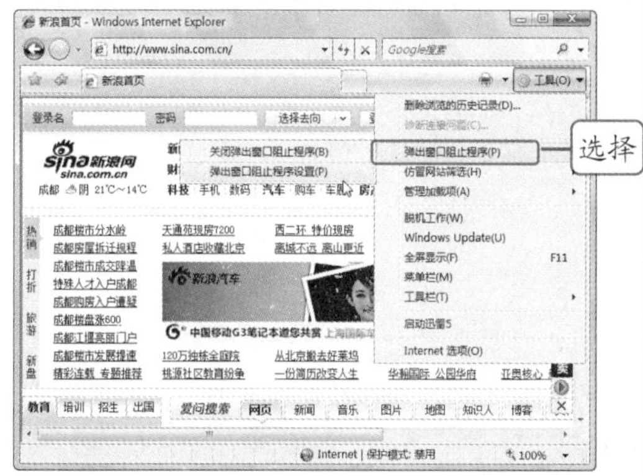

Step 02 打开“弹出窗口阻止程序设置”对话框，在“要允许的网站地址”文本框中输入允许弹出窗口的网址“www.sina.com”。

Step 03 输入后，单击右侧的 添加(A) 按钮，将网站添加到“允许的站点”列表中，即允许该站点弹出窗口。

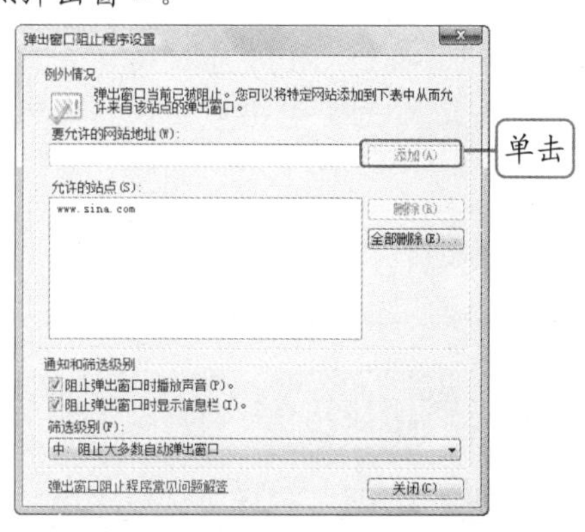

Step 04 在“通知和筛选级别”区域中选择阻止通知方式，在下拉列表中选择筛选级别，单击 关闭(C) 按钮应用设置。

10.8.4 设置浏览器安全级别

网络中包含了大量的信息，也存在很多不安全的因素，在使用 Internet Explorer 浏览器过程中，用户可以根据使用需求来调整浏览器的安全级别，从而提高计算机的安全性。调整安全级别时，可以选择预设的级别，也可以自定义设置。

新手演练 Novice exercises　将浏览器安全级别设置为“高”

Step 01　打开“Internet 选项”对话框并切换到“安全”选项卡，在上方列表框中选择“Internet”选项。

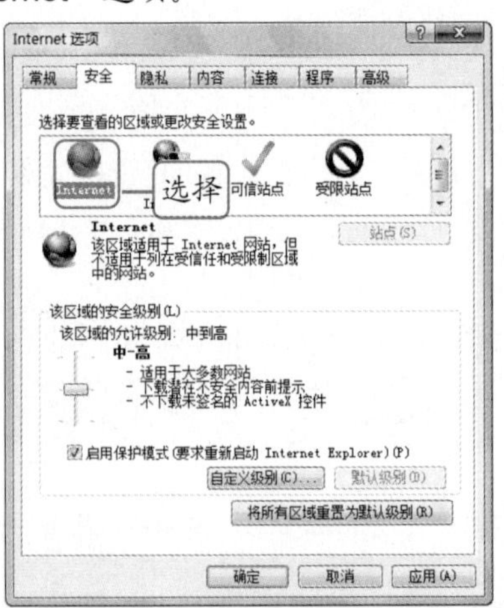

Step 02　在级别调整区域中向上拖动滑块，移动到“中-高”位置后，单击 确定 按钮完成级别调整。

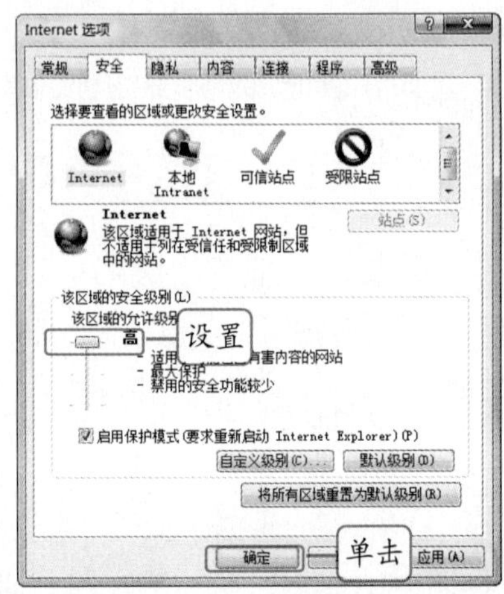

10.9 使用 Windows Mail

Windows Mail 是 Windows Vista 中新增的一款电子邮件客户端程序，提供了强大邮件管理的同时，操作界面也简单易用。当用户拥有了自己的电子邮箱后，就可以通过 Windows Mail 方便地收发与管理自己的电子邮件了。

10.9.1 申请免费电子邮箱

要使用 Windows Mail，用户首先需要拥有一个电子邮箱，目前各大站点中都提供了免费邮箱服务，用户可以去申请到属于自己的免费电子邮箱。

新手演练 Novice exercises　申请 163 免费电子邮箱

Step 01　在浏览器地址栏中输入“email.163.com”，打开网易电子邮箱申请页面。

温馨提示牌 Warm and prompt licensing

也可以输入“www.163.com”，进入到网易站点，然后单击页面上方的“注册免费邮箱”链接，进入邮箱申请页面。

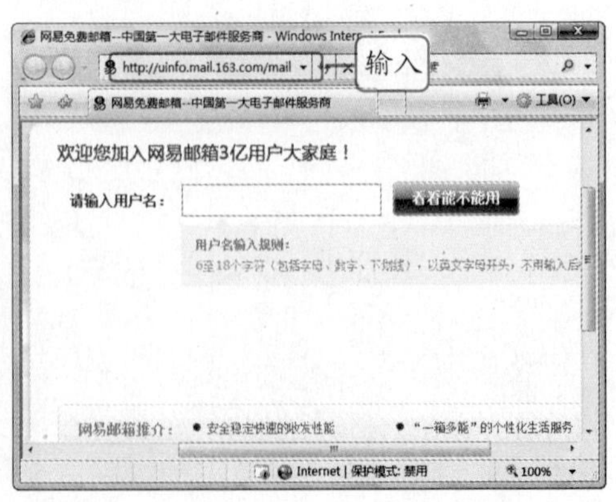

Step 02 在页面中的文本框中输入要设置的邮箱用户名，单击看看能不能用按钮，然后在下方选择要申请的邮箱地址，单击下一步按钮。

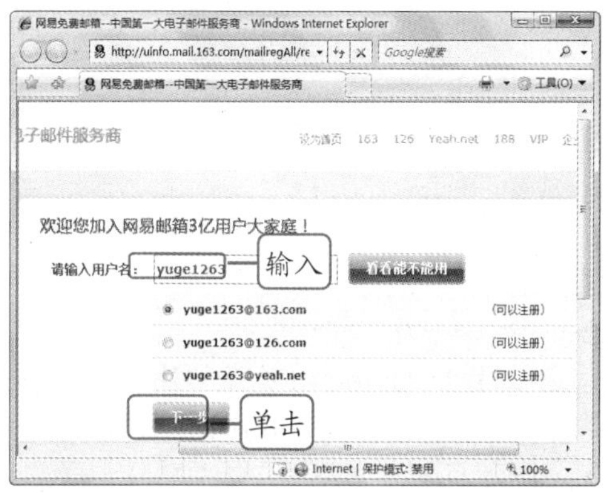

Step 03 在接着打开的页面中输入邮箱密码以及个人相关信息，输入完毕后单击页面下方的注册帐号按钮。

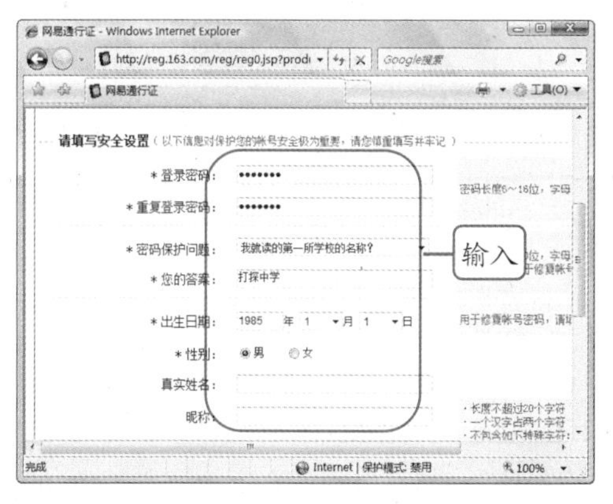

Step 04 在接着打开的页面中，提示用户邮箱注册成功，并通过红色文本告知用户自己的邮箱地址，此时可以单击"进入 3G 免费邮箱"连接进入邮箱，也可以直接关闭浏览器。

注册邮箱后，也可以通过浏览器进入邮箱来收发与管理邮件。以后登录时，只要在网易首页上方输入邮箱用户名与登录密码，并选择要登录的邮箱后，单击"登录"按钮即可登录到个人邮箱了。

10.9.2 配置 Windows Mail 邮箱账户

有了属于用户自己的电子邮箱后，就可以配置 Windows Mail 邮箱账户了，配置邮箱账户过程中，需要提供邮箱接收和发送服务器地址，即 POP3 与 SMTP 地址，用户可通过邮箱服务站点获取。

在 Windows Mail 中配置自己邮箱账户

Step 01 在"开始"菜单中单击"电子邮件"选项，启动 Windows Mail。如果"电子邮件"选项没有显示 Windows Mail，则进入"所有程序"列表中选择。

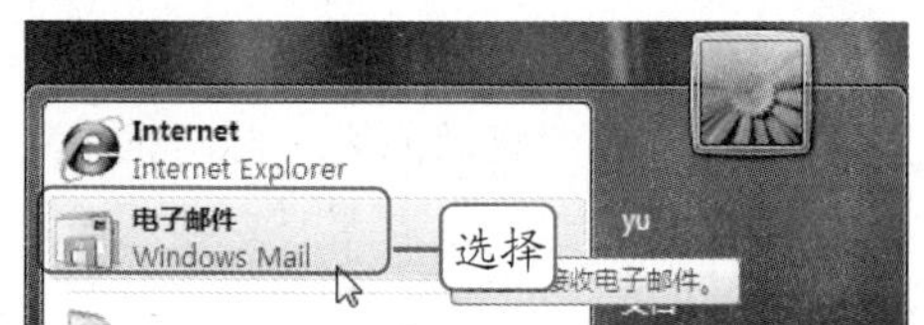

Step 02 启动 Windows Mail，单击“工具”菜单项，在弹出的菜单中选择“帐户”命令。

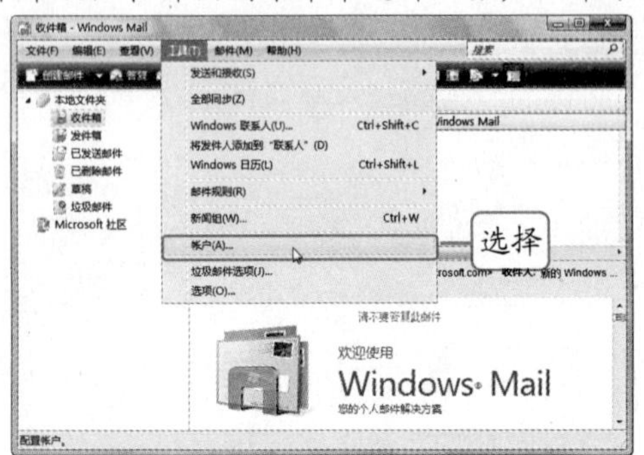

Step 03 打开“Internet 帐户”对话框，单击右侧的 添加(A)... 按钮。

Step 04 打开“选择帐户类型”对话框，在列表框中选择“电子邮件帐户”选项，单击 下一步(N) 按钮。

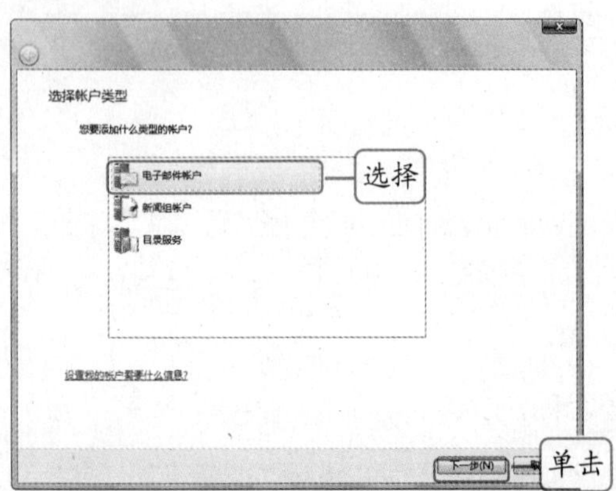

Step 05 在打开的“您的姓名”对话框中输入要显示的邮箱账户名称，这里可以输入用户自己的姓名，单击 下一步(N) 按钮。

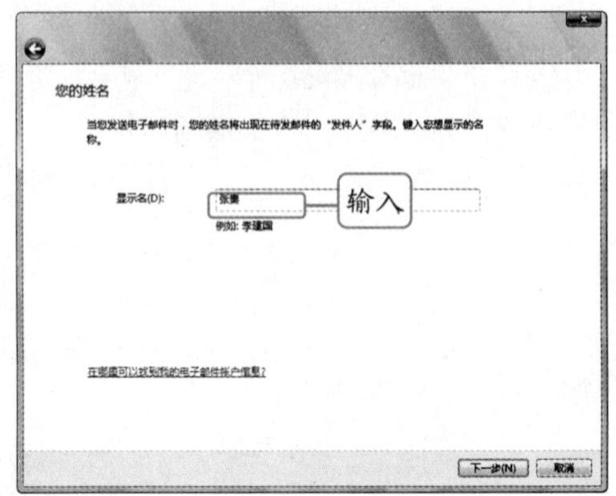

Step 06 打开“Internet 电子邮件地址”对话框，输入前面申请到的邮箱地址，单击 下一步(N) 按钮。

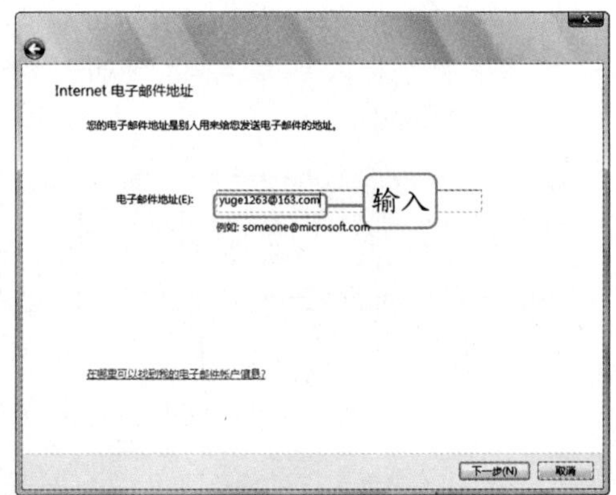

Step 07 在接着打开的对话框中分别输入 POP3 地址以及 SMTP 地址，163 邮箱的服务器地址分别为“pop.163.com”与“smtp.163.com”，单击 下一步(N) 按钮。

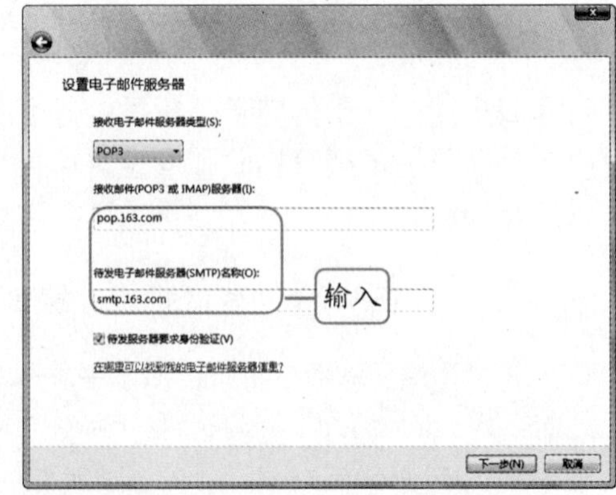

Step 08 在接着打开的对话框中输入邮箱用

户名与邮箱登录密码，单击[下一步(N)]按钮。

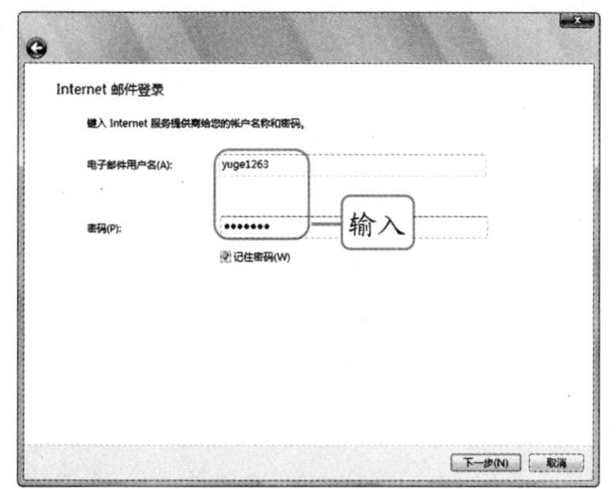

Step 09 在最后打开的对话框中提示用户邮箱配置完毕，单击[完成(F)]按钮。

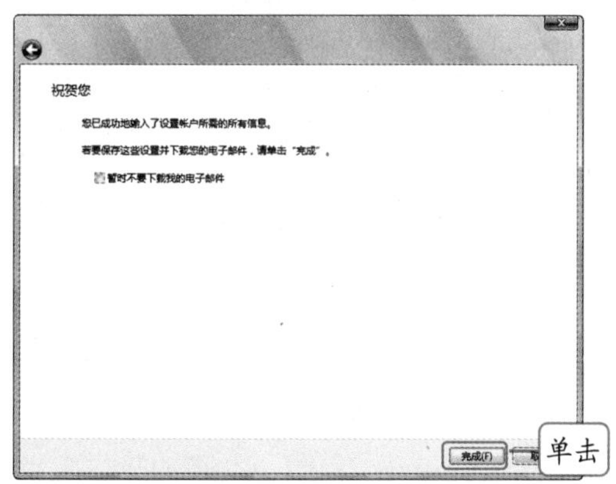

Step 10 此时 Windows Mail 将连接到邮箱服务器并验证用户身份。

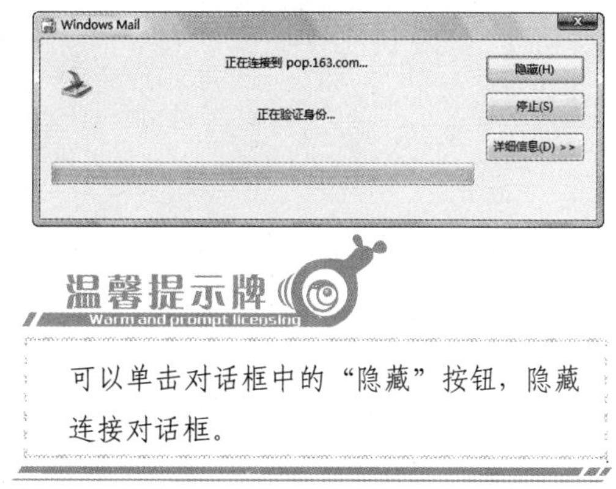

温馨提示牌 Warm and prompt licensing

可以单击对话框中的“隐藏”按钮，隐藏连接对话框。

Step 11 连接成功后，开始接收 Web 邮箱中的邮件，接收完毕后对话框自动关闭，同时 Windows Mail 中显示邮件信息。

10.9.3 接收与阅读邮件

邮箱配置完毕后，就可以使用 Windows Mail 将 Web 邮箱中的邮件接收到本地并进行阅读了。

在 Windows Mail 中接收并阅读邮件

Step 01 在 Windows Mail 窗口中选择【工具】/【发送和接收】/【接收全部邮件】命令。

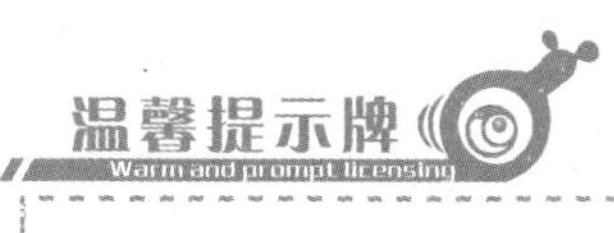

也可以单击工具栏中的“发送\接收”按钮，在下拉列表中选择“接收全部邮件”命令。

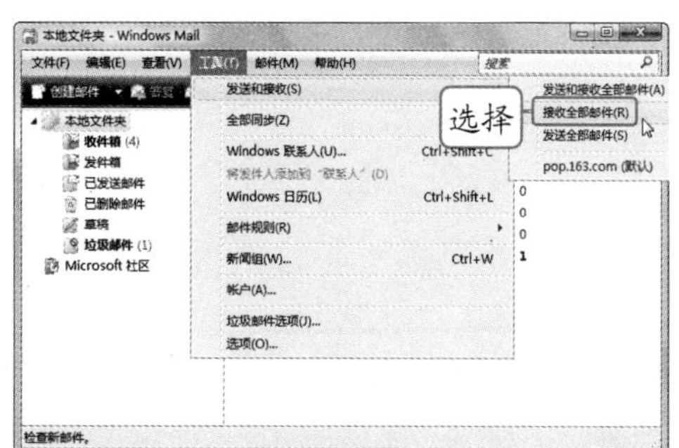

Step 02　此时将开始接收 Web 中的邮件，同时弹出对话框显示邮件接收信息。

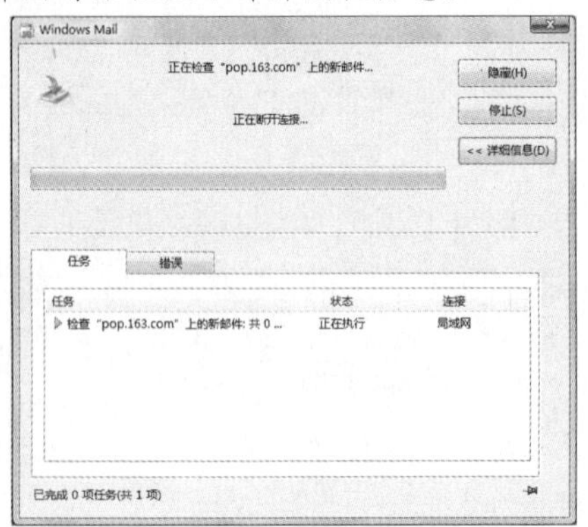

Step 03　接收完毕后，Windows Mail 窗口中的“收件箱”选项后将显示新邮件的数目，单击左侧窗格中的“收件箱”选项，进入收件箱。

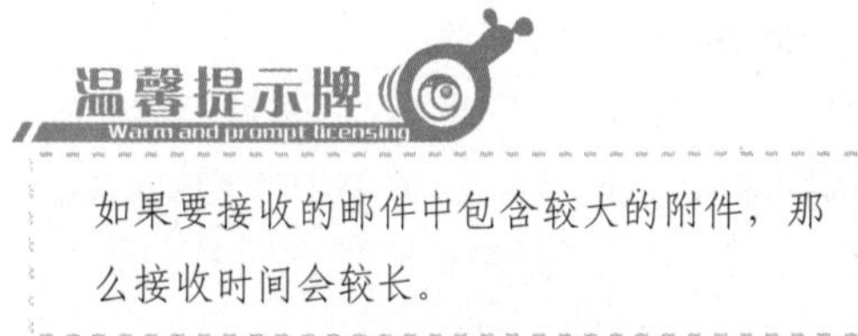

如果要接收的邮件中包含较大的附件，那么接收时间会较长。

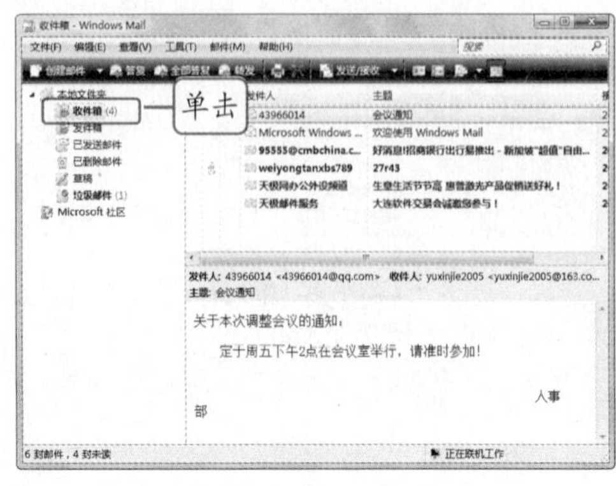

Step 04　在右侧窗格中双击某个邮件标题，即可在新窗口中打开并阅读邮件内容了。

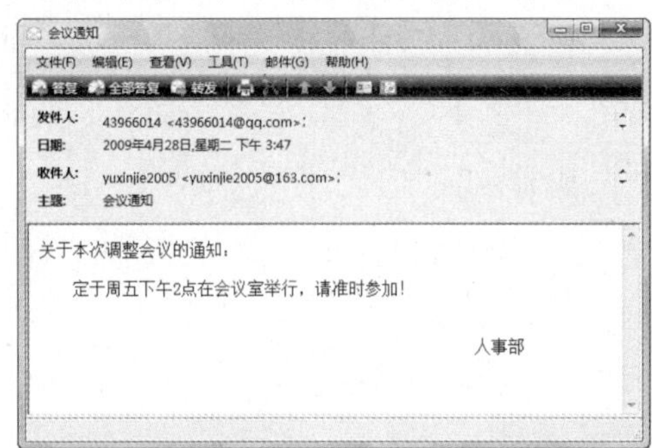

10.9.4　撰写与发送邮件

用户也可以直接在 Windows Mail 中撰写邮件，由 Windows Mail 发送给收件人。发送邮件时，必须先知道收件人的邮箱地址。

新手演练 Novice exercises　**给朋友发送电子邮件**

Step 01　在 Windows Mail 窗口工具栏中单击“创建邮件”按钮 创建邮件 。

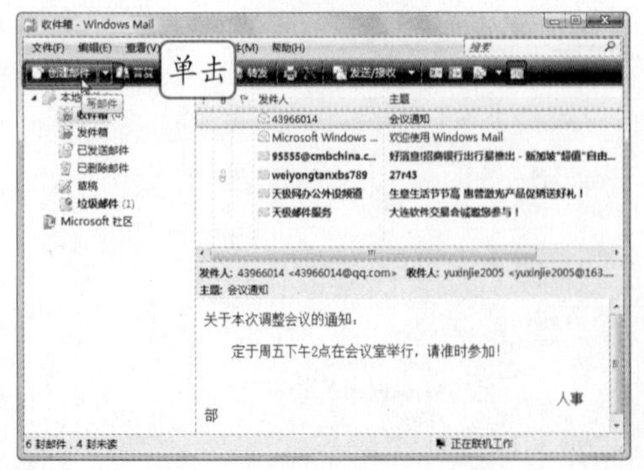

Step 02　此时将打开“新邮件”窗口，在“收件人”框中输入收件人的邮箱地址，在“主题”框中输入邮件主题，在正文框中输入邮件正文内容。

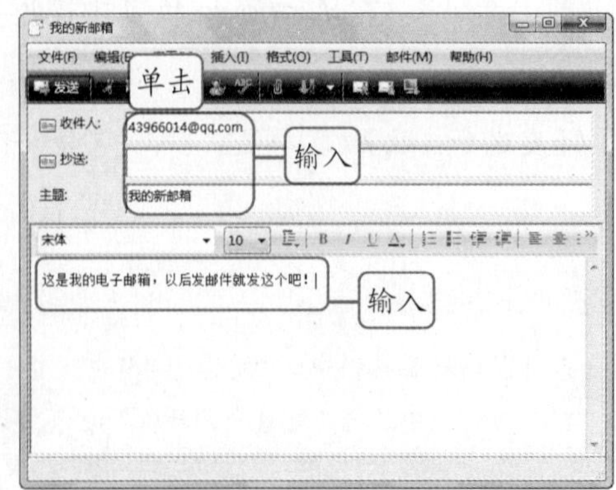

Step 03 邮件撰写完毕后，单击窗口工具栏中的发送按钮，即可开始发送电子邮件。如果邮件较大，将弹出对话框显示发送进度。

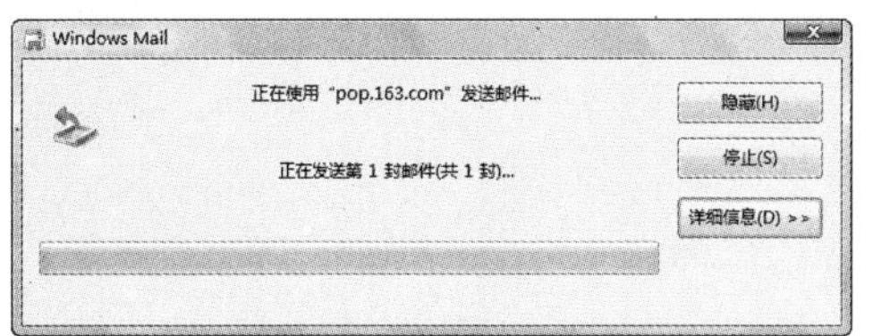

Step 04 发送完毕后，如果要查看已发送的邮件，可单击左侧窗格中“已发送的邮件”选项，然后进行查看。

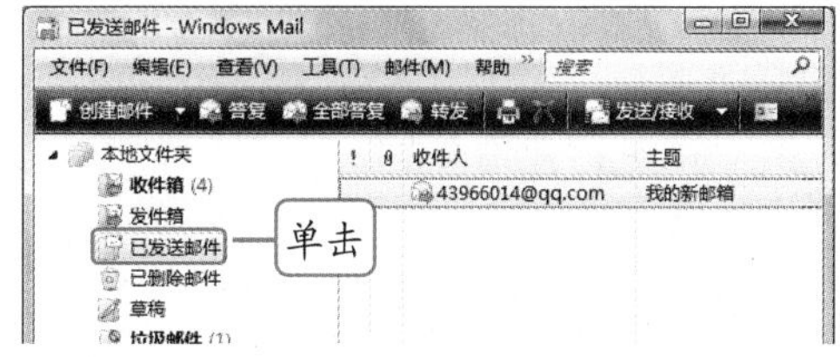

10.9.5 联系人管理

对于需要经常收发邮件的收件人，可以将其添加到 Windows 联系人中，这样以后收发邮件时，就无须输入邮箱地址，而只要在 Windows 联系人中进行选择即可。

将收件人添加到 Windows 联系人

Step 01 在 Windows Mail 窗口中选择【工具】/【Windows】联系人命令。

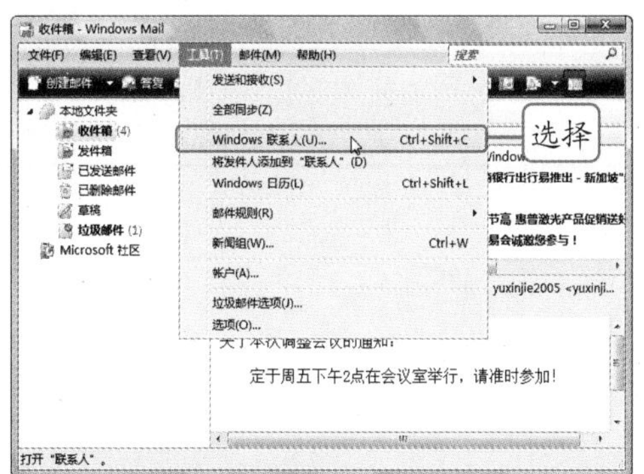

Step 02 打开“联系人”窗口，单击工具栏中的“新建联系人”按钮。

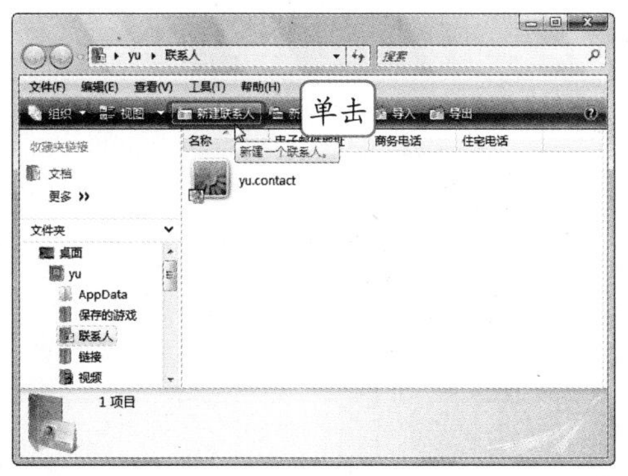

Step 03 打开“联系人”对话框，分别输入联系人的姓名、电子邮件等信息，并单击“电子邮件”栏后的添加(A)按钮。

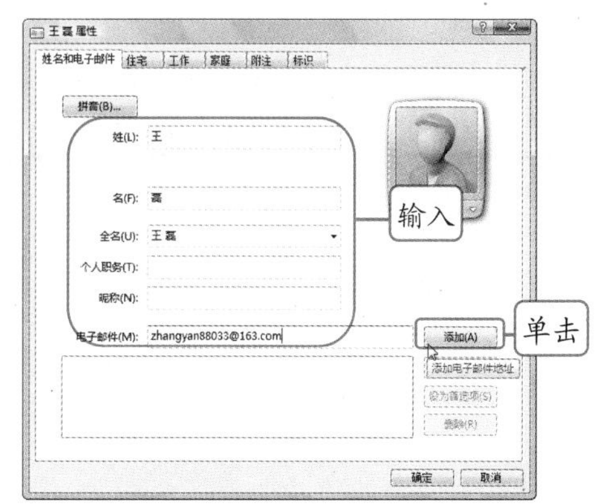

Step 04 单击对话框下方的确定按钮，联系人添加成功。以后如果要给该联系人发送邮件，只要选中该联系人图标，单击工具栏中的“电子邮件”按钮即可。

10.10 职场特训

本章主要讲解了 Internet 的相关知识、使用 ADSL 接入 Internet 并浏览网页以及收发邮件的方法。下面通过 2 个实例巩固本章知识并拓展所学知识的应用。

特训 1：浏览自己需要的网页

1. 启动 Internet Explorer 浏览器，在地址栏中输入“www.google.cn”，打开 Google 站点。
2. 在页面中输入要搜索的关键词，这里输入“物流”，单击“搜索”按钮。
3. 在搜索结果标题中单击某个标题，即可在新窗口中查看详细内容。

特训 2：使用 Windows Mail 发送电子邮件

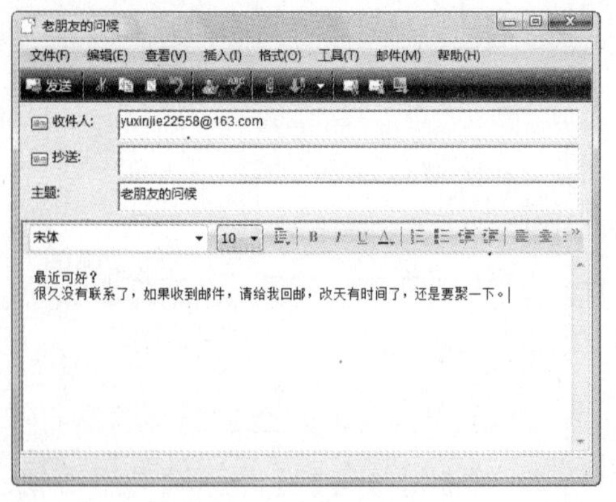

1. 在 Windows Mail 中创建自己的邮箱账户，创建后，新建一个邮件窗口。
2. 输入邮件的收件人地址、主题以及内容，然后单击“发送”按钮发送邮件。
3. 发送后，进入到“已发送的邮件”中查看已经发送的电子邮件。

第 11 章

组建局域网

为计算机设定独立的 IP 地址

为计算机设置计算机标识与工作组

配置 TP-LINK 宽带路由器

将计算机中的指定文件夹在局域网中共享

将计算机连接的打印机在局域网共享

本章导读

在 Windows Vista 中，用户可以方便地将自己的计算机与其他计算机组建成局域网。组建网络后，就可以共享资源、举行内部会议，以及进行远程协助等，从而使用户的学习、工作交流更加方便。组建网络最主要的是对网络进行配置，包括 Internet 连接配置、局域网配置以及资源共享配置等。

11.1 配置局域网

目前很多公司或家庭都拥有多台计算机，这时就可以将几台计算机组建为一个小型局域网，从而让每台计算机都可以共享其他计算机的资源。组建局域网时，必须使用专用设备连接，并在每台计算机中进行各自的配置。

11.1.1 连接局域网设备

根据要连接计算机数量的不同，其连接方式与采用的设备也不相同。如果是两台计算机组建局域网，那么只要将直连网线的两端分别插入到两台计算机的网卡接口中即可。如果是多台计算机组建局域网，则需要使用路由器或集线器等设备进行连接。

使用路由器或集线器连接多台计算机时，使用的网线为交叉网线。其连接方法也很简单，只要将网线一端插入到计算机网卡接口，另一端插入到路由器或集线器网卡接口，依次连接每台计算机即可，下图所示为连接示意图。

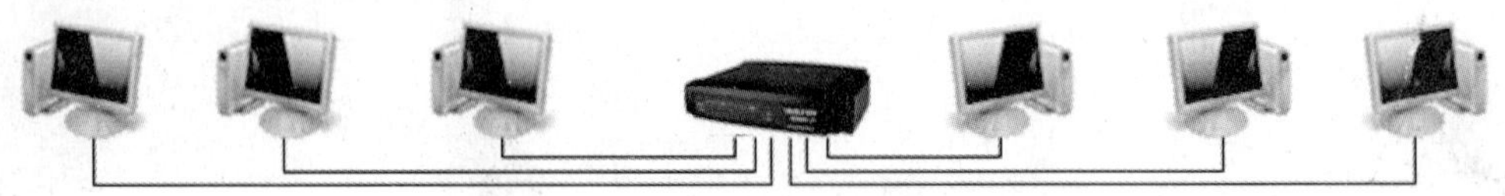

11.1.2 配置 IP 地址

IP 地址是局域网中每台计算机的独立标识，当连接好局域网中的计算机和设备后，接下来需要开启每台计算机并配置独立的 IP 地址。

为计算机设定独立的 IP 地址

Step 01 在控制面板窗口中单击“网络和 Internet”链接，进入到“网络和 Internet”窗口，单击“网络和共享中心”链接。

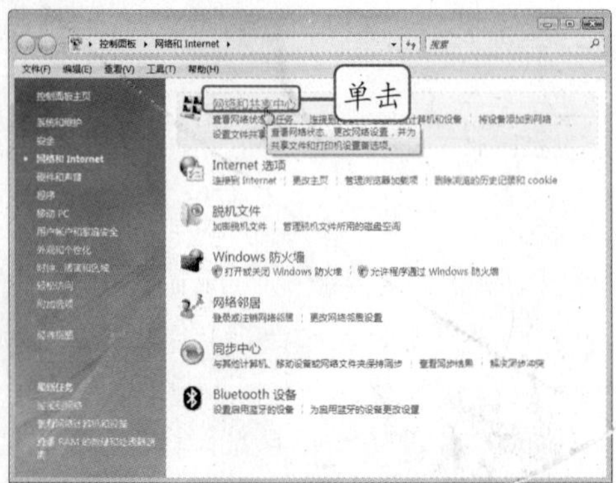

Step 02 打开“网络和共享中心”窗口，单击左侧面板中的“管理网络连接”链接。

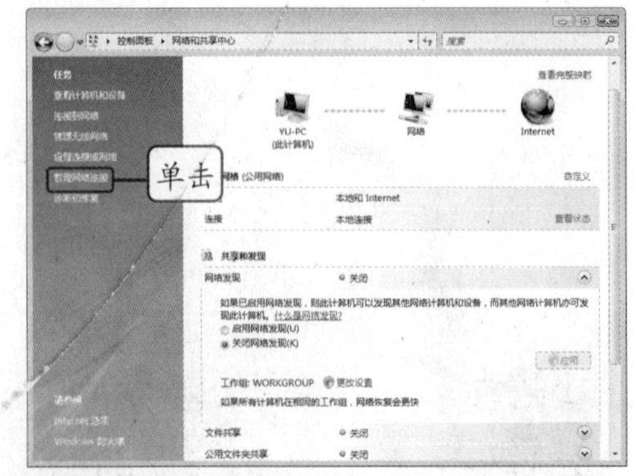

Step 03 打开“网络连接”窗口，用鼠标右

击“本地连接”图标，在弹出的快捷菜单中选择“属性”命令。

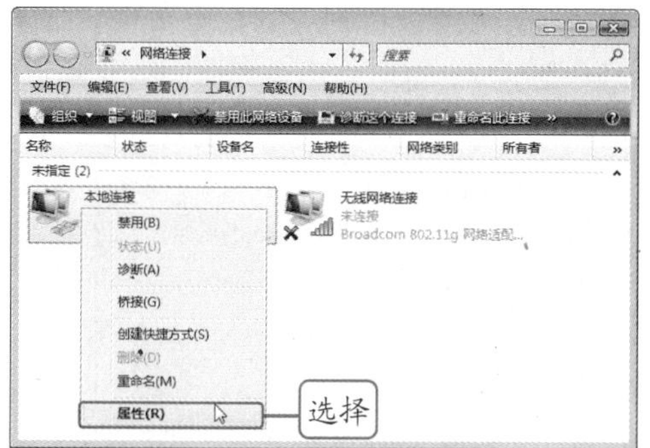

Step 04 打开“本地连接 属性”对话框并显示“网络”选项卡，在“此连接使用下列项目”列表框中选择“Internet 协议版本 4”选项，单击列表框下方的 属性(R) 按钮。

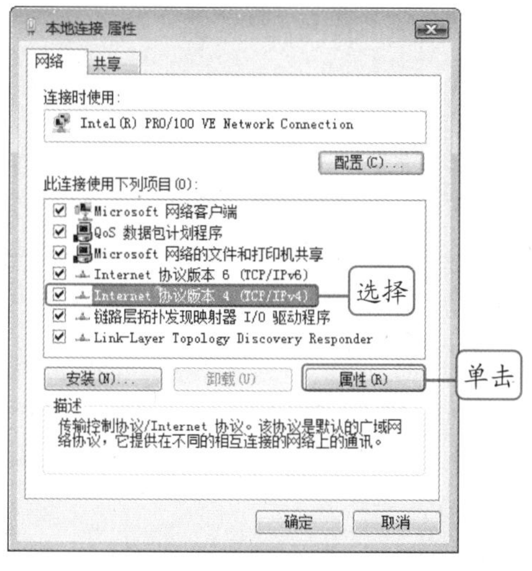

Step 05 在打开的“Internet 协议版本 4（TCP/TPv4）属性”对话框，选中“使用下面的 IP 地址”单选按钮，并在对应的文本框中输入 IP 地址、子网掩码以及默认网关。

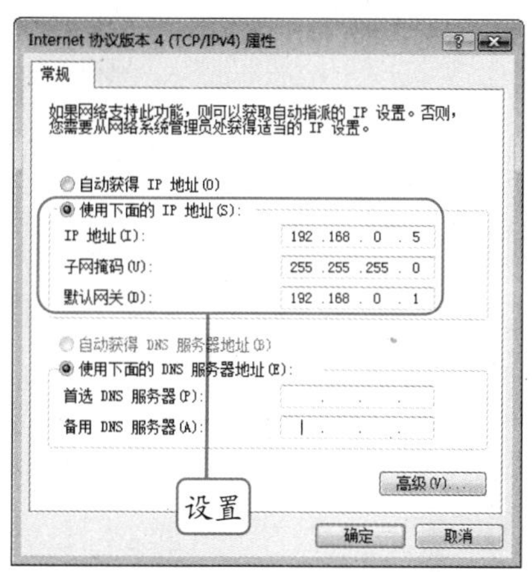

Step 06 设置完毕后，依次单击对话框中的 确定 按钮。然后在其他计算机中进行同样的设置，IP 地址可依次设置为“192.168.0.6～192.168.0.255”之间，子网掩码与默认网关相同。

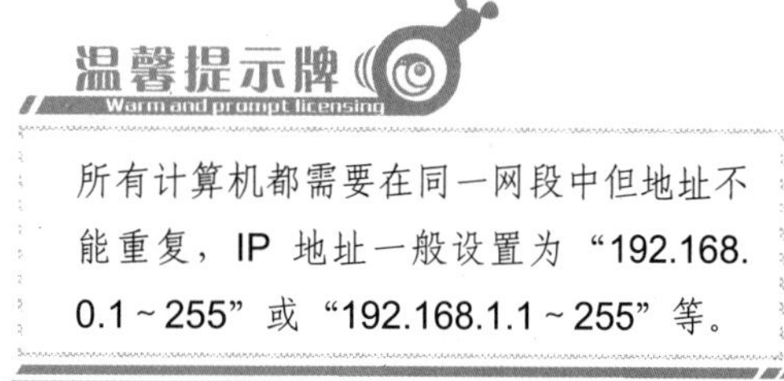

所有计算机都需要在同一网段中但地址不能重复，IP 地址一般设置为“192.168.0.1～255”或“192.168.1.1～255”等。

11.1.3 更改计算机标识与工作组

计算机标识是指为计算机在局域网中定义一个名称，其他网络用户可以通过该名称来查看和访问指定的计算机。为了更好地实现对局域网的管理，还可以将局域网中的计算机划分为多个工作组进行管理。

1. 开启“网络发现”

连接设备并配置 IP 地址后，要使计算机可以互相访问，还需要在每台计算机中开启“网络发现”功能，以使该计算机可以被局域网中的其他计算机所发现。如果用户计算机接入局域网但不想共享，只要关闭“网络发现”就可以了。

新手演练 Novice exercises　开启 Windows Vista“网络发现”

Step 01　打开“网络和共享中心”窗口，在“共享和发现”区域中单击“网络发现”选项后的⌃按钮，展开“网络发现”选项，选中“启用网络发现”单选按钮，单击 应用 按钮。

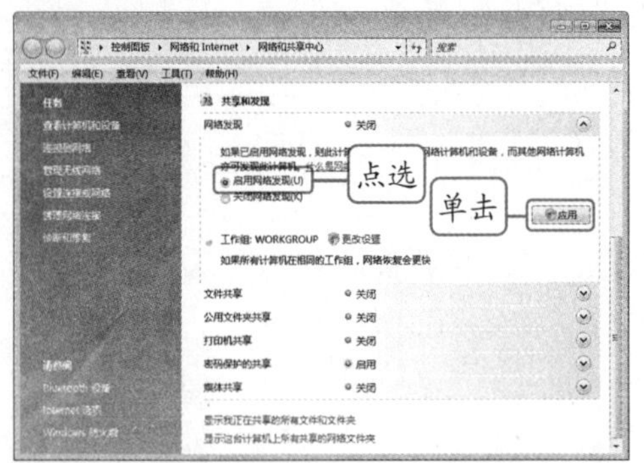

Step 02　在打开的“用户账户控制”对话框中单击 继续(C) 按钮确认操作。

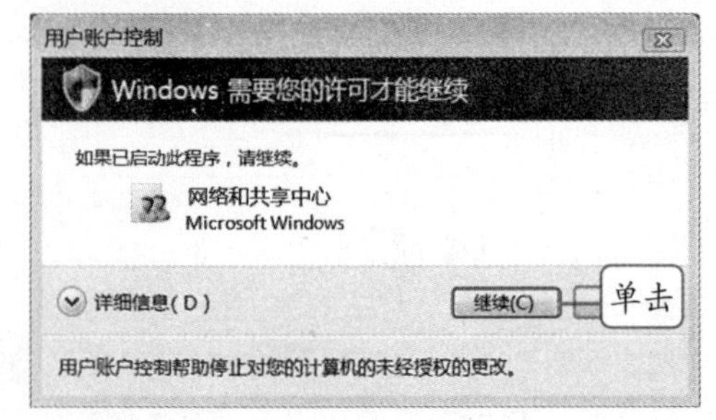

Step 03　在接着打开的“网络发现”对话框中选择“是，启用所有公用网络的网络发现”选项。

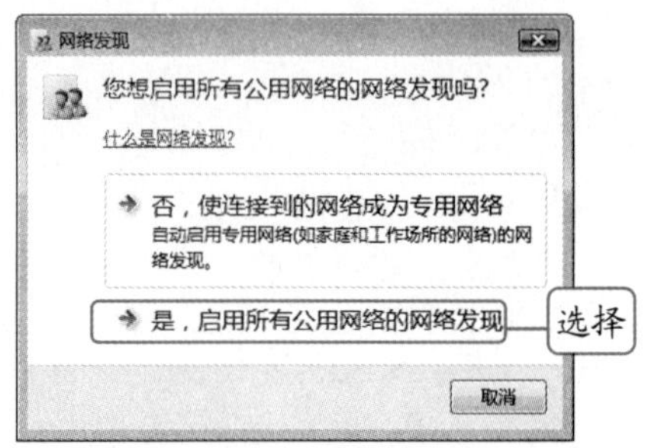

Step 04　返回“网络和共享中心”窗口后，即可看到“网络发现”的状态变为“启用”，即表示“网络发现”已经启用了。

2. 设置标识与工作组

开启“网络发现”功能后，局域网中就能发现该计算机了，此时可对计算机标识与工作组进行设置，从而让其他网络用户能直观地找到该计算机。

新手演练 Novice exercises　为计算机设置计算机标识与工作组

Step 01　在“网络发现”列表下方单击“工作组”文本右侧的“更改设置”链接，打开“系统属性”对话框。

Step 02　在“计算机描述”文本框中可输入对计算机的相关描述内容，单击下方的 更改(C)... 按钮。

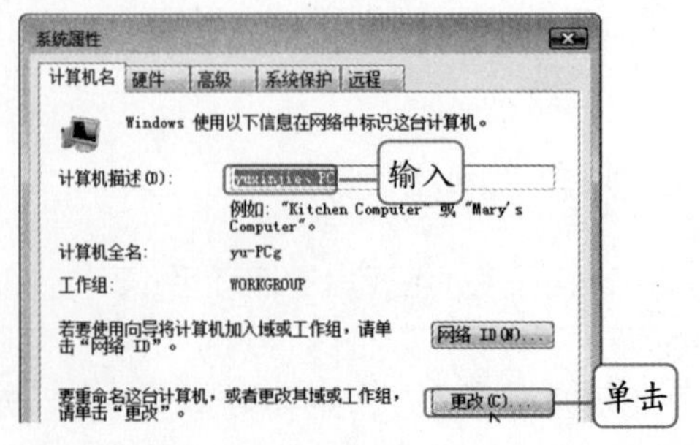

Step 03　打开“计算机名/域更改”对话框，

在“计算机名”文本框中输入计算机标识名称，在“工作组”文本框中输入工作组名称。

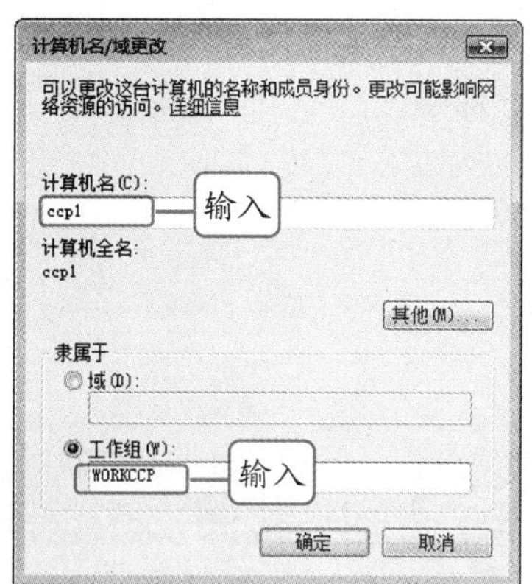

Step 04 设置完毕后单击确定按钮，将打开提示框提示用户重新启动计算机，单击确定按钮，重新启动计算机使设置生效。

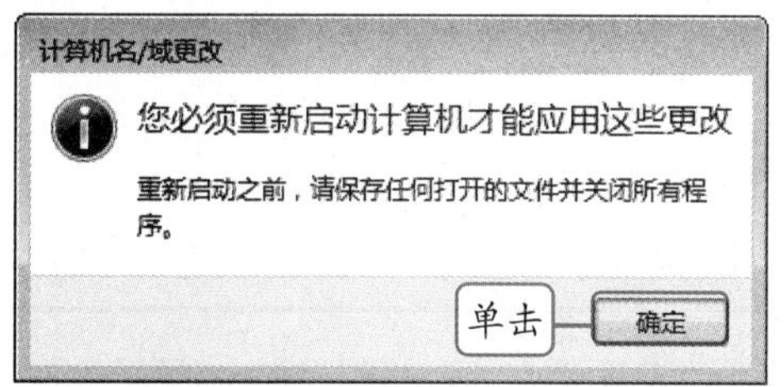

Step 05 按照同样的方法，为局域网中每台计算机设置不同的计算机标识，并划分到相应的工作组中。

Step 06 设置完毕后，在任意一台计算机的“开始”菜单中选择“网络”命令，在打开的“网络”窗口中就可以找到所有开启了网络发现的计算机以及所在的工作组了。

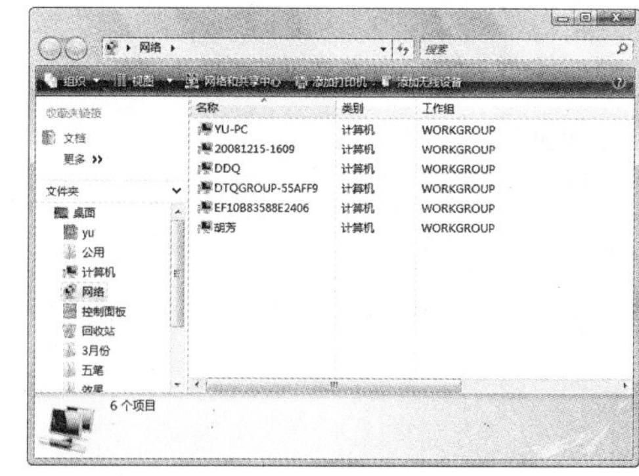

要在“网络”窗口中查看计算机所在工作组，必须将查看方式更改为“详细信息”。

11.2 局域网共享 Internet

局域网中的所有计算机可以共享一个 Internet 连接，目前使用最多是通过路由器来实现局域网共享上网。

11.2.1 连接宽带路由器

前面已经介绍了使用 ADSL 接入网络的方法，实现局域网共享上网，只要在 ADSL Modem 后接一个宽带路由器，然后将所有计算机与路由器连接即可，其连接方法如下图所示。

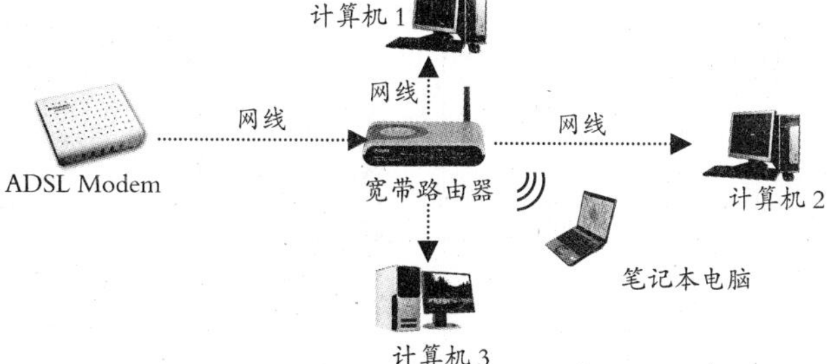

11.2.2 配置宽带路由器

连接路由器后，接下来就需要对路由器进行配置，配置之前首先需要知道路由器的地址，通常为“//192.168.0.1”或“//192.168.1.1”（参见路由器说明书），接着启动任意一台计算机，通过 Internet Explorer 浏览器进入路由器配置界面进行配置即可。

配置 TP-LINK 宽带路由器

Step 01 启动 Internet Explorer 浏览器，在地址栏中输入路由器的地址“//192.168.0.1”，按下 Enter 键。

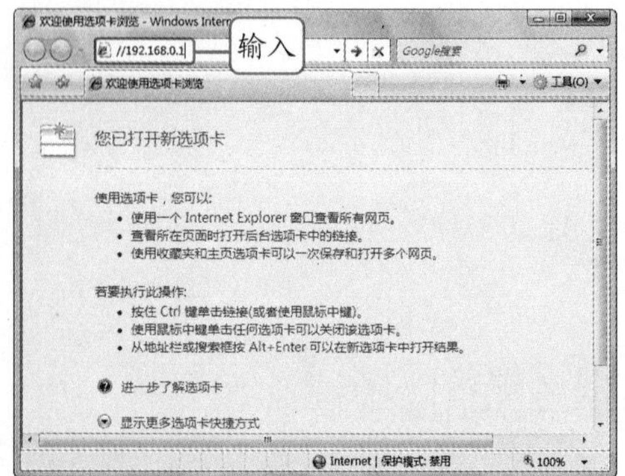

Step 02 此时将打开“登录”对话框，在对话框中输入路由器的用户名与密码(默认均为“Admin”)，单击 确定 按钮。

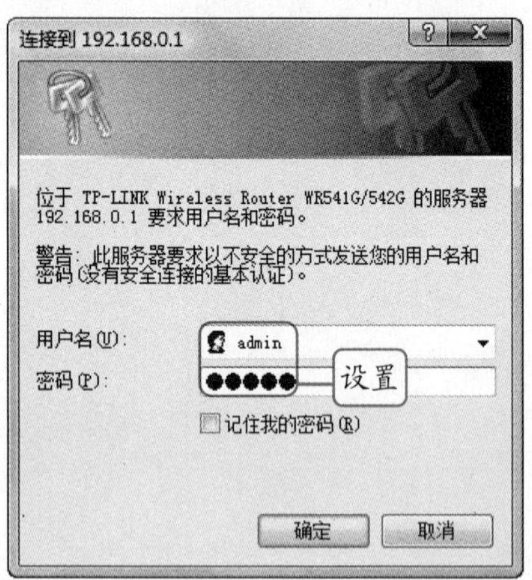

Step 03 此时即可登录到路由器配置界面，单击左侧列表中的“设置向导”链接。如果用户第 1 次登录路由器，会自动进入设置向导界面。

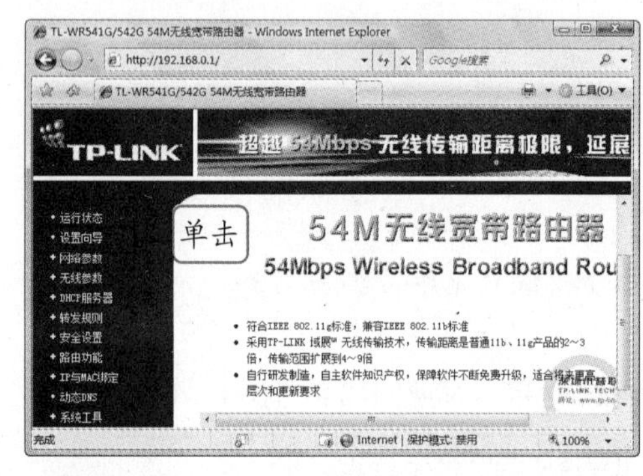

Step 04 在进入的设置向导界面中单击 下一步 按钮。

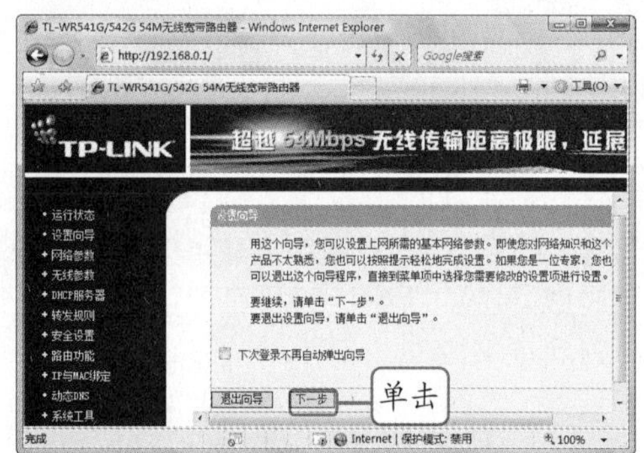

Step 05 在打开的界面中选择上网方式，这里选择“ADSL 虚拟拨号”，单击 下一步 按钮。

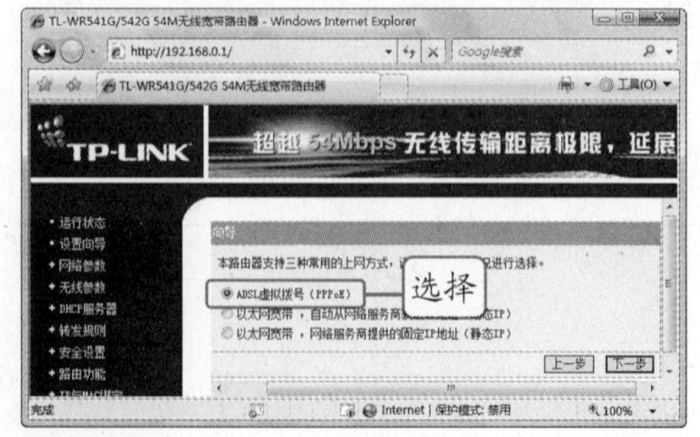

Step 06 在接着打开的界面中输入 ADSL 的账户与密码，单击下一步按钮。

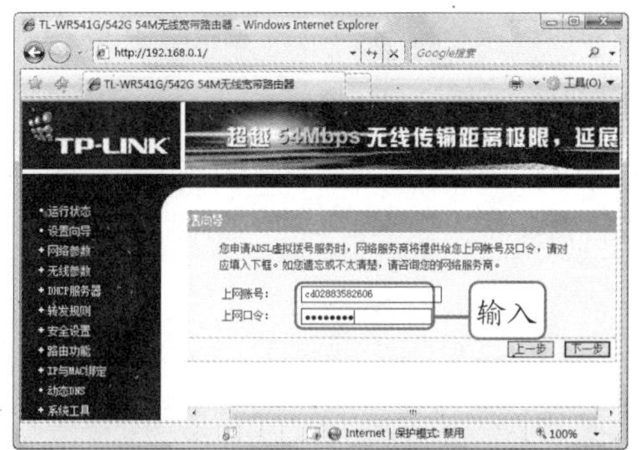

Step 07 设置完成后，在最后打开的界面中告知用户设置完毕，单击完成按钮。

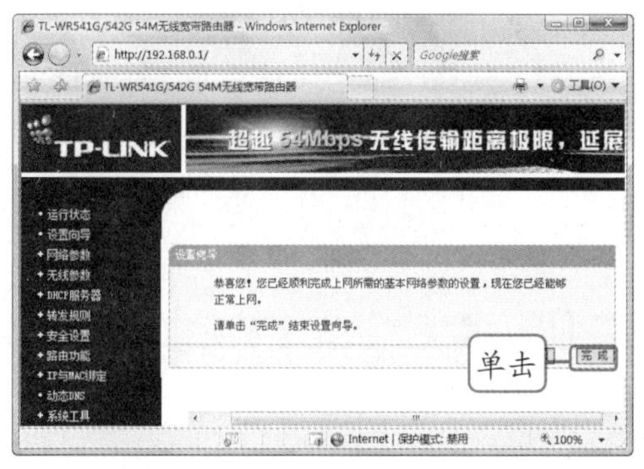

Step 08 此时将返回路由器工作状态界面，界面中显示了网络的连接状态。

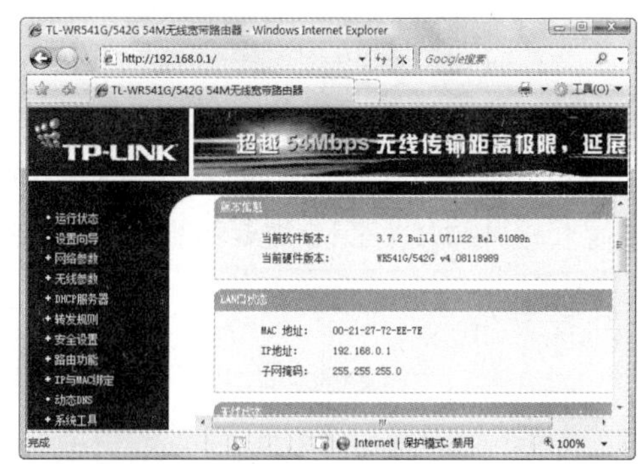

路由器配置完成后，如果之前局域网中每台计算机设置了不同网段的 IP 地址，那么这时就应该将 IP 地址设置为“自动获取”，或者与路由器处于同一网段的 IP 地址，如路由器地址为“192.168.0.1”，那么计算机的 IP 应设置为“192.168.0.2～255”之间。

11.3 局域网资源共享

组建局域网后，就可以将每台计算机中的资源在局域网中共享了。在局域网中，主要是共享各种文件，如果某台计算机连接了打印机，那么还可以在局域网中共享打印机。

11.3.1 启用文件与打印机共享

在 Windows Vista 中共享文件或打印机之前，首先需要启用文件与打印机共享，这样局域网其他用户才能访问到用户共享的文件或使用共享打印机。

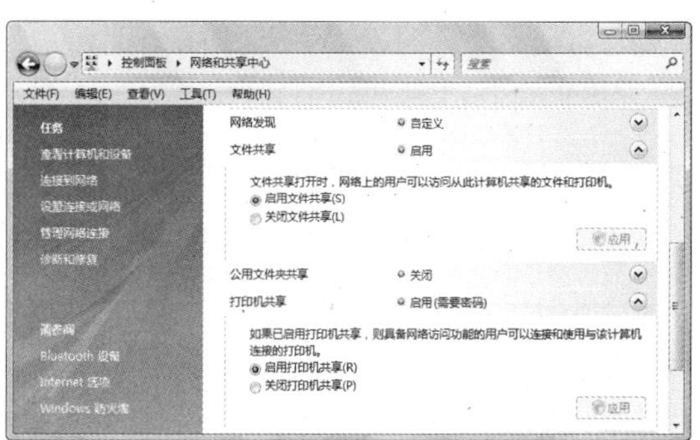

打开“网络和共享中心”窗口，在“共享和发现”区域中分别展开“文件共享”，选中“文件共享”列表中的“启用文件共享”单选按钮，单击应用按钮；展开“打印机

共享”列表，选中“启用打印机共享”单选按钮，单击[应用]按钮，在“用户帐户控制”框中单击[继续(C)]按钮，即可启用打印机共享。

11.3.2 共享文件

启用文件共享后，就可以将计算机中的文件在局域网中共享了。需要注意的是，文件是不能直接共享的，而是需要放置到文件夹中，然后将文件夹共享。

1. 共享文件夹

用户可以将计算机中的任意文件夹在局域网中共享，从而使得局域网其他用户可以访问并查看共享文件夹中的文件。

新手演练 Novice exercises　将计算机中的指定文件夹在局域网中共享

Step 01 打开“计算机”窗口并进入到磁盘目录，右击要共享的文件夹，在弹出的快捷菜单中选择“共享”命令。

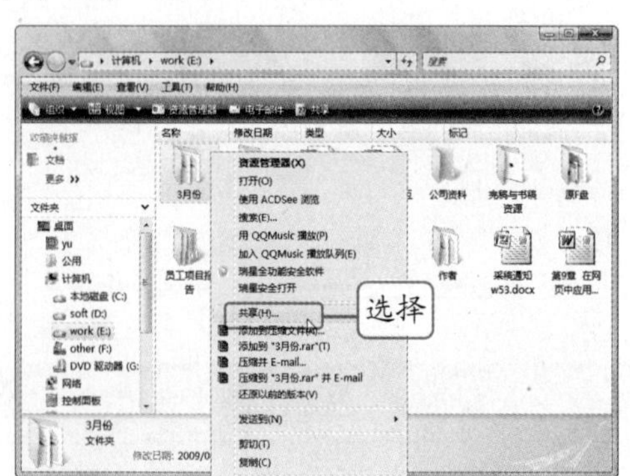

Step 02 打开“文件共享”对话框，在下拉列表中单击“Everyone”选项，选择“共有者”，然后单击[共享(H)]按钮。

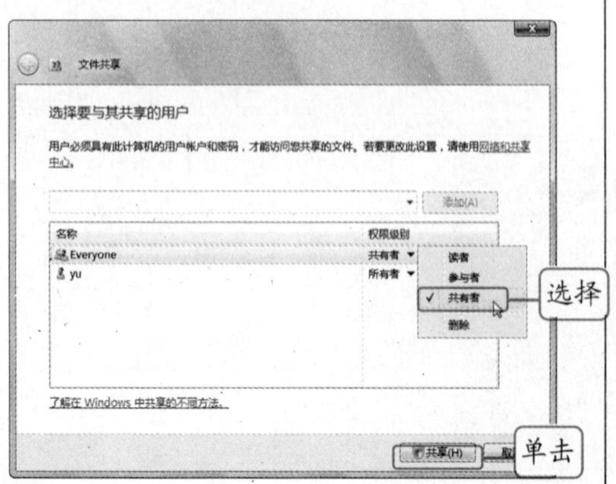

Step 03 在打开的“用户帐户控制”对话框中单击[继续(C)]按钮，在“文件共享”对话框中提示文件夹已经共享，单击[完成(D)]按钮。

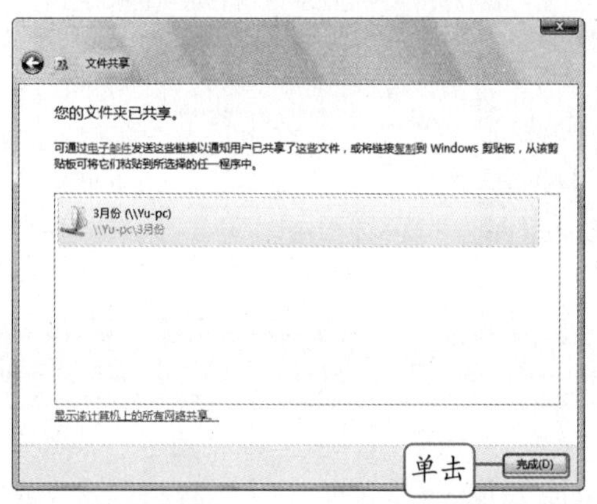

Step 04 文件夹共享后，文件夹图标左下角就会显示共享标记，表示该文件夹已经在网络中共享。

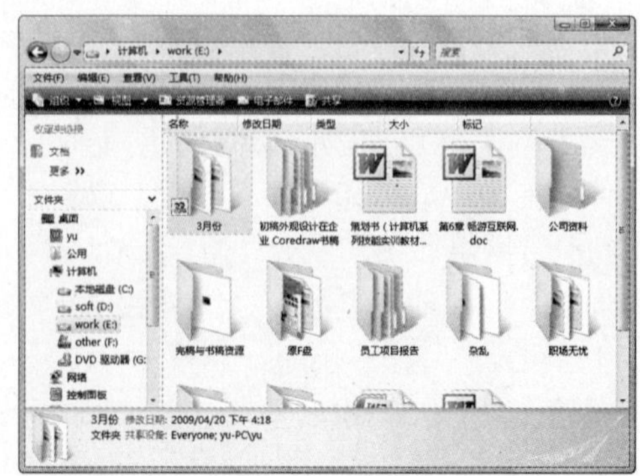

2. 访问共享文件

当局域网中任意一台计算机共享文件夹后，其他用户就都可以方便地访问该共享文件夹中的文件了。

访问局域网中共享目录中的文件

Step 01 在“开始”菜单中选择“网络”命令，打开“网络”窗口，窗口中将显示局域网中的所有计算机。

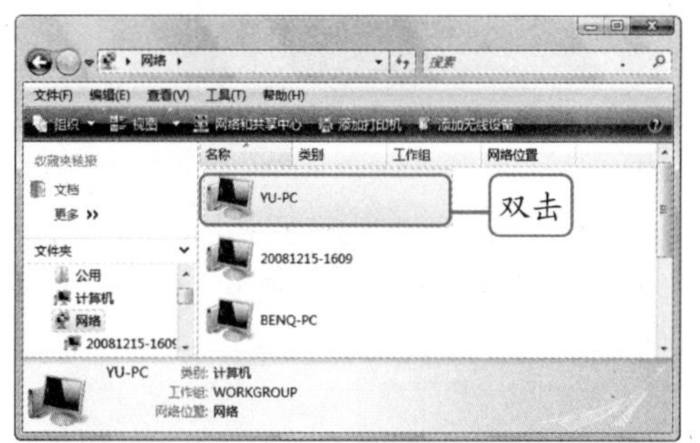

Step 02 双击要访问的计算机图标，即可打开该计算机窗口，窗口中显示该计算机中共享的所有文件夹。

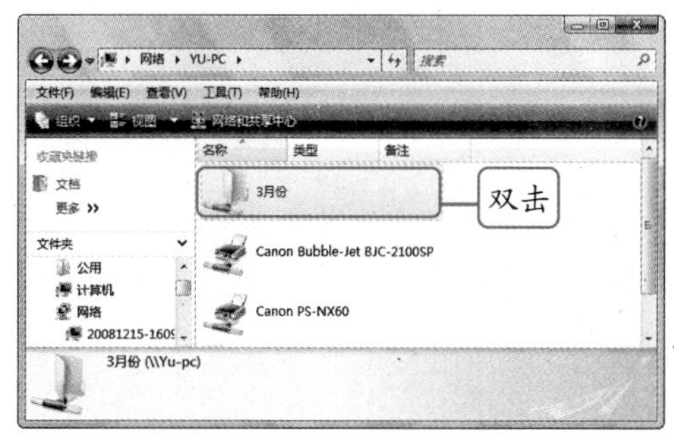

Step 03 双击某个共享的文件夹图标，即可进入到该文件夹窗口中查看文件夹中的所有文件，以及对文件进行打开、复制等操作。

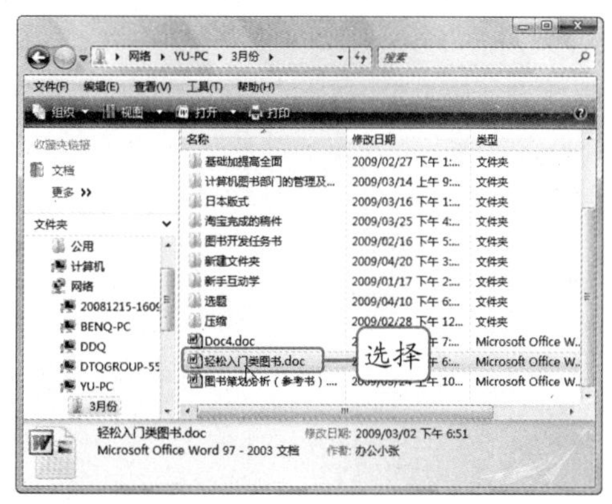

访问共享文件夹时，也可以在计算机窗口地址栏中直接输入文件夹的网络地址。如访问计算机“YU-PC”中的“3 月份”共享目录。则在地址栏中输入“\\YU-PC\3 月份”。

11.3.3 共享打印机

如果局域网中的任意一台计算机连接了打印机，就可以将打印机在局域网中共享出来，这样局域网中的其他计算机用户就能够直接使用网络打印机进行打印了。要在局域网中共享打印机，首先需要在连接打印机的计算机中将打印机共享，然后为其他计算机添加网络打印机。

1. 在局域网中共享打印机

共享打印机前，用户必须确保打印机已经正确连接到计算机，并且能够正常使用。然后就可以通过设置将打印机在局域网中共享了。

新手演练 Novice exercises **将计算机连接的打印机在局域网共享**

Step 01 在控制面板中单击“硬件和声音”项目下的“打印机”链接，进入到“打印机”窗口，右击要共享的打印机，在弹出的快捷菜单中选择“共享”命令。

Step 02 打开打印机属性对话框并显示“共享”选项卡，单击选项卡中的 更改共享选项(O) 按钮。

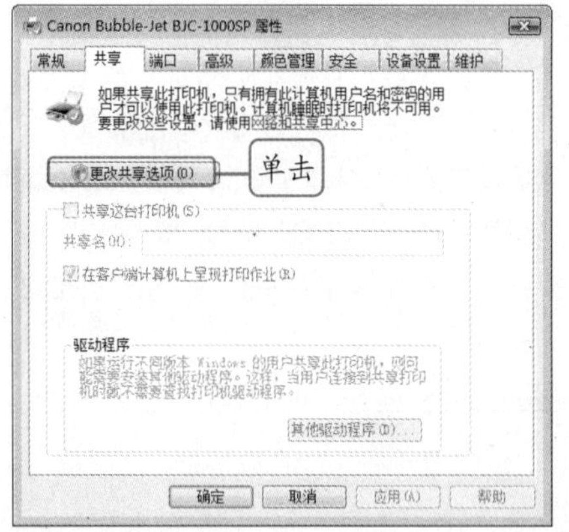

Step 03 在“共享”选项卡中勾选“共享这台打印机”复选框，在“共享名”文本框中输入打印机的共享名称。

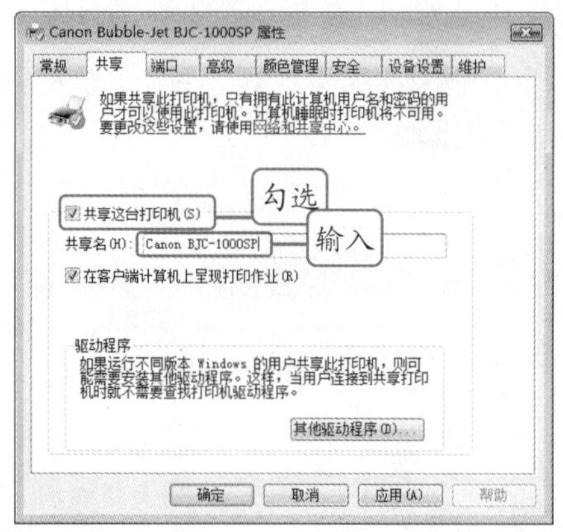

Step 04 设置完毕后，单击对话框中的 确定 按钮返回“打印机”窗口，打印机图标左下角将显示共享标记，表示打印机已经共享。

2. 添加网络打印机

将打印机共享后，局域网中的其他计算机用户要使用该打印机，则需要在各自的计算机中添加共享打印机。

 **在其他计算机中添加网络中已经共享的打印机**

Step 01 打开“打印机”窗口，单击窗口上方工具栏中的“添加打印机”按钮。

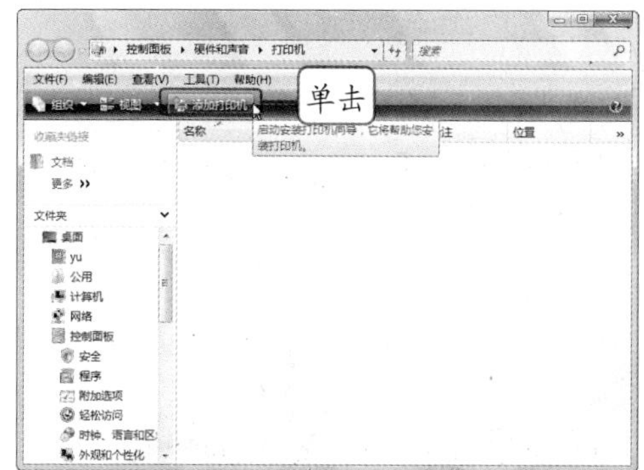

Step 02　打开“添加打印机”对话框。在对话框中选择“添加网络、无线或 Bluetooth 打印机”选项。

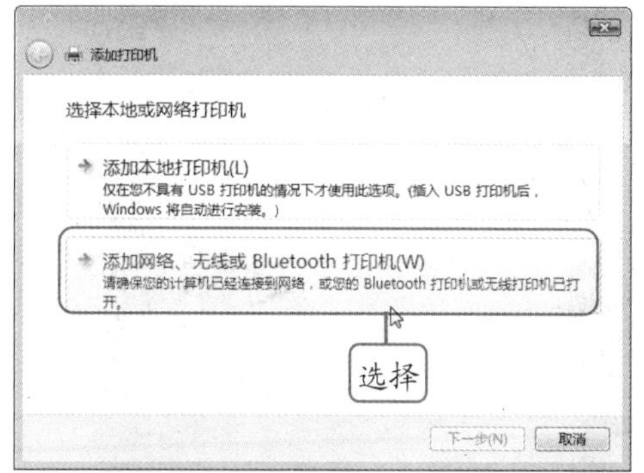

Step 03　此时系统会自动检测可用的网络打印机，检测到之后，将自动显示在对话框中的列表框中。

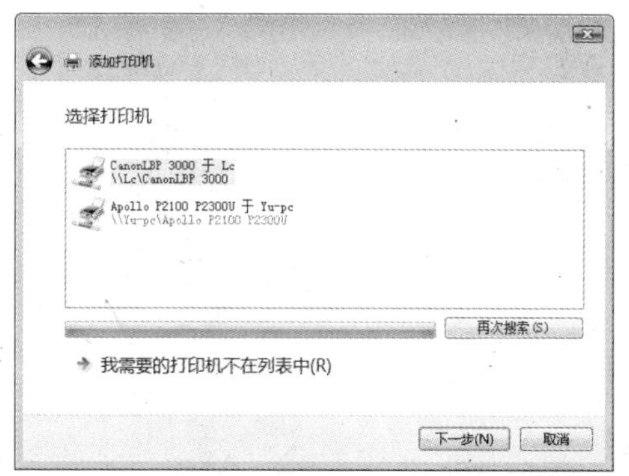

Step 04　如果需要的共享打印机不在列表中，可选择“我需要的打印机不在列表中”选项，打开“按名称或 TCP/IP 地址查找打印机”对话框，选择一种查找方式后自定义进行查找，然后单击 下一步(N) 按钮。

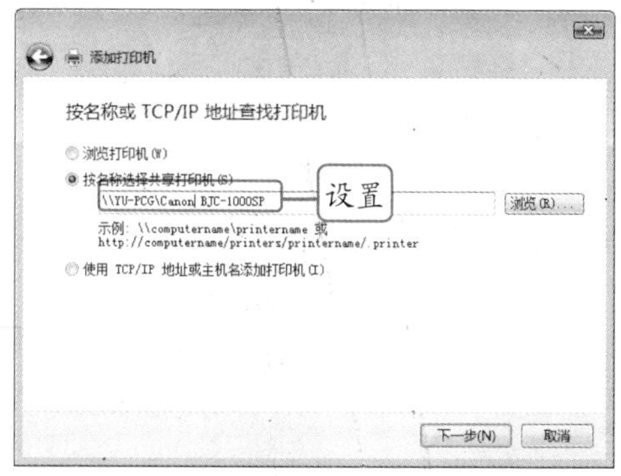

Step 05　选择要使用的网络共享打印机后，单击 下一步(N) 按钮，在打开的对话框中输入自定义打印机名称，继续单击 下一步(N) 按钮。

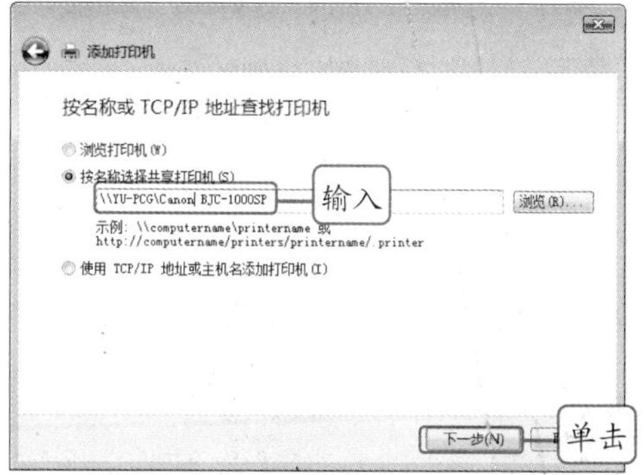

Step 06　在最后打开的对话框中提示用户网络打印机添加成功，单击 完成(F) 按钮。

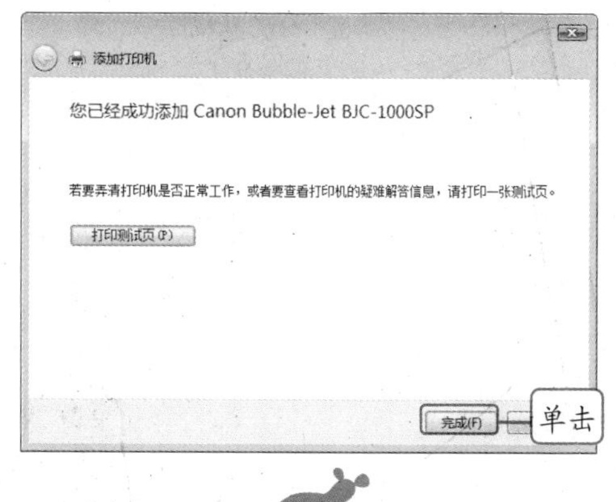

温馨提示牌 Warm and prompt licensing

还有一种更快捷的方法，就是进入直接访问连接打印机的计算机，然后右击打印机图标，在快捷菜单中选择“连接”命令。

11.4 职场特训

本章介绍了在 Windows Vista 中配置局域网、局域网共享 Internet 以及局域网共享资源的方法，读者在学习后，能够了解并掌握在 Windows Vista 中组建小型局域网的方法。下面通过 1 个实例巩固本章知识并拓展所学知识的应用。

特训： 在局域网中共享资源

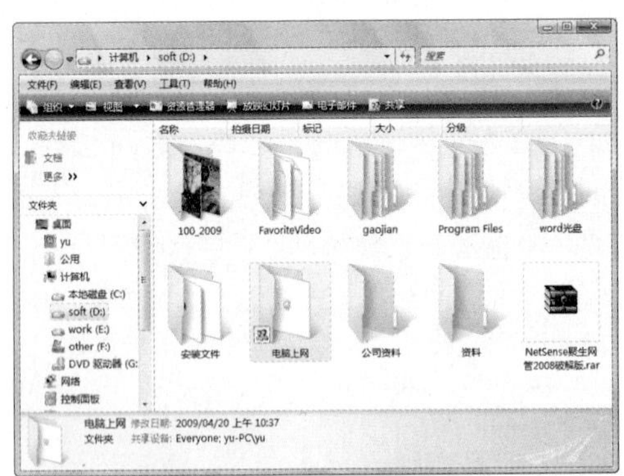

1. 配置局域网后，开启“文件共享”。
2. 在“计算机”窗口中右击要共享的文件夹，选择“共享”命令。
3. 将共享权限设置为所有人。
4. 局域网其他用户先访问已经共享文件的计算机，然后在“计算机”窗口中进入到共享目录。
5. 对共享目录中的文件进行查看或其他操作。

第12章

Windows Vista 安全与维护

精彩案例

对本地磁盘（F:）进行错误检查

对本地磁盘（F:）进行碎片整理

让 Windows Update 在指定时间自动更新

使用 Windows Defender 扫描系统

在计算机中安装瑞星 2009

使用瑞星 2009 查杀计算机中的病毒

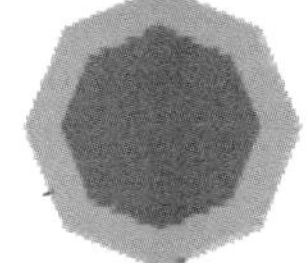

本章导读

为了能够让计算机更好地为用户服务，在使用计算机过程中，需要对计算机进行定期的维护，以及对计算机安全进行防范。Windows Vista 提供了各种系统维护、优化功能，以及提供了更高的安全性能，有效保障了计算机的使用安全。用户还可以通过杀毒软件，来防范计算机病毒。

12.1 磁盘维护

无论操作系统、软件还是用户建立的各种文件，都是保存在计算机硬盘的各个分区中，因而在使用计算机过程中，需要定时对磁盘进行维护以提高磁盘性能并保障数据安全。

12.1.1 检查磁盘错误

通过磁盘错误检查功能可以检测当前磁盘分区存在的错误并进行修复，从而确保磁盘中存储数据的安全。在 Windows Vista 中对磁盘进行错误检查时，无法立即进行检查，而将会在下一次启动时 Windows Vista 才会检查磁盘。

新手演练 Novice exercises　对本地磁盘（F:）进行错误检查

Step 01 打开“计算机”窗口，右击要检查错误的磁盘分区（F:），在弹出的快捷菜单中选择“属性”命令。

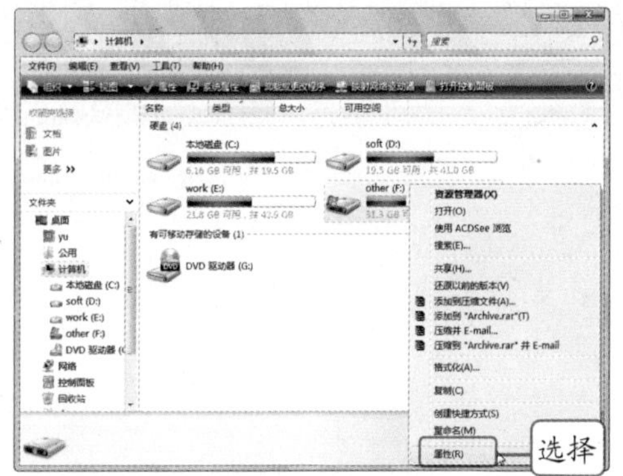

Step 02 在打开的“磁盘属性”对话框中切换到“工具”选项卡，并单击“查错”区域中的 开始检查(C)... 按钮。

Step 03 打开“检查磁盘”对话框，勾选“自动修复文件系统错误”复选框，如要扫描磁盘坏扇区并尝试修复，则同时勾选“扫描并试图修复坏扇区”复选框，单击 开始(S) 按钮。

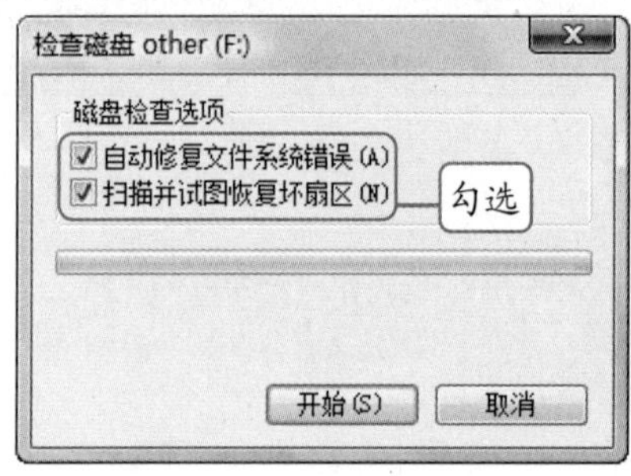

Step 04 此时系统会打开提示框告知用户无法检查当前磁盘，单击 计划磁盘检查 按钮，将在下次启动计算机时登录 Windows Vista 前对本地磁盘（F:）进行检查。

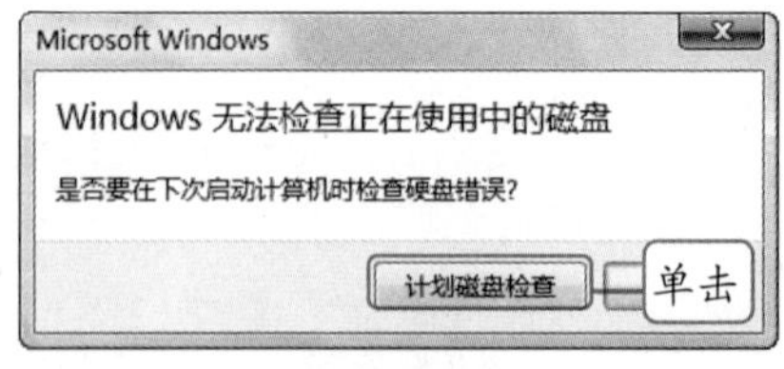

温馨提示牌 Warm and prompt licensing

设置的磁盘检查将在下次 Windows Vista 启动后，进入检查界面进行检查，如果磁盘分区空间较大，则需要进行较长的等待。

12.1.2 磁盘碎片整理

在使用计算机过程中，用户所进行的操作会对磁盘进行大量读写操作，日积月累后，就会在系统中残留大量的碎片文件。所以计算机在使用一段时间后，应定期对磁盘进行碎片整理。

对本地磁盘（F:）进行碎片整理

Step 01 在“本机磁盘（F:）属性”对话框的“工具”选项卡中，单击“碎片整理”区域中的 开始整理(D)... 按钮。

可以在“开始”菜单中选择【所有程序】/【附件】/【系统工具】/【磁盘碎片整理程序】命令来运行磁盘碎片整理。

Step 02 在打开的“磁盘碎片整理程序”对话框中单击 立即进行碎片整理(N) 按钮。

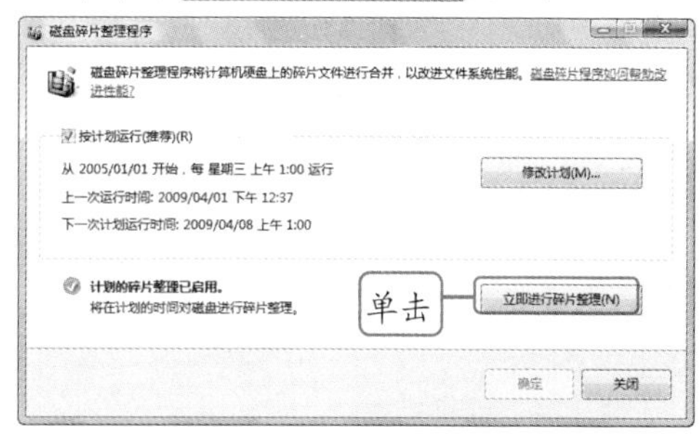

Step 03 此时即开始对磁盘进行碎片整理，用户需要耐心等待，整理过程中如果要终止碎片整理，则单击 取消碎片整理(C) 按钮。

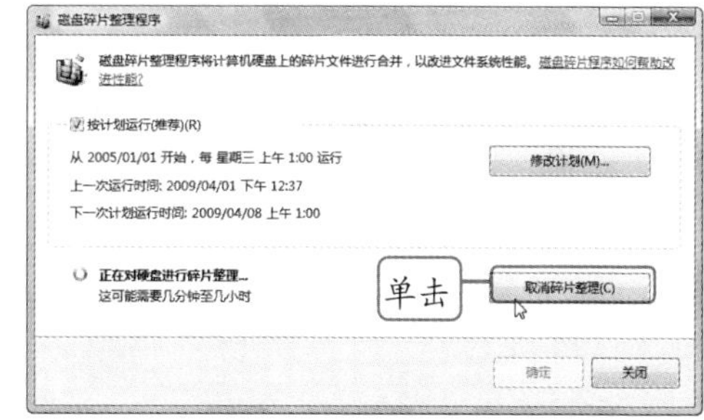

12.1.3 磁盘清理

用户在使用计算机过程中将产生一些临时文件或无用的链接文件，这些文件会占用一定的磁盘空间并影响到系统的运行速度，因此当计算机使用一段时间后，应该定期对磁盘进行清理。

清理系统分区中的无用文件

Step 01 右击要清理的磁盘，在弹出的快捷菜单中选择“属性”命令，打开“磁盘属性”对话框并切换到“常规”选项卡，单击 磁盘清理(D) 按钮。

Step 02 打开“磁盘清理选项”对话框，在对话框中单击选择是清理当前用户的文件，还是清理所有用户的文件。

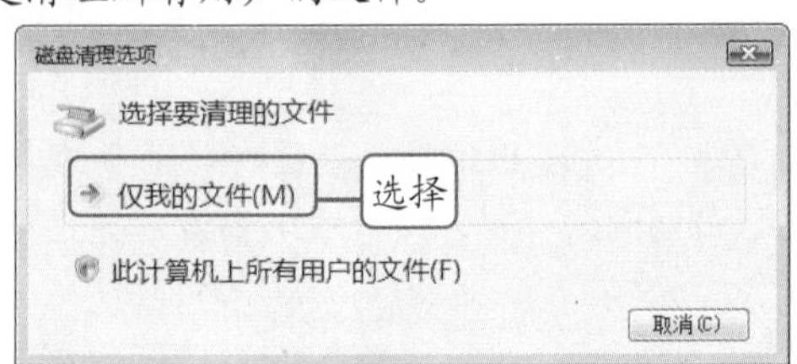

Step 03 接着系统将开始计算可以在当前磁盘中释放出多少空间。

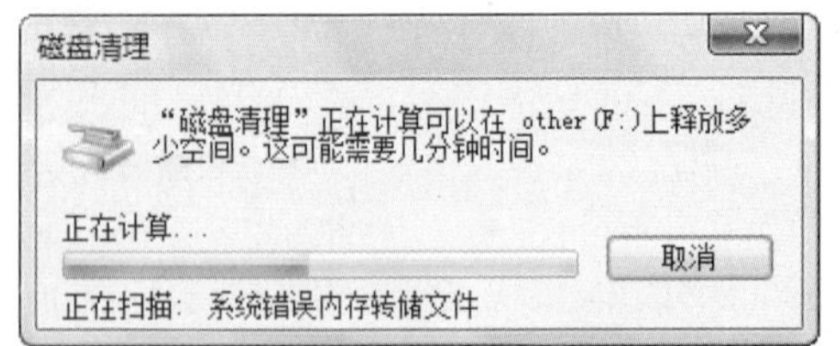

Step 04 计算完毕后，打开“磁盘清理”对话框。在“要删除的文件”列表框中选中要清理的文件类型，单击 确定 按钮。

Step 05 此时将打开提示框询问用户是否彻底删除文件，单击 删除文件 按钮。

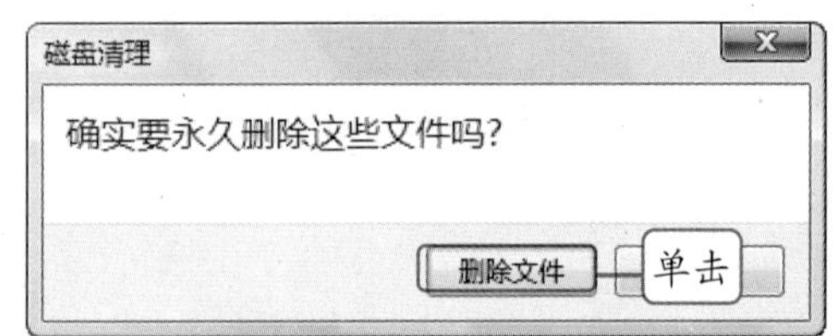

Step 06 此时即开始清理磁盘中的无用文件，并在对话框中显示清理进度，清理完毕后对话框将自动关闭。

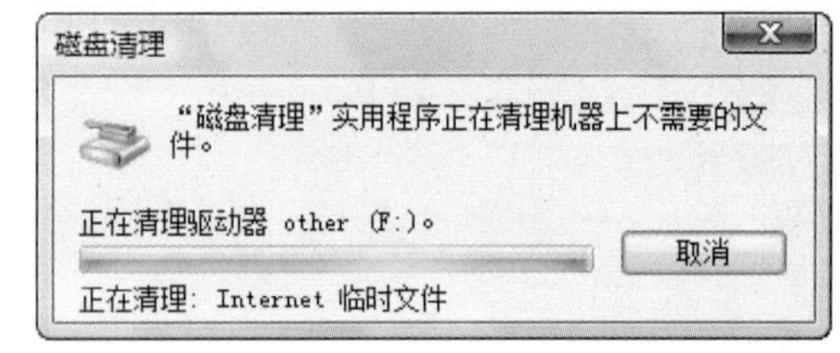

12.1.4 格式化磁盘

格式化磁盘用于将磁盘中的数据彻底清除并设定新的分区格式。登录到 Windows Vista 后，可以对系统分区以外的其他任意磁盘分区进行格式化。

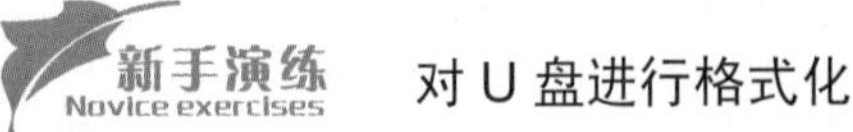

对 U 盘进行格式化

Step 01 将 U 盘插入计算机 USB 接口，稍等后，“我的电脑”窗口会显示出可移动磁盘图标，右击可移动磁盘图标，在弹出的快捷菜单中选择“格式化”命令。

Step 02 打开“格式化 可移动磁盘（H:）”对话框，在“文件系统”下拉列表中选择“FAT32”选项，勾选“格式化选项”区域中的“快速格式化”复选框，单击 开始(S) 按钮。

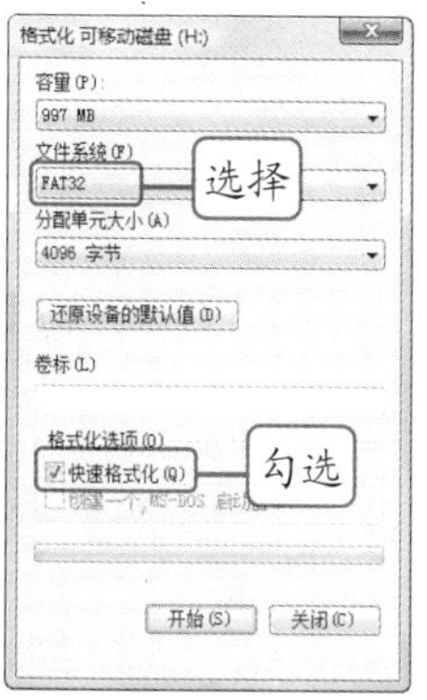

Step 03 在弹出的提示框中单击 确定 按钮，即开始对磁盘进行格式化。

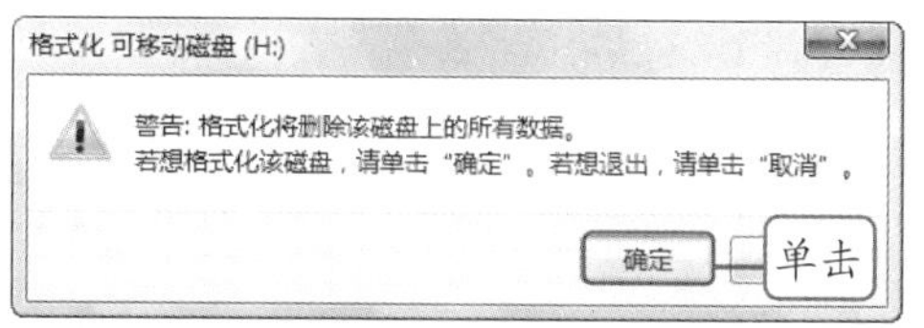

Step 04 完毕后，将弹出提示框告知用户，单击 确定 按钮完成对磁盘的格式化。

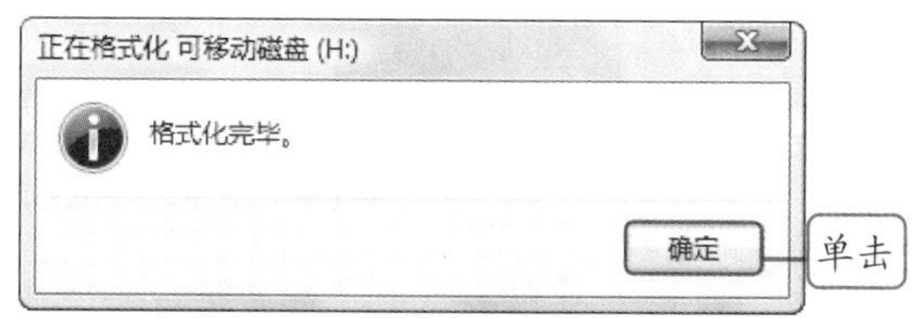

12.2 启动项管理

安装完各种应用程序后，有些程序会随系统启动而自动运行。由于系统启动时需要加载这些程序，因此会在一定程度上降低系统的启动速度，这时就可以将不需要的启动项取消以提高系统启动速度。

新手演练 Novice exercises 关闭一些随系统启动的程序

Step 01 打开控制面板，切换到“经典视图”，双击窗口中的“管理工具”图标。

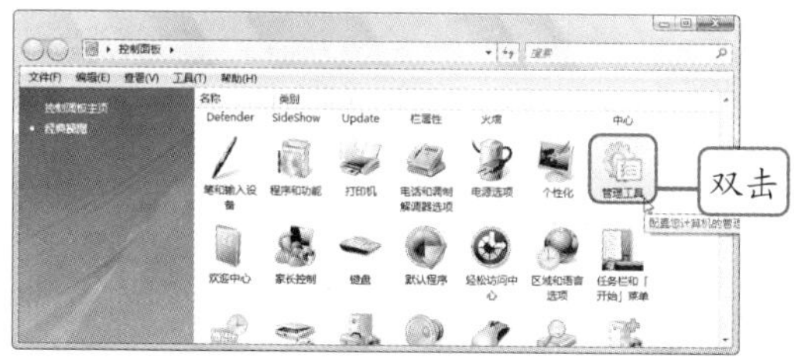

Step 02 在打开的“管理工具”窗口中双击“系统配置”图标。

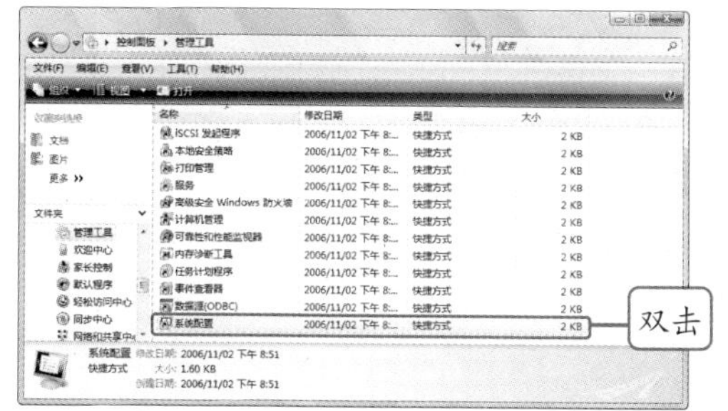

Step 03 打开“系统配置”对话框并切换到“启用”选项卡，在列表框中取消勾选不自动启动的项目复选框，单击 确定 按钮。

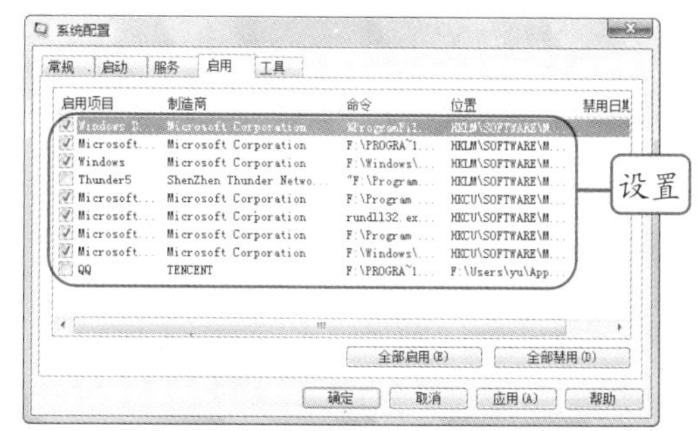

Step 04 此时将弹出提示框，单击 重新启动(R) 按钮立即重新启动系统使设置生效。

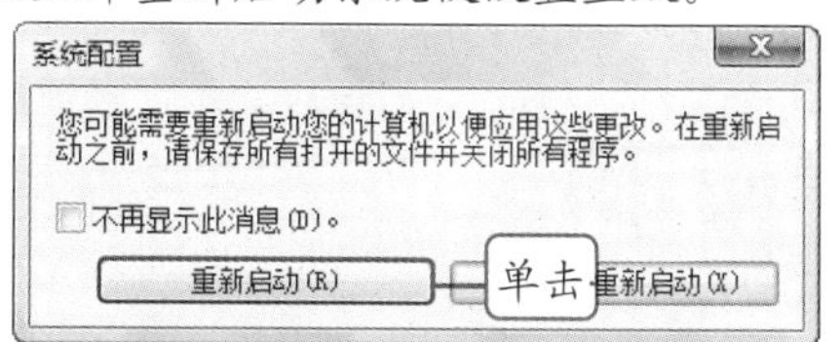

12.3 Windows Update

Windows Update 是 Windows Vista 中提供的系统更新工具。微软公司会定期发布 Windows Vista 的更新程序以及系统补丁，通过 Windows Update 就可以实时对系统进行更新，从而完善系统的性能以及安全性。

12.3.1 获取与安装更新

当计算机与 Internet 连接后，就可以随时通过 Windows Update 检查 Microsoft 发布的更新程序并获取与安装更新。

新手演练 Novice exercises　通过 Windows Update 检查与安装 Windows Vista 更新

Step 01 打开控制面板，单击“安全”项目下的“检查更新”链接。

Step 02 打开 Windows Update 窗口，单击窗口中的 立即启用(N) 按钮。

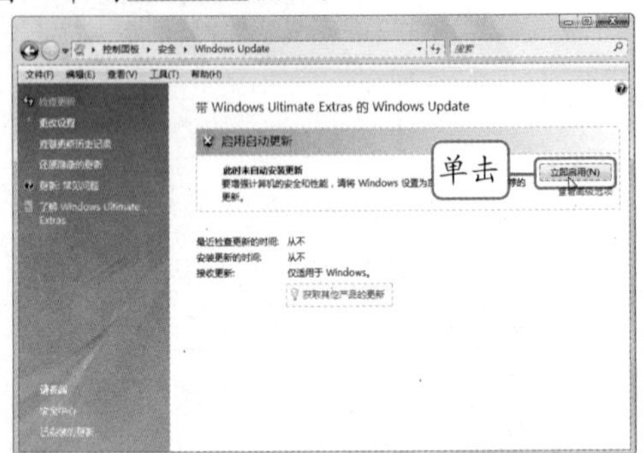

温馨提示牌 Warm and prompt licensing

如果已经设置了自动更新，那么用户就无须再手动操作。系统会按用户设定的时间自动获取并安装更新。

Step 03 此时系统将开始连接网络检测 Microsoft 提供的更新程序，检测到之后，会自动下载可用的更新。

Step 04 下载完毕后，在窗口中显示所下载更新的数目，同时显示 安装更新(I) 按钮。

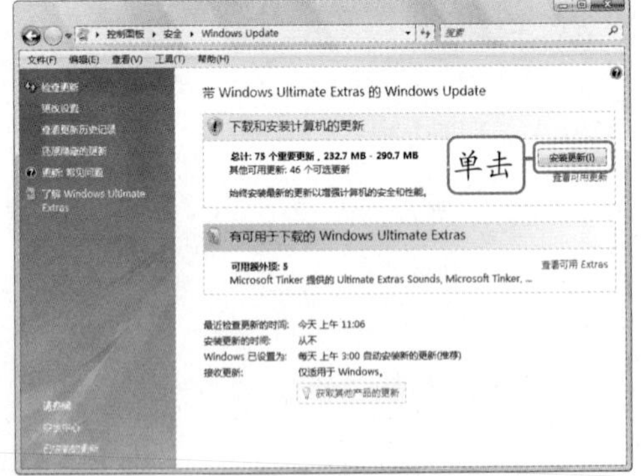

Step 05 单击 安装更新(I) 按钮，打开“Windows Update”对话框，选中“我接收许可条款”单选按钮，单击 完成(F) 按钮。

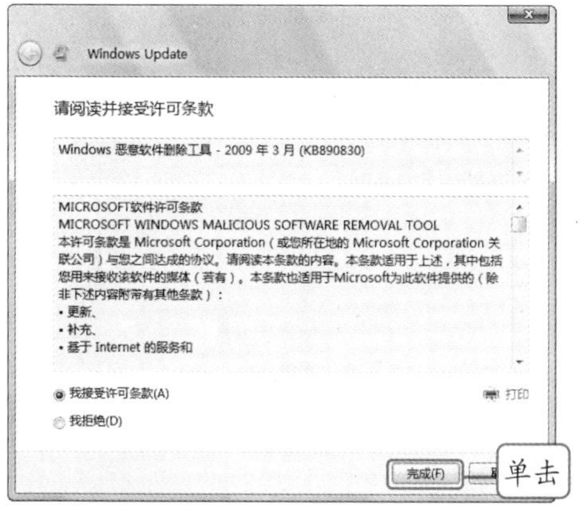

Step 06　此时即可开始安装所下载的更新并显示安装进度。

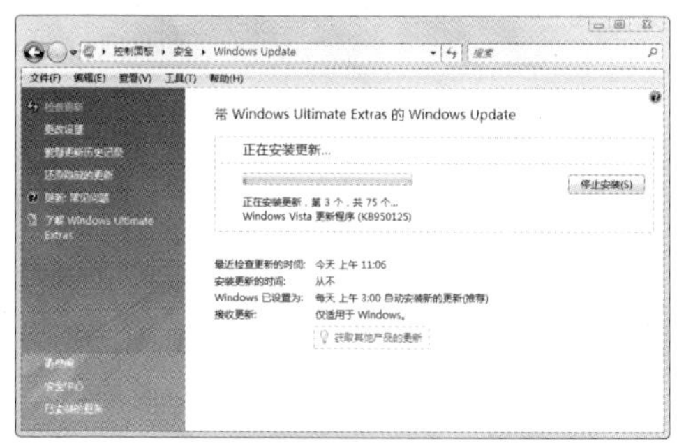

Step 07　安装完毕后，单击 立即重新启动(R) 按钮重新启动计算机完成对系统的更新。

也可以不必立即重新启动计算机，而直接关闭窗口进行其他操作。Windows Vista 会在用户关闭时自动完成更新。

12.3.2　设置自动更新

Windows Update 允许自定义设置更新的下载与安装方式。通过设置可以让系统在指定时间自动检查与安装更新。

让 Windows Update 在指定时间自动更新

Step 01　在 Windows Update 窗口左侧单击“更改设置”链接，打开“更改设置”窗口。

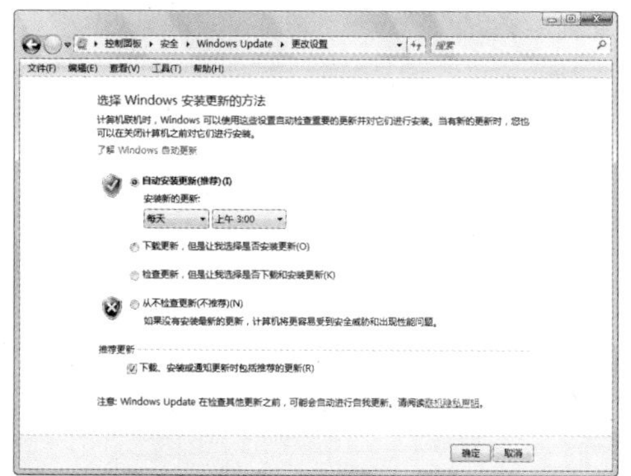

Step 02　选中“自动安装更新”单选按钮，设置自动更新日期与时间，单击 确定 按钮。

12.4 Windows Defender

Windows Defender 工具是 Windows Vista 中新增的一款反间谍软件，可以对系统进行实时防护，以及对整个计算机进行全方位的扫描，确保计算机的使用安全。

12.4.1 扫描系统

使用 Windows Vista 过程中，用户可随时通过 Windows Defender 扫描计算机中是否存在间谍软件，如果存在的话可以直接清除。

使用 Windows Defender 扫描系统

Step 01 单击控制面板中的“安全”链接，在打开的“安全”窗口中单击“Windows Defender”链接。

Step 02 打开“Windows Defender”窗口，单击窗口上方的“扫描”链接。

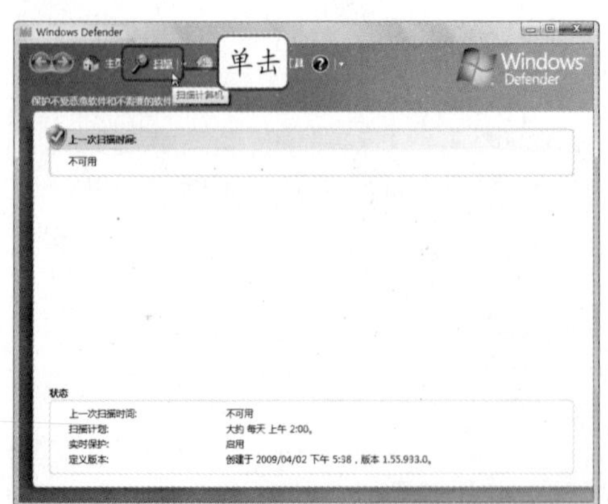

Step 03 此时 Windows Defender 将开始对系统进行全面扫描。

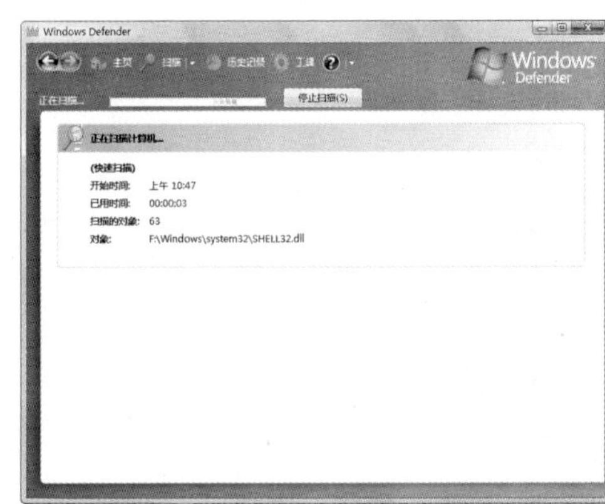

Step 04 扫描完毕后，会在窗口中显示最终的扫描结果，如果检测到存在威胁的程序，则 Windows Defender 将自动进行清除。

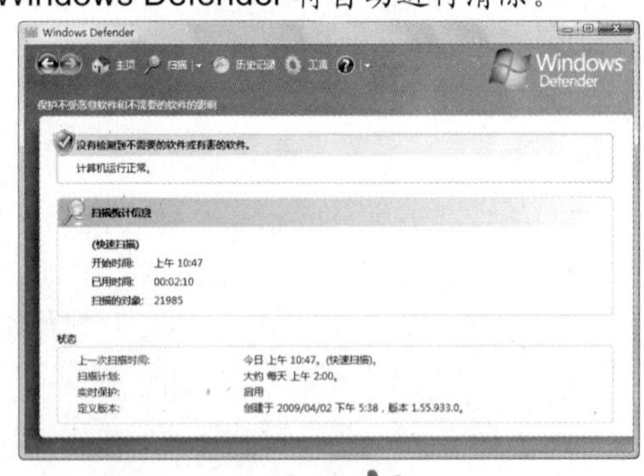

在扫描过程中，用户可以随时单击“停止扫描”按钮终止扫描。

12.4.2 管理软件资源

使用 Windows Defender 中的软件资源管理器可以查看有关当前会影响用户隐私或计算机安全的程序信息，从而让用户直观地了解系统运行状况，以及对程序的运行进行控制。

使用软件资源管理器查看与控制运行的程序

Step 01 在 Windows Defender 界面中单击“工具”选项，在打开的窗口中单击“软件资源管理器”链接。

Step 02 进入到软件资源管理器窗口中，在“类别”下拉列表中选择要查看程序的类别，如“当前运行的程序”选项。

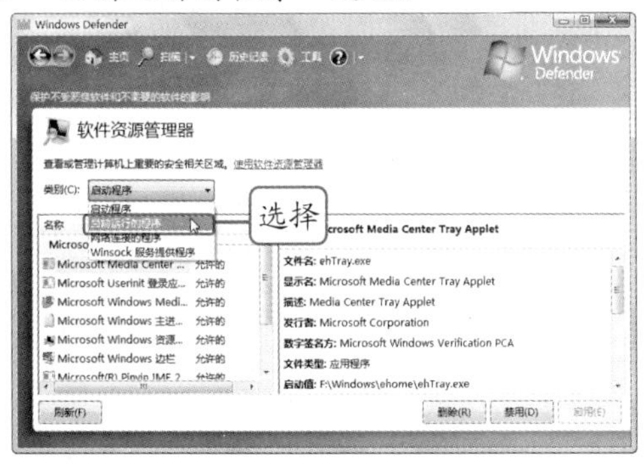

Step 03 此时左侧列表框中将显示出当前正在运行的所有程序，在列表中单击某个程序选项，右侧列表框中将显示该程序的详细信息。

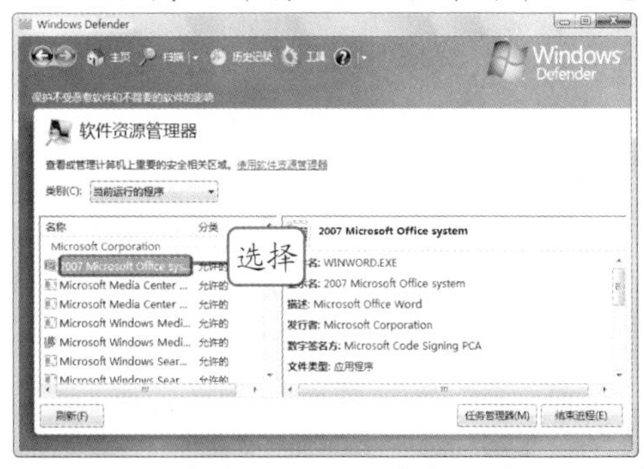

Step 04 如果要终止运行某个程序，只要在左侧列表框中将其选中，然后单击列表框下方的 结束进程(E) 按钮，在弹出的提示框中单击 是(Y) 按钮即可。

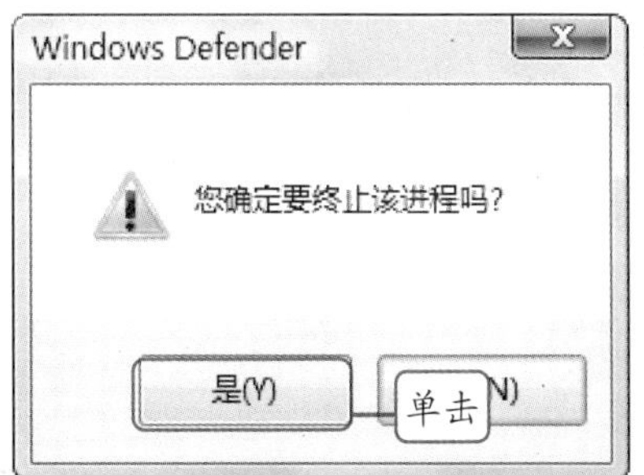

12.4.3 设置 Windows Defender

可以根据需求对 Windows Defender 的扫描、监控、实时保护以及高级与管理选项进行相应设置。单击窗口上方的“工具”选项进入到“工具”窗口，单击窗口中的“选项”链接，就可以进入到选项设置界面了，在界面中拖动滚动条显示出各个设置选项并进行相应设置，单击 保存(S) 按钮。

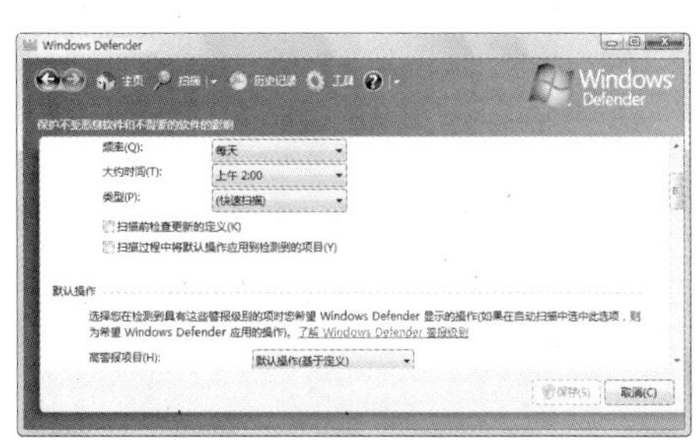

12.5 Windows 防火墙

Windows 防火墙是 Windows Vista 中附带的防火墙工具，用于控制系统中的程序对网络的访问，防止恶意程序通过网络入侵计算机，从而确保用户计算机信息的安全。

12.5.1 启用 Windows 防火墙

安装 Windows Vista 后，如果用户没有安装第三方防火墙工具，那么就可以启动 Windows 防火墙来防范系统安全。

将已关闭的 Windows 防火墙启用

Step 01 在控制面板窗口中单击“安全”链接，在打开的“安全”窗口中单击“Windows 防火墙”链接。

Step 02 打开“Windows 防火墙”窗口，单击左侧面板中的“启用或关闭 Windows 防火墙”链接。

Step 03 打开“Windows 防火墙设置”对话框，在“常规”选项卡中选中“启用”单选按钮，单击 确定 按钮，即可打开 Windows 防火墙。

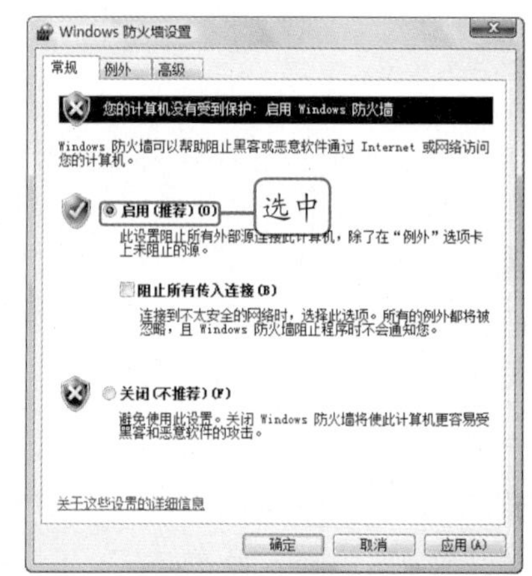

温馨提示牌 Warm and prompt licensing

Windows Vista 默认是启用 Windows 防火墙的。如果用户不确定是否启用，则可以进入到“Windows 防火墙”窗口中查看到防火墙的状态。

12.5.2 设置程序访问规则

启用 Windows 防火墙后，防火墙会自动阻止用户所禁止的程序访问网络，同时也允许用户所允许的程序访问网络，这称为防火墙的访问规则。用户可以通过设置访问规则来限

制或允许计算机中的指定程序访问网络。

当用户在计算机中安装了多个可以访问的程序后，就可以通过防火墙来控制是否允许某个程序访问网络。

自定义设置允许与禁止访问网络的程序

Step 01 打开“Windows 防火墙”窗口后，单击左侧窗格中的“允许程序通过 Windows 防火墙”链接。

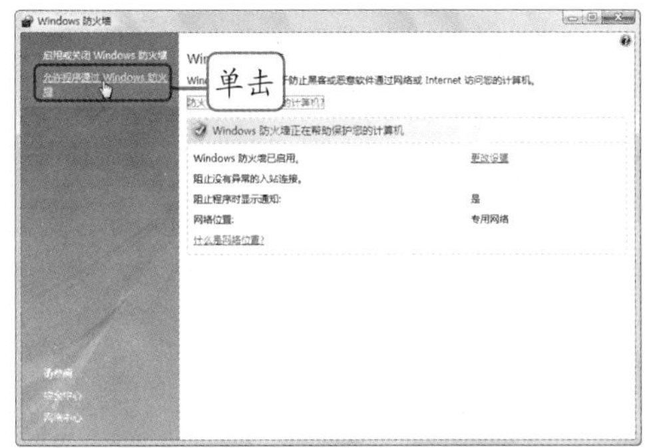

Step 02 打开“Windows 防火墙设置”对话框并显示“例外”选项卡，在列表框中勾选程序前的复选框，表示允许该程序访问网络。

Step 03 如果要控管的程序不在列表中，可单击列表框下方的添加程序(R)...按钮，在打开的“添加程序”对话框中选择要控制的程序后，单击确定按钮。

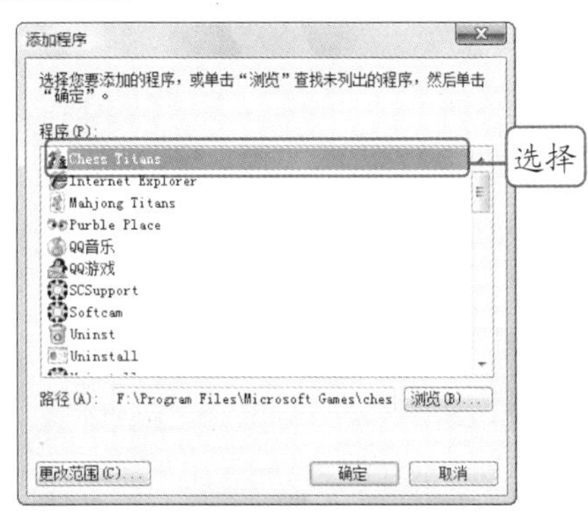

Step 04 将程序添加到列表框中之后，要允许程序访问网络，则选中对应的复选框，然后单击确定按钮即可。

当新安装一个程序，并在程序第一次访问网络时，Windows 防火墙会自动弹出提示框询问用户是否允许该程序访问网络中。

12.6 使用杀毒软件

使用计算机过程中，用户不可避免地要从其他计算机拷贝数据，或者将计算机接入网络，而这样将很容易让计算机感染病毒。一旦感染计算机病毒，轻则计算机速度变慢，程序出错，重则系统瘫痪，数据丢失。

因此对于计算机用户而言，病毒的防范是非常重要的。而防范病毒最有效的方法，就是在计算机中安装杀毒软件。目前的杀毒软件主要有金山毒霸、KV 系列杀毒软件、瑞星杀毒软件以及卡巴斯基杀毒软件等。本节以瑞星 2009 为例，来介绍杀毒软件的安装与使用方法。

12.6.1 安装杀毒软件

要在计算机中安装杀毒软件，首先需要购买杀毒软件安装光盘，或从网络中获取杀毒软件安装文件，然后运行安装程序进行安装。

在计算机中安装瑞星 2009

Step 01 运行瑞星 2009 安装程序，此时将开始载入安装文件。

Step 02 在打开的对话框中选择“中文简体”选项，单击 确定(O) 按钮。

Step 03 在接着打开的“瑞星欢迎您”对话框中单击 下一步(N) 按钮。

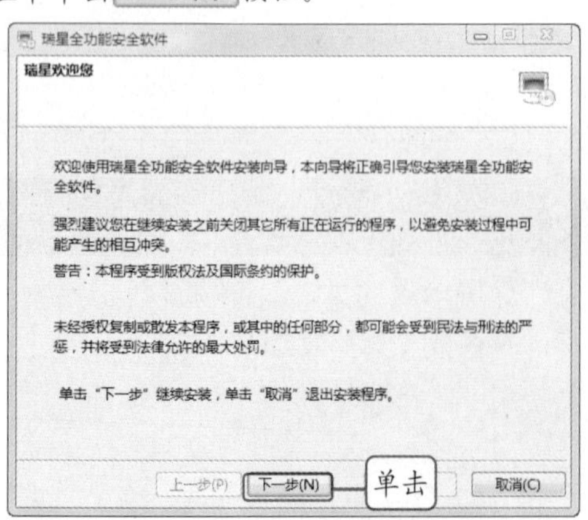

Step 04 在打开的“许可协议”对话框中选中“我接受”单选按钮，单击 下一步(N) 按钮。

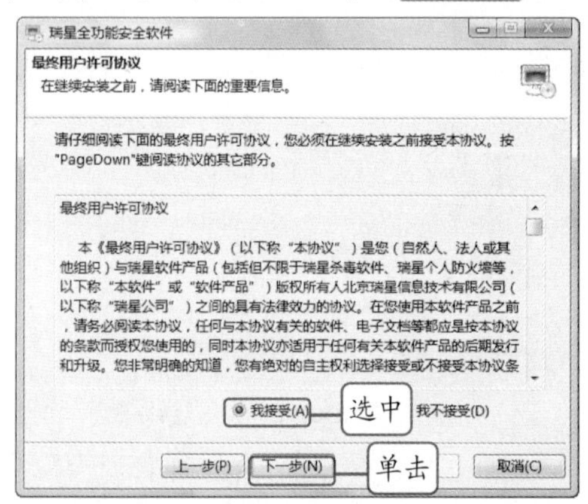

Step 05 在打开的“定制安装”对话框中选择安装方式，建议选择“全部安装”选项，单击 下一步(N) 按钮。

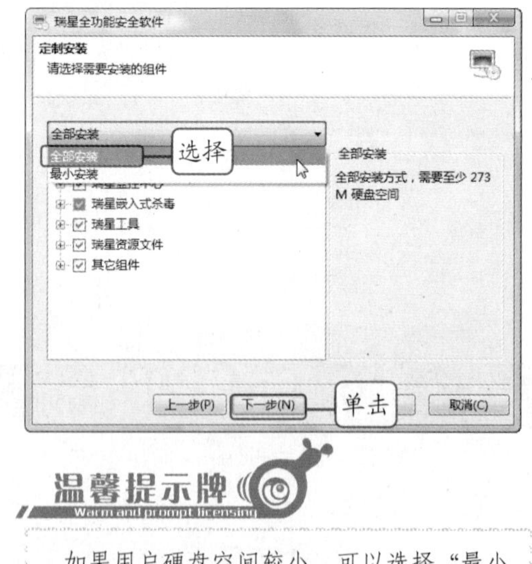

温馨提示牌
Warm and prompt licensing

如果用户硬盘空间较小，可以选择“最小安装”方式。

Step 06 在打开的“选择目标文件夹”对话框中单击 浏览(B) 按钮选择程序的安装路径，然后单击 下一步(N) 按钮。

Step 07 在接着打开的对话框中直接单击 下一步(N) 按钮，安装程序将内存进行扫描，可以单击 跳过(S) 按钮跳过扫描。

如果用户安装的杀毒软件病毒库不是最新的，那么可以直接跳过内存扫描，等升级杀毒软件病毒库之后再进行扫描。

Step 08 开始安装瑞星杀毒软件，安装完成后，在最后的对话框中单击 完成(F) 按钮。

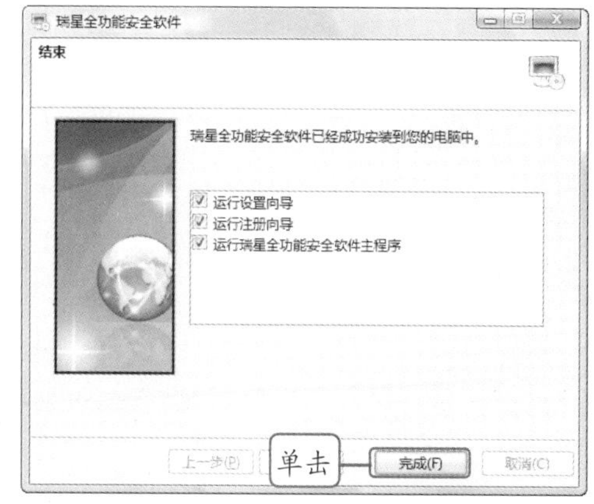

12.6.2 升级杀毒软件

由于网络中每天都有新的病毒出现，因此安装完瑞星杀毒软件后，需要对杀毒软件进行升级，只有将杀毒软件病毒库升级到最新版本，才能确保查杀出最新出现的病毒。

新手演练 Novice exercises　升级瑞星 2009 杀毒软件病毒库

Step 01 双击桌面上的“瑞星全功能安全软件”图标，启动瑞星 2009。

也可以通过在“开始”菜单中的“所有程序”列表中选择“瑞星全功能杀毒软件”命令来启动瑞星 2009。

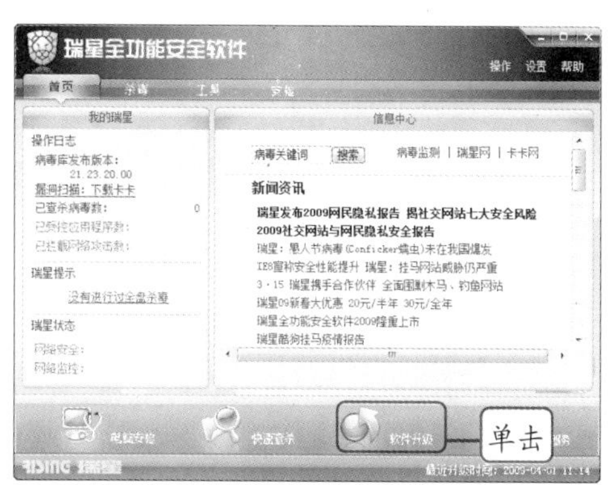

Step 02 单击界面下方的“软件升级”选项，打开“智能升级正在进行”对话框，对话框中显示连接服务器以及升级信息检测进度。

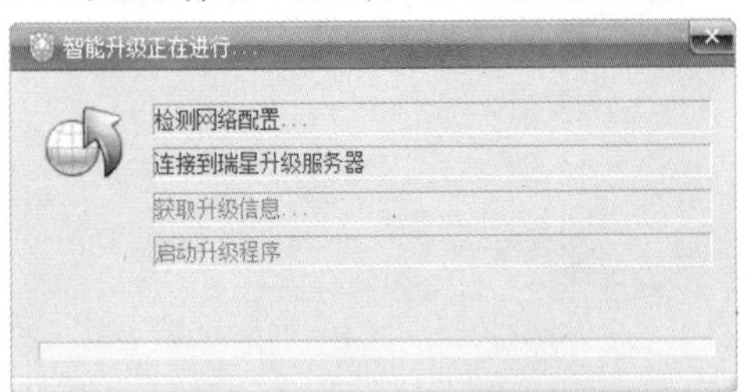

Step 03 此时开始自动升级组件并显示升级进度，用户耐心等待即可。

Step 04 升级完成后，在打开的“结束”对话框中单击 完成(F) 按钮。

升级完成后，可能会提示用户重新启动计算机，这时可以马上重启完成升级，或暂不重启，等下次启动后完成升级。

12.6.3 查杀计算机病毒

升级完成后，就可以使用瑞星 2009 扫描并查杀计算机中的病毒了。如果用户计算机中储存的信息比较多时，那么扫描时间会从几十分钟到几个小时不等。由于病毒扫描会占据很大的系统资源，因此建议用户在计算机空闲时进行病毒扫描。

新手演练 Novice exercises　使用瑞星 2009 查杀计算机中的病毒

Step 01 在瑞星 2009 主界面上方单击“杀毒”选项，切换到“杀毒”界面，在“对象”列表框中选择要扫描的位置。

在“查杀目标”列表框中可以选择查杀哪个分区，如果要全盘扫描，则直接勾选“我的计算机”前的复选框。

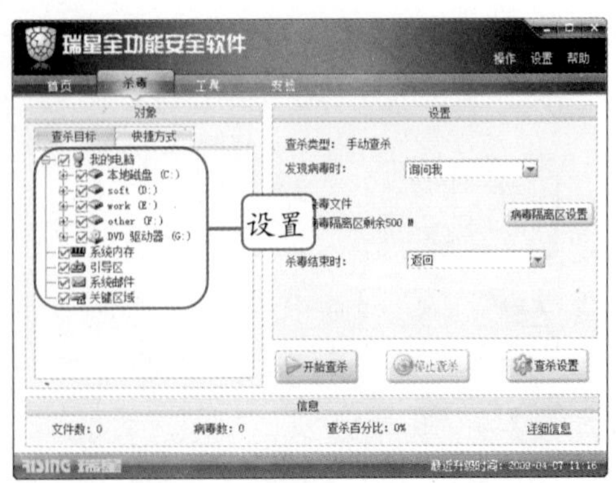

Step 02 在右侧界面中单击"发现病毒时"下拉按钮，在下拉列表中选择"清除病毒"选项，单击 开始查杀 按钮。

Step 03 此时即可开始扫描计算机中的病毒，同时显示扫描进度与基本信息。扫描过程中如果发现病毒，会自动清除，并在下方列表框中显示病毒信息。

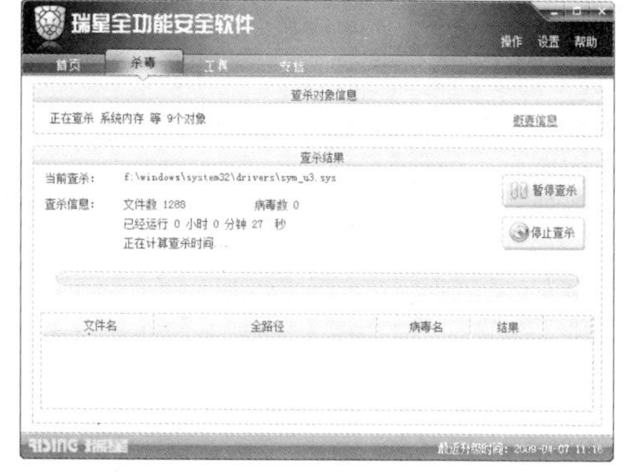

Step 04 扫描完毕后，将打开提示框显示详细的扫描文件数、病毒数等信息。

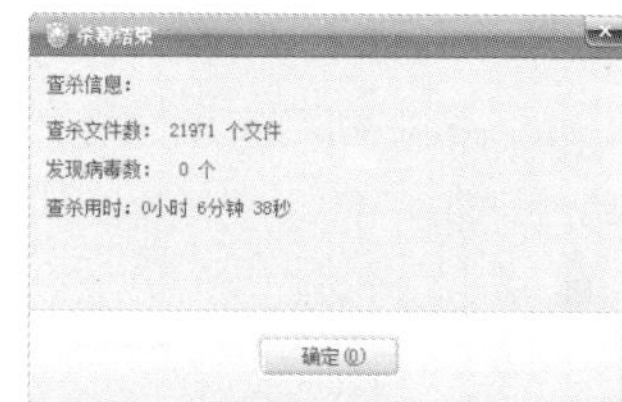

12.7 职场特训

本章对 Windows Vista 磁盘维护、启动优化以及系统更新与安全防范进行了详细讲解，通过本章的学习，使用户能够掌握系统的维护与安全防范方法，以打造一个稳固的使用平台。下面通过 3 个实例来巩固本章知识并拓展所学知识的应用。

特训 1：清理系统分区中的无用文件

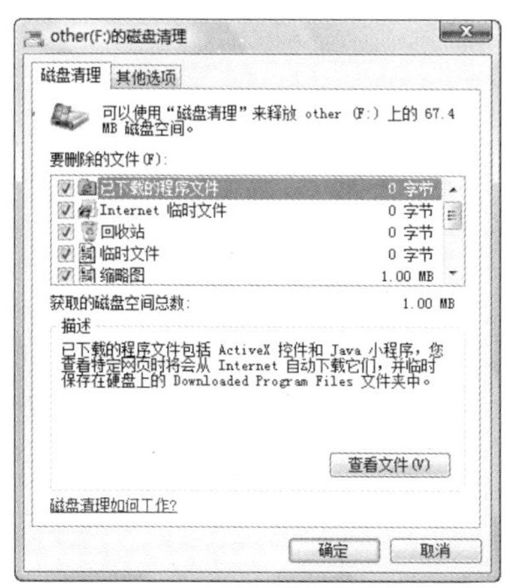

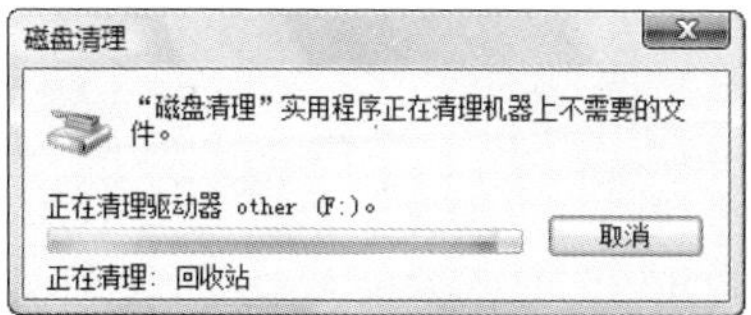

1. 右击系统分区磁盘图标，选择"属性"命令，打开"磁盘属性"对话框。

2. 单击 磁盘清理(D) 按钮，分析磁盘中能清理的空间。

3. 选中要清理无用文件的类型，单击 确定 按钮开始清理文件。

4. 清理完毕后，关闭对话框即可。

特训 2：禁止 QQ 随系统启动而运行

1. 在控制面板窗口中双击“管理工具”图标，打开“管理工具”窗口。

2. 双击“系统配置”图标，打开“系统配置”对话框并切换到“启用”选项卡。

3. 在列表框中取消“QQ”复选框的勾选，应用设置并重新启动计算机。

特训 3：使用瑞星 2009 扫描指定文件夹

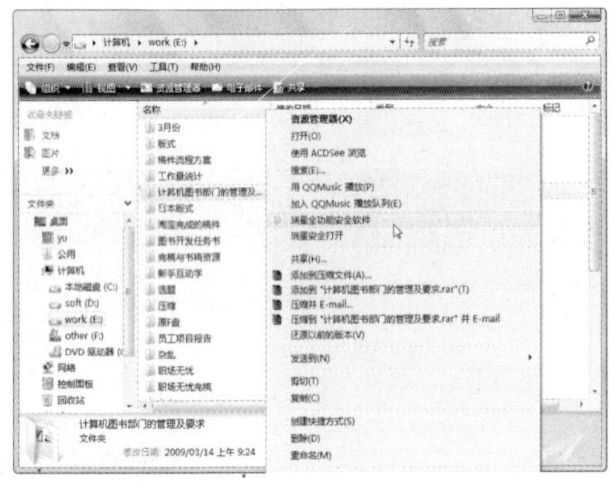

1. 右击要扫描的文件夹，在弹出的快捷菜单中选择“瑞星全功能安全软件”命令。

2. 此时将启动瑞星杀毒软件并开始对所选文件夹进行病毒扫描。

3. 扫描完毕后，将弹出信息框显示扫描结果，单击 确定(O) 按钮完成扫描。